农业害虫病原真菌基因功能研究

张　杰　著

科学技术文献出版社
SCIENTIFIC AND TECHNICAL DOCUMENTATION PRESS
·北京·

图书在版编目（CIP）数据

农业害虫病原真菌基因功能研究 / 张杰著. —北京：科学技术文献出版社，2023.11
ISBN 978-7-5189-9570-7

Ⅰ.①农… Ⅱ.①张… Ⅲ.①植物害虫—动物病原真菌—研究 Ⅳ.① S433

中国版本图书馆 CIP 数据核字（2022）第 166768 号

农业害虫病原真菌基因功能研究

策划编辑：孙江莉　　责任编辑：孙江莉　　责任校对：张永霞　　责任出版：张志平

出 版 者　科学技术文献出版社
地　　址　北京市复兴路15号　邮编 100038
编 务 部　(010) 58882938，58882087（传真）
发 行 部　(010) 58882868，58882870（传真）
邮 购 部　(010) 58882873
官方网址　www.stdp.com.cn
发 行 者　科学技术文献出版社发行　全国各地新华书店经销
印 刷 者　北京虎彩文化传播有限公司
版　　次　2023 年 11 月第 1 版　2023 年 11 月第 1 次印刷
开　　本　710×1000　1/16
字　　数　278千
印　　张　17.25
书　　号　ISBN 978-7-5189-9570-7
定　　价　58.00元

前 言

本书从反向遗传学角度关注昆虫病原真菌的开发利用及其作用机制。第一章主要介绍农业害虫病原真菌的研究背景和概况。理论上，所有的昆虫都易受病原真菌感染而致病，故当昆虫病原真菌传播和扩散时，就会造成昆虫群体感染而大面积死亡。当前，环境问题日益突出，因施用化学农药而造成的健康问题更是引人注目，于是开发可替代化学农药或者补充性的生物农药以保护环境，并提供绿色的、健康的食品显得非常重要。利用昆虫病原真菌控制农业有害昆虫，实施生物控制和病虫害综合治理（IPM）是造就绿色环境的重要途径。在昆虫病原真菌的生活史中，首先是孢子遇到昆虫后通过分泌的黏液附着到昆虫体表，同时孢子膨大，萌发产生芽管。芽管在昆虫体表找到合适的位点后开始进行穿透。然后芽管的顶端开始膨大产生附着胞，附着胞进而产生穿透钉，穿透钉透过表皮进入昆虫血腔，进入血腔后，菌丝由丝状转变为酵母状的虫菌体，虫菌体以血腔中的血液为营养基迅速繁殖生长。昆虫死亡后，病原真菌从血腔内穿透皮层再次产生分散的孢子进入下一个周期。前人对昆虫病原真菌侵染机制的研究主要集中在毒力基因的作用机制上，而对其他基因的作用机制探索甚少。

本书第二章针对基因编辑技术的详细操作和结果分析做介绍，能够促使研究者很快进入实验室，实现基因功能的研究。这些技术是目前从事基因功能研究的必要手段，是从事该领域的科技工作者必须熟练掌握的技能。

第三章的内容背景是当今生物基因 DNA 的测序数据总量在以指数级速度增长，如何对数据库中海量数据进行科学搜集、管理、挖掘、注释，已成为基因组学与蛋白质组学研究的热点。为普及和提高我国基因功能研究者掌握生物信息学科知识，学习掌握序列数据分析的实用操作技能，及时了解该领域的最新进展，本章介绍了基因功能研究领域的具体应用实例。主要学习数据库搜索与常用工具的操作应用，采用“一步一图”的方式，边介绍边示范，读者可以备上电脑，跟着本书的说明一步步操作，可在较短时间内掌握基本操作程序。为满足读者的需要，根据科学研究近期发展，本书新增了一些软件的操作数据、蛋白质数据和基因相关的结构显示与分析等内容。经过学习可以初步掌握上述方法，应用于自己的课题，可以快节奏、高效率地开展自己的研究工作。有助于读者在研究过程中打开眼界，增长见识，产生协作研究和学习的愿望。

第四章在基因敲除的基础上研究基因 *β - tubulin* 和 *MaPpt*1 在病原真菌的作用机制。*β - tubulin* 是组成微管的基本单元之一，微管又是构成细胞骨架的亚细胞结构成分。*β - tubulin* 参与多种细胞生物学过程。在本书中探讨单一的 *β - tubulin* 基因对蝗绿僵菌的细胞形态、产孢和毒力的影响。敲除 *β - tubulin* 基因后，细胞核、脂滴和几丁质被运输到细胞壁的能力下降。*β - tubulin* 基因的缺失导致菌丝弯曲和菌落密实聚集的形态。敲除 *β - tubulin* 基因后孢子梗的形成率和产孢量也显著下降。敲除 *β - tubulin* 基因使其侵染蝗虫的能力显著下降。侵染结构的形态分析表明：缺失 *β - tubulin* 基因会产生二叉型芽管，促使附着胞的形成率下降；尼罗红染色显示附着胞内的脂滴分布下降；PEG 800 试验表明附着胞的膨压下降。在蝗虫活体内和在试管内蝗虫体液培养的 *β - tubulin* 基因缺失菌株再生能力都显著下降。综上所述，表明 *β - tubulin* 相关的微管运输功能在蝗绿僵菌的细胞形态、产孢和毒力方面是必需的。

第五章介绍关于敲除丝状真菌蝗绿僵菌 *Ppt*1/*PP*5 基因的研究。其产孢进程从气生分生孢子到微循环产孢发生改变。虽然总体生长没有明显变化，但是突变体的菌落形态发生显著性改变。*Mappt*1 突变菌株的热击反应和毒力没有变化，而其抗紫外的能力却显著提高。eGFP - *MaPpt*1 蛋白的融合表达表明它定位在孢子的细胞质中，但是在生长的菌丝中定位在隔上。*MaPpt*1（*Mappt*1 vs 野生型）的可能靶标通过磷酸化蛋白质组学被进一步证实。差异化基因（*Mappt*1 vs 野生型）表达揭示了包括糖异生作用、核酸、脂肪酸和细胞信号网络的代谢过程。这些数据为 *MaPpt*1 在丝状真菌生长和分化方面的独特功能提供了科学依据。

第六章对本书主要内容进行总结与展望。

本人在编写过程中，对全部文字和图表进行认真修正和统一处理，以使全书文笔流畅连贯。为便于研究者在计算机上操作，还在相应的图表中做注释和符号标记。但是书中的错误和缺点仍在所难免，恳请读者指正。

本书的编写得到周口师范学院的大力支持、鼓励和热忱推荐！期待本书的出版发行，能在宣传基因功能研究、普及生物学知识、培养年轻科学人才等方面做出应有的贡献。

目　录

第一章　导论

1.1　研究背景

昆虫的真菌致病性是常见而普遍存在的，经常以惊人的流行病学方式毁灭昆虫宿主群体。自然界中，所有的昆虫类别都易被病原真菌感染。真菌通过破坏昆虫外皮层的方式侵染昆虫；这些真菌是刺吸式昆虫主要的病原菌，因为这些宿主不能吞噬通过肠壁感染的病原菌。真菌对鞘翅目昆虫的控制也是特别重要，因为病毒和细菌病原菌在甲壳类昆虫上很少出现。昆虫病原真菌与昆虫栖息的多样性环境相关，包括流动的水流、土壤及土壤表面和空气环境。

当前，由于公众担心使用合成的化学杀虫剂会对环境和健康带来风险，从而促进了生物杀虫剂的开发，进而使其作为化学杀虫剂的替代产品或者辅助产品。因此，由于众多对真菌杀虫剂的研究投入，促使了多种真菌杀虫剂的市场化行为。然而，在目前所知的700种病原真菌中，只有10种已开发或正在开发为害虫病原真菌制剂[1-3]，病原真菌的内在潜力尚未得到充分挖掘。如果要开发病原真菌杀虫剂，就要懂得疾病在环境中高度蔓延的条件，即要明白相关流行病学的特征和侵染机制。研究者已经开展了各个模式的深层次的流行病学研究，一些案例中已可使模拟模式应用在试验及生产实践。这些复杂的模式同样可以用来开发害虫控制策略，长期以来，我们关于真菌对昆虫致病性的遗传学和分子基础知之甚少，因而限制了利用基因工程开发真菌控制害虫的潜力。然而，近几年来的研究，如利用精确的微生物、酶学技术和反向生物学技术集中研究具有典型生物特征的酶和毒素在昆虫病原菌的相互作用，已形成巨大的推动作用。

近年来，多位作者已经对病原真菌做了深刻的研究[4-6]。其中，多数研究集中在真菌的侵染过程[7-9]、宿主阻碍侵染[10-11]、被侵染宿主的行为、流行病学和模式构造[12]、病原真菌应用的控制[13]、特殊宿主（土壤中栖息的昆虫、蚜虫、叶蝉和蝗虫）群体的病原真菌等[14]。本书研究聚焦在基因的特例上，主要阐明昆虫宿主和真菌病原之间的普遍机制。

1.2 研究现状

1.2.1 真菌侵染过程的研究

昆虫病原真菌萌发幼体在表皮穿透时不断地向前延伸，透过不同的昆虫表皮环境。昆虫病原真菌对这些变化发生反应通过适应性生物化学过程和细胞分化形成一系列特殊的形态学结构。例如，绿僵菌的芽管发育成附着胞（定位在表皮表面）、侵染钉（在上表皮内），穿透菌丝和穿透板（在原表皮内），酵母样菌丝体（芽生孢子）通过血腔扩散（图 1－1）。

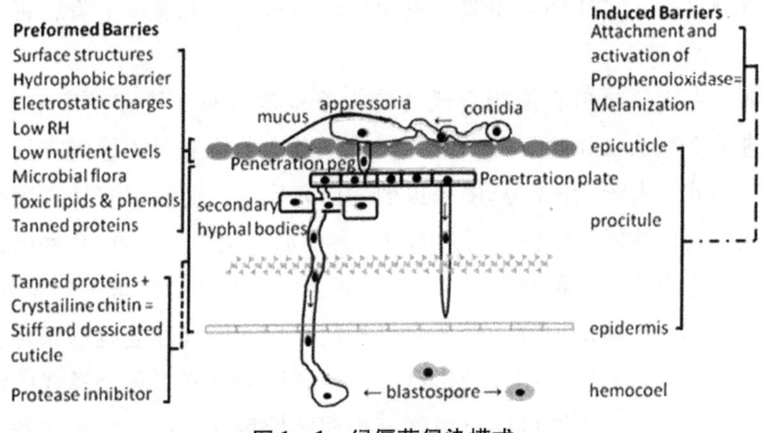

图 1－1　绿僵菌侵染模式

［A. E. Hajek（1994）and Matthew B. Thomas（2007）］

这些形态学的转变表明萌发过程是能够连续感知所处的环境，并且不断调整，以便于克隆到昆虫组织和抵抗潜在的宿主反应。侵染结构或许包含一个真菌克服宿主屏障的机制。例如，附着胞代表了一个适应性的结构，在这很小的区域里聚集了很多能量和溶解酶类，进而形成一个有效突破屏障的特殊结构。

表皮屏障对于单一昆虫来说并未有一个完全的特征，但是有文献表明大多数表皮屏障是典型的一连串或同步的抗性反应行为[11]。

病原菌致病过程是通过分生孢子（无性孢子）附着在表皮起始。孢子膨胀时分泌附着液，在前萌发生长时期，分泌液在孢子和昆虫表皮之间提供最初的疏水性相互作用[7]。孢子附着在昆虫表皮阶段，是病原微生物发育阶段的必须行为，如果它在表皮上的侵染失败，即会导致致病功能缺失[11]。特别地，侵染可能会因湿度较低而被阻止（真菌的萌发和扩展生长需要水分）；而且，孢子在表皮上无能力利用有效的营养或缺乏感知宿主或穿透侵染的必需因子都会造成致病性缺失。

易受感染的宿主识别形式包括化学信号和地形学信号。关于附着孢形成的表面地形学效应在烟草天蛾表皮和模拟表皮的塑料复制品上研究过。附着孢只在早期（1 d）五岭幼虫微褶曲的表皮上大量产生。这些微褶曲的表皮干扰附着，以致真菌不能收到这些表面上的适合附着的诱导信号。相比之下，在五岭幼虫比较平整的表面上萌发，使得附着胞形成接近于分生孢子[15]。

在一些模式中，真菌不能侵入昆虫表皮归因于在昆虫表皮上含有抑制复合物（酚类、醌类和脂类）[16-17]。然而，最好的间接证据表明任何一种这样的化合物都参与抗病性[11]。真菌穿透上表皮要么是通过附着孢下面产生的侵染钉，要么是萌发出芽管直接进入[18-19]。上表皮是多层的，每一层都有自己的特性。多数昆虫的外层上表皮是机械易碎的，且能被弱力穿透。表皮的抗酶降解性和非渗透性表明它可阻止真菌酶类的降解，直到被物理性破坏之后。昆虫内部的上皮层一般认为是由稳定的含醌类聚集化的脂蛋白组成[20]。这种结构表面是坚硬的，但是，这种障碍物能被真菌分泌的酶类所克服[21]。

一旦上皮层被破坏，穿透钉透过皮层的进程可通过穿透菌丝直接透过，即穿透结构可侧向生长，并产生穿透板。这些侧向膨胀能造成皮层破碎[20]，有利于穿透，或许有利于病原菌分泌的上皮层降解酶类的扩散[22]。前表皮作为病原菌分泌物不可渗透的物理屏障，它能抵抗多种病原菌酶类的降解，本身具有抗渗透性。抗性的程度依赖于外皮厚度[23]，几丁质片层模式给予前表皮拉力强度和皮层骨化硬化程度的联合效应[24]。因为昆虫具有高度骨化的体节，通常病原菌在其关节膜和气门处侵入[8]。

由于物理性的损坏或真菌细胞壁的 $\beta-1,3$ 葡聚糖诱导发生表皮黑化作用是常有的[25-26]。黑化作用经常发生得太迟，或者是不够充分，而不能阻止迅猛生长的病原体[11]，因为缺乏对影响侵染的黑色素的量化知识，以及黑色素如何阻止真菌生长方式的认识，故评估黑化作用的抗病机制是很困难的。

1.2.2 真菌产生代谢物的研究

病原真菌具有一系列迷人的机制，这些机制促使它们打破和评估宿主物质，从而克服宿主的抗性机制。绝大部分而言，真菌代谢物有助于它们物理方面的入侵，例如皮层降解酶类能主动破坏或改变宿主的整体性。病原真菌可选择性处理抑制宿主的酶类，干涉宿主的调节模式。例如损伤相关的疾病症状或许是由病原菌的酶类和低分子量的代谢产物（毒素）[27]导致的。

毋庸置疑，许多病原菌酶类是毒力的决定性因素，因为它们促使病原菌共存于病态宿主变化的代谢过程。到目前为止，关于所知酶类和毒素的功能，没有一点明确的信息。侵染过程相关的总体生理干扰使我们很难区分它们是功能紊乱原发性事件，还是二次事件即欺骗事件。基因重组技术提升着我们的认知。例如，在近段时间中，从绿僵菌中克隆的蛋白激酶（Pr1）能够溶解皮层的蛋白，有助于穿透并且为进一步的生长提供营养[22,28-30]。随着转化技术不断提高发展，人类已能分离出绿僵菌的多个假定的毒力基因，并且可利用干扰突变技术明确致病性基因。

在昆虫的外皮上，病原菌蛋白激酶的破坏效应至少部分归因于皮层内聚合蛋白结构和酶的可及性。然而，几丁质纤维也作为一种阻止侵染的机械屏障结构，并且作为皮层蛋白基质的稳定因子，它能够被敌灭灵（一种化学试剂，能够抑制几丁质的合成）和绿僵菌的双向应用协同效应学说证明，敌灭灵是几丁质合成的抑制因子[24]。亚纤维结构观察表明，与对照的外表皮相比较，敌灭灵处理的外皮层极大地增强了真菌的穿透性，并提高了对 Pr1 的易感染性[24]。

通过对病原菌酶类（特别是 Pr1）的操作，增强了研究者对外皮层结构和外皮层降解的认识。酶调节模式深层次的特征是在昆虫控制层次上通过化学和生物技术处理加强酶水平上的操作[31-32]。

一旦真菌进入血腔，宿主可能被病原菌导致的机械损伤、营养消耗和中毒（酶类、化学毒素和小分子酶类抑制剂毒素）所杀死[33]。这些相对重要的机制随真菌或宿主的特殊性而变化。许多昆虫病原真菌产生毒素，虽然我们对一些毒素已进行化学研究，但很少有毒理学的研究，所以对它们在致病性方面的功能不清楚[13,33]。正如期望的那样，绿僵菌素环状缩酚酸肽由绿僵菌产生，它的总量、致毒性及不同菌株的毒力与某些昆虫有关[34-35]。绿僵菌毒素影响各种各样的细胞器靶标（例如，线粒体、内质网和核膜），麻痹细胞并造成中肠、马氏管、血细胞和肌肉组织功能紊乱[36-37]。其他的毒素包括白僵菌环缩肽毒素和白僵菌环四肽，它们的功能主要是作为细胞内的离子载体；白灰制菌素、efrapeptins（拟青霉属和弯颈霉属中的线性肽类），它们具有抗微生物活性物质和细胞松弛素[38]，这些物质可能具有麻痹细胞的作用[39,40]。

1.2.3 侵染后的宿主防御研究

真菌穿透皮层之后，在宿主体内繁殖，往往作为一个在宿主体外不能单独存活的特殊阶段。侵染的结果依赖于真菌快速生长的遗传潜力、穿透宿主诱导障碍和对有毒化学物质的抵抗能力。这些特点与宿主构成的起始防御力量、防御敏捷性和巨大的可诱导反应相关。昆虫免疫是一个引人注目而尚未充分研究的领域。在利用病原真菌控制害虫需要在遗传上改进以具有什么样的特征之前，必须明白这些因素对昆虫的易感染性和对真菌的抗性起什么作用。

很少知道昆虫是如何识别真菌不是自身成分而引起免疫反应的起始。这表明酚氧化酶活性在识别方面的功能是模棱两可的[25]，因为黑化作用发生之前识别可能已发生[41]。招募因子仅被认为是刺激吞噬细胞，消耗浆细胞，动员辅助血细胞和促使淋巴节点形成[42]。被诱导的调理素（一种半乳糖绑定外源凝集素）在血淋巴中调节莱氏野村菌芽生孢子的细胞识别[43]。莱氏野村菌的虫菌体（在宿主血细胞中连续生活的阶段）的细胞壁包含几个 $\beta-1,3$ 葡聚糖，然而菌丝体部分包含较高水平的 $\beta-1,3$ 葡聚糖，它们被识别，并被封装[10]。相比之下，昆虫的噬菌细胞能非特异性地识别莱氏野村菌的分生孢子[7]。在多个物种中，真菌表面的电荷和湿润性可明显地调节血细胞的附着性[44]。

在细胞水平上抗真菌防御机制的主要反应是对真菌封闭，迅速地发生黑化[45]。在封闭过程中，粒性白细胞被吸附到真菌，并吞没真菌（吞噬作用），然后浆细胞被招募并在同一中心层形成假组织，这样分化成一个肉芽瘤（节瘤），在这个节瘤中真菌被溶解[45]。封闭行为仅仅对宿主提供一种保护以对付那些较弱的毒力病原菌。在真菌类中的超毒力菌株，要么是宿主不能形成典型的节瘤，要么是真菌克服封闭继续生长[46]。例如，在宿主内连续生长的白僵菌是基于简单克服宿主的血液细胞免疫反应[47]；真菌侵染 3 d 后，粒细胞数急剧下降[48]。Hung 等提出细胞防御反应的起始靶标是白僵菌产生的代谢产物[46]。这些代谢产物阻止形成节瘤是必需的，能够被血细胞招募，虽然起始识别和吞噬反应仍有作用[49]。绿僵菌产生免疫抑制物质（例如毒素腐败菌素 E）通过麻痹血细胞抑制节瘤的形成。其他的真菌类采用不同的方法来规避细胞防御反应。在灯蛾噬虫霉中，在血腔中的移植是通过原生质体进行的，由于缺乏细胞壁而不能吸引血细胞[50]。在莱氏野村菌中，芽管表面的黏液鞘由宿主的外源凝集素构成[50]。

虽然有很多文献报道昆虫在细胞水平上对真菌的抗性，但昆虫对真菌的体液免疫机制尚未具有说服力的证据。多数文献认为，昆虫对真菌侵染时的体液反应是由真菌毒素蛋白激酶抑制因子的复合体诱导所致[51-52]。家蚕菌株间的比较揭示了一个普遍的多态性，各自的蛋白激酶抑制因子由共显性等位基因控制[53]。种间变化和更重要的种内变化表明，这种变化具有增加有益昆虫抗病性的选择潜力。

抗真菌因子，包括蛋白激酶抑制因子发生在被侵染的昆虫的血淋巴内，并且组织致死的侵染。近来，Iijima 等揭示了褐尾麻蝇产生的一个小（67 个氨基酸）抗真菌蛋白的特征[54]。令人感兴趣的是麻蝇素（天蚕素中的抗菌成员）单独对真菌无活性，但极大地有助于抗真菌蛋白的激活。

在整个组织水平上，一些昆虫宿主的特别行为能够防御潜在的致死真菌的侵染。蚱蜢（透翅土蝗）晒太阳行为可以促使身体内部的温度高于蝗噬虫霉发育的最适宜条件温度，因此，蚱蜢可以从侵染的病态中恢复[55]。增高的体温也可治愈家蝇被蝇虫霉的感染，虽然增高的温度仅仅在疾病发展的特别窗口时间有效[56]。

1.2.4 相互作用的三级程度研究

昆虫体内病原真菌的生长不仅受昆虫的免疫反应影响，而且直接受昆虫的食材影响。例如，切叶蜂（苜蓿切叶蜂）喂食自然食物与喂食人造食物相比，取食来自自然界的蜜蜂较少感染蜜蜂球囊霉[57]。

昆虫与病原菌相互作用的三级水平上的研究，多是比较宿主植物物种对食草昆虫的病原真菌的影响。少数体外研究表明，另加糖苷生物碱或者多种植物抽提物到培养基中，能够抑制白僵菌和莱氏野村菌的生长[5,58-59]。臭虫成虫和长蝽（lygaeid bug）被注射白僵菌后，仅喂食小麦叶片或人造食物组与喂食玉米或高粱组相比，具有较高的死亡率[60]。另外，少数吃过玉米或高粱的臭虫尸体产生分生孢子，这显示出这些食物的抑制效应，可能的原因是植物次生化合物可抑制真菌。将配糖生物碱 α - 番茄碱加入人工食物时，莱氏野村菌的生长被部分地阻滞在 LC_{50}，并被抑制在 LC_{90} 水平上[59]。

进一步的研究证实，致病性的发展与植物营养质量对宿主生长速度影响的效果是相关的。因此，当舞毒娥幼虫被蛾噬虫霉侵染后，并被喂养五种植物的叶子时，观察到了相似水平的死亡率和致病时间，慢慢生长的幼虫因为取食利用率较差的红糖槭而延长从感染到宿主死亡时间。蛾噬虫霉的原生质体能够在添加了取食五种植物叶子的幼虫血细胞的组织培养基中生长。原生质体的增长率是相同的，表明宿主的植物因子抑制真菌生长的因素在幼虫血液中是无作用的，原生质体在宿主血液中是能正常繁殖的。

供试三龄幼虫被喂养四种极易利用的植物时，会产生莱氏野村菌和杂食夜蛾科害虫之间时间死亡率关系不同的现象[61]。比较具有不同水平生物碱苷类的茄科上多种易感染白僵菌的科罗拉多马铃薯叶甲虫的死亡率，结果显示幼虫死亡率相同[62]。相比之下，Hare & Andreadis 发现取食营养优化的茄属植物的马铃薯甲虫降低了对白僵菌的易感染性[63]。这些不同食物来源研究的方法中，后者昆虫被侵染的方式是通过取食，在某种程度上表明这是一种非自然模式。在三种不同作物上的棉铃虫实地实验数据显示，当幼虫取食生长最好的植物时，莱氏野村菌杀死的幼虫尸体孢子化[64]。令人迷惑的是关于幼虫的生长率是正相关还是负相关的致病机理不能确定，这或许反映出昆虫病原微生物依赖宿主的基本不同[63]。例如，许多虫霉目微生物大多数是专性病原菌，并且在体外生长或者很难在体外培养。然而，许多丝孢纲真菌极易在体外生长，并且在自然界中像腐生植物一样极易生活。

球孢白僵菌在玉米类植物上的内寄生事件提供了一个摄食层次上非常不同的相互作用的例子。当玉米植物被球孢白僵菌内生定殖时，玉米螟在整个季节都会被抑制[65,66]。

1.2.5　被侵染的昆虫致死性行为变化研究

在很多模式中，被侵染的宿主最先发生变化的现象是取食量降低[67-68]。这种反应有益于病原真菌侵染有害昆虫。也有文献报道病原菌在致死性侵染过程中的行为变化。被真菌侵染蝇霉的雌胡萝卜蝇（胡萝卜莲蝇）不能在相应的食物上产卵，同样，其他雄性昆虫如雌蝇一样，被侵染后降低了卵存活的概率[69]。被侵染的蚂蚁会改变它们的正常生活路线，从而避免和同种个体相接触。地涌蚂蚁常常爬到灌木上等死[70]。

蚜虫、蚂蚁、蝗虫、稻飞虱和苍蝇被侵染多种真菌后，众所周知，这些昆虫在死之前会移动到高处[70]。虽然这种反应的生理学基础不是很清楚，但是云杉卷叶蛾被侵染灯蛾噬虫霉后，在快要死亡的时候会产生一种短而不稳的肽类。肽的合成与昆虫死亡前的反常行为或许与这种行为变化相关[71]。众所周知，死亡的宿主带有翅膀，或翅膀与身体分开，或身体远离虫体形成孢子的基质区域。宿主死亡在较高的位置或暴露的位置将会明显地增强孢子扩散。虽然这些反常的死前行为让人琢磨不透，但是真菌的选择和昆虫之间的压力或许有利于宿主与病原菌之间的协同进化，最终促进孢子的扩散。

1.2.6 昆虫病原菌的传播方式研究

对于一个新宿主来说，侵染性繁殖体的扩散代表了真菌生活周期中最危险的一部分。孢子的产生和释放过程，孢子的分散，孢子的存活和萌发频率依赖于周围的环境条件。每个虫体的孢子产生量，例如在 15 ℃条件下，每只五岭舞毒蛾上可产生 2.6×10^{6} 个蛾噬虫霉，部分地补偿了产生大量孢子却无法存活和侵染新宿主的高可能性[72]。

影响产生孢子的过程在生化水平和生理水平上对于许多宿主病原菌模式来说是不甚了解的。在很多模式中产生孢子之前宿主的死亡是必须阶段，但也不全是。至少有 8 种虫霉菌菌促使宿主在一天内死亡模式，由于宿主的死亡发生时间超过了物种的光照时间[73-74]。观察宿主的死亡时间表明许多真菌在黑暗期、且必须在高湿条件下产生孢子。

在接合菌纲和卵菌纲中的真菌产生两种类型的孢子，即短生活的活跃分散的孢子和长生活的环境抗性孢子。在离体实验中发现固醇出现在巨大绿丝菌的抗性合子中。虫瘟霉菌中影响休眠孢子的机理不是很清楚[75]；活体中虫瘟霉休眠孢子的产生是在低温和高湿条件下产生，这种条件下真菌菌株发生变化，并且菌株衰减。有趣的是用不同的虫瘟霉菌共同侵染稻飞虱是促使休眠性孢子的产生，表明休眠性孢子的产生至少是由细胞质的遗传因素决定。

许多内生真菌，空气扩散性孢子的产生与相对湿度相关。常见虫霉目中的虫瘟霉菌和舞毒蛾噬虫霉大量产生和散布分生孢子时，仅仅在恒定的相对湿度大于95%时发生[76-77]。在灯蛾虫霉中，真菌在虫体内生长是一个从原生质体到虫菌体的变化过程。在虫死之后，相对湿度对真菌的限制不大。然而，高相对湿度在孢子散布之前的时间段内是真菌生活的必需条件。相比之下，室内研究表明灯蛾虫霉能更好地适应干燥条件，在50%的相对湿度和较高的湿度下具有大量分散孢子的能力[78]。虫疫霉侵染苜蓿叶象甲虫后释放逐步减少的孢子，是对经过了一段较短时间的湿度下降的反应。在某些情况下，死虫体可散布孢子，然后经历一个干燥时期，该期间孢子减少，虫体内孢子释放之后，虫体发生再水化[79-80]。

孢子产生和散布之后，在遇到新宿主之前它们要努力存活。高温、脱水和太阳辐射常常造成孢子死亡[81-82]。在土壤环境中，孢子存活率的下降可能是由附近抑制真菌的位点和时间效应变化引起，这种变化是由放线菌和腐生微生物所引起[83-84]。尤其是空气中常见虫霉目无性孢子被认为存活时间较短，并且不适合用来生物防控。然而，研究表明新蚜虫疠霉孢子在40%～50%和90%的相对湿度中能够延长存活时间，然而在70%的相对湿度条件下，侵染性迅速下降[85]。另外，三种常见虫霉菌的毛管分生孢子暴露在50%的相对湿度中能够延长存活时间[86]。对干燥环境的如此耐受性将赋予孢子在扩散时更大存活能力。

病原真菌可通过各种途径远距离扩散。例如，在一定程度上被侵染的昆虫死亡之前的移动，卵菌的孢子能够在水中移动，孢子也能够被雨水冲刷[87]。土壤栖息的真菌病原微生物的移动或许是受限的，虽然孢子可通过土壤被冲洗，或来源于虫体的真菌菌丝通过局部土壤扩散[83,88]。土壤栖息的真菌孢子侵染地表上生活的昆虫时，是通过附着在生长的植物表面而离开土壤环境的[89]。虽然动物也可作为病原真菌的载体，但是相关的扩散潜力尚未见报道。

空气和地表昆虫上的病原真菌常常是靠风散布，活跃孢子的释放有利于孢子的散布。在静止的空气中或微风中，蝇霉的分生孢子仍然在其源头附近。然而，在少数研究实例中发现病原真菌的孢子偶尔在空气中是大量分布的，表面空气散布并不是一种普遍现象。虫霉属真菌孢子是显著大量的，在空气中的600～2000 h和100%的相对湿度条件下[90]。在空气中发现大量蛾噬虫霉孢子的例子与笼中舞毒蛾幼虫的侵染接近孢子取样器相关，表明空气传播的孢子是活的，并且具侵染性。蛾噬虫霉通过死的虫体和带菌幼虫长距离散布情况在1989—1992年有所报道。文献报道，蛾噬虫霉独有在1992年期间扩散到北弗吉尼亚的多个区域，在这以前从未发生过。表明蛾噬虫霉孢子的运动依赖于气候条件。

近年来的研究表明至少有一种模式，真菌如果到达合适的栖息地，潜在的宿主能够检测到它们，圣甲虫幼虫能够被绿僵菌的菌丝所抑制，但是绿僵菌的孢子不能抑制圣甲虫幼虫，提取的菌丝通过喂食可以抑制成虫和幼虫。然而，成虫会在菌丝出现之前产卵，或许是菌丝呼吸作用如同生长的植物根部[91]。

1.2.7 昆虫宿主-病原菌模型的遗传多样性研究现状

许多病原真菌是由多样的遗传群体所构成，但是这些菌种不能用形态学标准去区分。直到 1980 年，除了致病性变化之外，病原性真菌的遗传信息很少被了解。改良的生化和分子生物学技术的出现大大加速了对真菌种内变化的了解。

真菌的蛋白抗原类别可以区分真菌的种类[92]，但常常不能在同一种内实行。在足够的群体中，同种异型酶提供了第一个清楚有效的分子标记，能够提供病原真菌可靠的遗传研究[93-94]。多个酶相关模式是多态性的，并且能够充分地提供绿僵菌、白僵菌、灯蛾噬虫霉复杂性物种的可靠遗传多样性研究[95-98]。DNA 随机扩增多态性（RAPD）和限制性酶切片段长度多态性（RFLPs）在群体中提供了另外的一种分子标记[99]。近年来其他分子生物学方法的应用包括 rRNA 序列分析用来区分丝状真菌、白僵菌属，利用等高锁状同源电场凝胶电泳片段区分绿僵菌的不同菌株[100-101]。

为了探索蛾噬虫霉菌在美国东北部流行趋势，科研人员采用 RFLP 和同工酶技术协同评估了它在舞毒蛾群体上的遗传多样性[97]。这是首次报道有关美国东北部蛾噬虫霉侵染舞毒蛾的文献。虽然在 1910—1911 年，曾一度企图引入这种菌用来生物防控。生物化学的结果一致认为东北部的病原菌是蛾噬虫霉，与来自日本的多种灯蛾噬虫霉的复合群体相似，并且不同于本地固有菌株的复合体。同样，这些技术进一步的应用显示灯蛾噬虫霉种内复杂的不同成员可以平衡地共存于不同的鳞翅目宿主[98]。由于在这个复杂的群体中缺乏较大的菌株多样性，相关的生物学信息不能说明这个群体种的水平上的关系。

新而有效的生化和分子标记的应用有利于物种结构和地理分布的研究。例如，进来的同种异型酶的研究，能够观察到白僵菌和绿僵菌群体聚类的遗传距离，结果表明每一个分支代表一个种的总和，它的成分显示了重叠的遗传可变性，对于一些菌株当前被认为是同一属的稀有物种[29,95]。除绿僵菌 *var. majus* 之外，大部分绿僵菌菌株是在同一基因位点上是纯合子与单倍体的方式并存。尽管在白僵菌和绿僵菌中维持了较高的多样性，大多数的菌株包含在几个地理上广泛分布型的遗传类别中。这些基因类型在空间和时间上的持续性表明：多数情况下，这些真菌具有克隆的群体结构。同种异型酶的数据（群体之间的遗传距离的大小，基因的多样性和基因型类分布的模式）说明异核体是不兼容性的早期且有效遗传行为。白僵菌最普通的多基因位点基因型是广泛分布的，它暗示了一种长距离扩散的方式。许多本地化的绿僵菌仅仅是在鞘翅目上分离的菌株，据推测它们是在这些宿主上的致病性分化进化结果。地理隔离和（或者）绿僵菌有限的孢子分散也许是不同基因类型进化的重要方面。

真菌种内的变化倾向常常具有不同的致病性特征。然而，宿主群体对真菌的致病性反应在遗传上不是一成不变的。在蚜虫的群体中，对新蚜虫疠霉某一种菌株的抗性只分布在澳大利亚的特别区域，共存的易感群体却在较低的水平[102-103]。这种可变性的进化一定程度上令人迷惑，因为通常认为起初只有小群体的蚜虫被带到澳大利亚，并且这些蚜虫是无性繁殖。据推测，在宿主中的易感性变化可能造成一个或多个突变子或者胞质的遗传机制。克隆群体的共存是一个通过不同的最佳温度的扩散过程[103-104]。在北美洲，在 60 个豌豆蚜虫（豌豆蚜）克隆群体中已发现对菌株新蚜虫疠霉易感性的变化，它们来自于同一个区域。同样地，据文献记载有一两个的豌豆蚜群体是抗暗孢耳霉菌株群体。来自同一原始群体的同科群体的切叶蜂对幼虫白垩病有不同程度的易感性。不同抗性品系的直接交配导致抗性的丢失，这表明多基因是抗性的基础，而这种基础极易被杂交所破坏。这些昆虫对真菌易感染性变化例子的初次报道表明了在宿主和真菌之间存在潜在的共进化[105]。

1.2.8　昆虫病原真菌的流行病学研究

流行病学定义为在宿主群体中通常出现大量的致病性案例。这种定义的主观性包含了宿主病原菌模式的多样性。然而，经深入的研究发现，通常有病的宿主在流行时期的数量是非常庞大的。在过去的 10~15 年，关于真菌流行病学的论文发表数量上具有明显的增长[106-107]。在一些宿主病原菌的模式分析中已经用到了近3年的实证数据。这种长时间的研究形式对于揭示自然界中普遍存在的相互作用是非常重要的。然而，这些模式对于非普遍的宿主或许很少具有发生流行病特征，长期的数据收集极端困难。

以植物和脊椎动物的流行病学研究的方法论和背景作为基本的群体动力学，可以为真菌疾病的流行病学调查研究提供基础。许多真菌流行病学量化的仅仅是病情的流行和宿主密度，虽然总体病原菌的密度是整体模式的一部分，并且必须量化。计算寄生病百分比精确计算优化的方法能够清楚应用与计算侵染的百分比。另外，病原真菌的影响很少被评估，它仅作为宿主全面生态模式的一个成分，例如生命表的分析。

用作疾病流行样本设计的精确性从来没有被确定过。样本设计应当开发关于潜在的变化有利于被侵染的昆虫。幸运的是春小麦上的麦蚜虫尸作为未侵染的昆虫成群分布于健康的昆虫中，真菌侵染的昆虫和因侵染而死亡的昆虫一样设计相同的样本[108]。如果仅仅涉及对死虫体的计数，则真菌病原体的野外群体的量化可以相当简单。然而，在很多模式中，病原菌不仅在死去的虫体内，而且常常蓄积在土壤中，与疾病流行和宿主密度的评估相比较，土壤中真菌的量化需要不同寻常的技术。真菌在土壤中的蓄积常常用昆虫作为诱饵进行量化[109]，或以真菌生长选择的底物量化[83]，或者直接计数孢子[110]，但是所有这些方法都是非常耗时的过程。

流行病学的研究起始是详细表述致病性的自然历史，病原菌和宿主的物候学，病原菌对宿主群体的影响和流行病与气候条件的关联，常常强调RH形式的湿度，冷凝液或降雨的关联。关于宿主与病原菌相互作用的关键条件的问题是随后在实验室中研究提出的。例如，实验室中研究根虫瘟霉休眠孢子在恒温下的萌发物候学表明，枞色卷蛾的定时侵染至少部分是休眠孢子在时间上被调节所导致的[111]。

来自流行病学经验数据的关键解释需要小心选择合适的统计方法来分析。水生真菌（*Coelomomyces punctatus*，雕蚀菌属，该种真菌具有复杂的生活史，包括桡足类中间宿主和按蚊的主要宿主）流行病学的回归分析显示与侵染流行密切相关单一因子是有大量的桡脚类的动物作为宿主[112]。多重回归分析揭示真菌侵染体和凝聚时间是与美国凌霄菌流行于假眼小绿叶蝉密切相关的可变因素[113]。莱蚜（*Monellia caryella*）被地区虫霉侵染时与最低温度相关，当温度高于8 ℃时，侵染与湿润叶片的总时间在5 d、6 d和7 d的时间节点内正相关[114]。森林地上植被物中舞毒蛾被侵染的模式表明蛾噬虫霉的休眠孢子在降雨后的1～2 d萌发[115]。

事实上，在文献中有很多例子是流行病学与环境的湿度水平相联系的宿主病原菌模式。然而其中的一些关于流行病学空间动力学的研究表明：在松树针叶林里，松针钝喙大蚜上的加拿大虫瘟霉的盛行不受天气的限制。反而真菌接种体和宿主密度与侵染水平相关，虽然认为宿主的空间分布比宿主密度相关性更强。多年来等量的宿主密度，降低了宿主聚集与增加疾病盛行的相关性，因为蚜虫群体包含较少的个体，但是有较紧密的空间。另一项疾病扩散评估研究表明三种鳞翅目幼虫被侵染莱氏野村菌的总数多于未被侵染的。这种疾病首先在少数地方发生，但随后扩散到整个大豆田间，即使疾病盛行度较低的时间段内[116]。这些数据与实证观察相一致，即真菌疾病扩散是由一个侵染中心扩散到其他地方[81,83]。不幸的是疾病的空间分布研究很少，虽然这种信息对了解密度相关的真菌扩散是至关重要的。

已出现真菌病原菌的长期时间动力模式之一的假设普遍模式，在加拿大的虫瘟霉菌中已得到证明。低密度种群的宿主具有较低的被侵染率，结果导致宿主增加（流行前期）。宿主种群到达高密度后，然后经历滞后，疾病流行造成种群下降（流行期）。即使当宿主种群下降，侵染水平仍然保持较高水平，主要是由于环境中真菌较多（流行后期）。因此，这些真菌病原菌具有主动的密度延时依赖性，与蝇虫霉试验中的结果，即复合迪莉娅 ANTIQUA 模式相一致[117]。

多数宿主病原模式的生态学不能很好地预测流行病学的发展对生物群体的影响。如上所述，在该模式中三级营养水平上的相互作用，植物类型影响疾病的盛行。群落中交替出现的宿主或增加接种量的结果是导致初始宿主的侵染增加。例如，生态分布区重叠的蚜虫在加利福尼亚是有区别地被虫瘟霉菌侵染，同时虫瘟霉菌杀死少量苜蓿无网长管蚜，病原菌密度增加，结果导致更多易感染的豌豆蚜处于更多的感染中[118]。病原菌之间的相互作用和其他的昆虫自然天敌也潜在地影响宿主和病原菌群体。然而，小蔗杆草螟被接种感染绿僵菌1～6 d后，真菌对三种感染的宿主并没有伤害[119]。相比之下，谷物蚜虫被真菌寄生侵染后不久就能阻止蚜虫的发展，然而这种现象中真菌并未在侵染的寄主组织中发现。相反地，宿主被真菌侵染在寄主的高级阶段削弱了真菌的发展。正如对宿主病原菌模式内的初始相互作用的增加，群落水平上影响的评估数据有助于理解和预测真菌流行病学的发展。

1.2.9 建模

鉴于当前的知识水平，建模是理解和预测真菌流行病学最主要的方法。已开发出理论建模模式可用来解答关于简化、普遍的宿主病原菌模式的基本生态学问题，并且用作基本的昆虫病原致病模式[120]。这些基本模式应用到了包括病原真菌常常在真菌昆虫模式中的蓄积或在侵染的昆虫死亡之前的繁殖[121-122]。一个普遍的模式是用作调差模式的稳定性评估、高致病性、病原体繁殖体的短时性和宿主的高再繁殖率，所有这些都稳定地限制在宿主病原模式中。相反地，模式结果表明病原菌的可传播性和病原菌的产量都不影响局部的稳定性[123]。

对于特别的宿主真菌模式，回归模式和微分模式描述处理反应关系已经开发并应用与试验数据相结合[77,122,124]。然而，在自然界中，影响昆虫病原菌相互作用的许多参数会在时间和空间上发生强烈变化。这些参数联合范围的效应不得而知，并且不能用试验来确定，因此许多例子中的分析是很难解决的。故此，处理的反应数据用来开发复杂的模拟模式在宿主病原菌模式上进行试验操作。信息的广度必须是大量的，这样才能开发复杂的模拟模式，这种模式可以精确模拟致病动力学。以牧场上的蝗虫、食叶昆虫和农业害虫的致病性为代表已开发出复杂的模拟模式[125-127]。

模拟模式应用于整体试验数据，同时也用来指导试验研究。更重要的是模式的结果被有效地用到田间，同时模拟试验也用来预测特别因子变化的结果。模式结果和试验用来研究白僵菌在欧洲玉米螟幼虫接种于植物之前、期间和之后。在白僵菌应用到欧洲玉米螟幼虫之前或期间，模拟模式精确地预测了幼虫的死亡率[126]。然而，欧洲玉米螟幼虫在白僵菌之前接种到玉米上时就不能确定死亡时间。因此，模式结果表明这种应用产生了延时的相互作用。事实上，害虫生防的一个验证是一个关于新种叶蝉虫疫霉和紫苜蓿叶象二者之间相互作用。该验证用来模拟调节苜蓿收获后干草保留对紫苜蓿叶象成虫在湿度环境中的聚集效应，因此强调的是流行病学发展的条件。另外，害虫杀虫剂早期的应用阈值经过评估和田间确认后，为控制紫苜蓿叶象，研究提出新推荐的新种叶蝉虫疫霉培养方法而加强其侵染性。

模拟模式也用来测试蛾噬虫霉休眠孢子侵染舞毒蛾的时间效应。在森林环境中研究这种现象是不可能的。舞毒蛾幼虫的行为在幼虫两次蜕皮期间的虫期变化可以改变其在土壤里聚集的休眠孢子中的暴露程度。文献记载了中间状态的幼虫暴露于萌发休眠孢子的整体系数的一种模式，该模式显示在流行病发展时休眠孢子对最近龄期幼虫的侵染是至关重要的。在美国的东北部，这种模式也可以用来评估蛾噬虫霉在一定天气状况下具有强大的侵染能力。1989—1992 年，蛾噬虫霉在这一区域的快速传播和建立证实了模式预测结果的正确。

蝗虫霉 - 蝗虫模式显示了宿主的起始密度和病原菌密度都影响侵染程度，宿主密度的影响是更引人注目的[127]。这些结果是合理的，因为病原菌在田间季节和条件有益的状况下可以快速大量的增加，然而宿主的群体密度变化相对较慢。自然天敌的密度依赖性程度历来是生物防控主要关心的一个问题，并且基本模式评估真菌病原菌模式依据是密度依赖性[120]。不幸的是试验测试真菌致病性的宿主密度关系模式非常缺乏。

流行病学发展的宿主密度阈值在紫苜蓿叶象 - 新种叶蝉虫疫霉模式中有所报道[125]。关于上述宿主密度阈值的概念，即如流行病学的发展定义是不断被塑造变化的。最近的分析表明宿主密度阈值不是静止不变的，它对疾病的盛行、宿主的空间和时间动力学敏感[128]。与上述一致的是根虫瘟霉 - 小绿叶蜂模式的田间研究表明一个病原菌密度阈值（真菌杀死的叶蝉尸体）出现在流行病学发展之前[5]。大量尚未研究的问题是环境阈值必须达到在流行病学发展之前。例如，根虫瘟霉的流行基于叶蝉的流行，当冷凝时间发生低于每夜 9h 时就不能发展[113]。

1.2.10 控制潜力

真菌在宿主群体上的流行的影响是非常引人注目的，许多策略已被采取，以便开发这种潜力达到控制害虫的目的。成功的控制策略包括永久的引入，例如，建立、扩大释放、环境操纵和对自然环境的保护[113]。对于所有策略来说，经验特别强调模式中病原菌和宿主相互作用的特殊自然性。新的控制方法正在开发，这种方法操纵这些物种专一性的相互作用并加强疾病的流行。

利用真菌的控制技术多数是依赖扩大释放手段，常常利用淹没应用技术，它相似于利用标准的化学杀虫剂。是用淹没还是用接种的方法，这些释放方法被认为是扩大的策略，因为病原菌的遍在特性。大多数真菌杀虫剂的应用根本上不同于化学杀虫剂。真菌杀虫剂应用后，病原菌的密度通过疾病传播而增加，主要由于病原菌在宿主群体中往复循环所导致。不同类别真菌应用不同的剂量，在不同的真菌生命阶段应用，采用不同的应用策略，因为模式预期结果是基于害虫控制必须基于第二传播水平。比如其中的一个例子：白僵菌抑制土壤中的蛴螬，就应用两种不同的技术，比较了流行病的发展速度。布氏白僵菌在大麦上定植，并且散布到土壤中可以控制果园里的鳃角金龟子，其效果优于化学杀虫剂。成虫蜂的喷洒替代策略是产卵蜂传带布氏白僵菌到繁殖地点导致缓慢的流行病学发展，这或许是更强的宿主密度依赖性例子。为控制水稻田间的蚊子，同时应用了两种类型的孢子即大链壶菌的有性孢子和无性孢子，结果显示在环境条件变化时能在当前和较长时期内控制蚊子[129]。

控制效应方面多数强调赤眼蜂的增加，应用所谓杀虫剂的数量效应。大量释放生物防控杀虫剂具有成功的例子，有名的是温室害虫防控、水稻害虫防治、蝉的防治和松毛虫的防治[130]。目前几种昆虫病原真菌已经进行了有效的商业防控。优化菌株的选育对于生物防控也是至关重要的。例如能够忍耐塔斯马尼亚区域气候温度的绿僵菌被成功地应用于控制牧场的金龟子圣甲虫。另外，真菌大量生产的成本和有效的方式也是真菌杀虫剂开发的至关重要的环节。

加强真菌侵染能力的新技术正在害虫模式中经历评估，这新技术的效果通常用其他方法是很难实现的。雄性小菜蛾被信息激素诱捕后，被拟根牛肝菌侵染。随后它们携带幼虫杀虫剂进入田间。白僵菌和苏云金杆菌同时被应用到谷物植物上以控制欧洲玉米螟[131]。虽然这两种制剂的活性不是协同的，白僵菌在植物上控制第一代幼虫且持续存在，并且可以侵染第二代害虫。包含真菌的诱饵也被开发用来控制草场上的圣甲虫[83]。这样的诱饵也用来控制火蚁（红火蚁）和土壤中的切叶蚁，而直接应用真菌于这些群居性昆虫是无效的。

永久的引入和昆虫病原真菌的已经在 26 个地方建立 19 个不同的宿主 - 病原模式被成功应用[13]。最近经典的生防控制的成果表明其菌株来源地的气候与释放地相似[132]。然而，最近的困境是引起公众关注的真菌释放的负面效应，科学家试图澄清其焦虑并建立关于真菌释放明确的指导原则。

昆虫病原真菌的休眠孢子尚未有以控制为目的广泛应用案例，因为它们具有较长的休眠性和不同步的萌发特性[130]。然而，在北美洲的东北部，小规模引入和建立舞毒蛾病原菌 - 蛾噬虫霉的方法做了比较，当休眠孢子被引进并且变得较湿润的一周的基础上，蛾噬虫霉具有较高的感染水平[133]。基于这些结果，在1991—1992年，39个地方释放了休眠孢子，这些地方以前从未检测到这种真菌。蛾噬虫霉在主要地点的建立（在这些地方每周对孢子加湿）结果致使侵染水平增加。为消除公众的疑虑，宿主特异性的测试显示蛾噬虫霉专一侵染毒蛾科，而对亲缘关系较近科的某些物种普遍具有较低的侵染水平。

由于真菌的某些阶段对环境敏感，故在生物防控时要在多数模式中开发相应的保护策略。真菌的多个阶段对干燥失水敏感，因此常常采用多种技术以增加湿度。正如以前所提到的，改变紫苜蓿的收获时间，在干草再加湿的环境中能使圣甲虫最大化地感染虫疫霉菌。蚜虫（Aphis jabae）群体的田间研究显示灌溉能增加新蚜虫疠霉和暗孢耳霉的侵染水平，但是弗雷生新接霉和普朗肯虫霉的侵染水平没有增加[134]。在中国的蘑菇温室中，虫疫霉属侵染叮人小虫（蚊子）群体的水平会因每天喷洒水雾而增加，因此出现很多虫子尸体[82]。很多真菌对害虫杀虫剂非常敏感，特别是真菌杀虫剂，为了和真菌杀虫剂的应用衔接来控制害虫，而害虫杀虫剂的应用方法会不断更新[135]。昆虫病原真菌抗杀虫剂的潜力已在绿僵菌中分离出的抗苯来特的转化子中显现[136]。

一个未充分开发的研究领域是检测、分离、鉴定和商业化开发病原真菌毒素用于昆虫防治[137]。这些新进展必须借助基因重组技术；然而，事实上来自绿僵菌的毒素是一种复杂的产物，多基因途径将会增加分离和操纵专一毒素基因的困难性。曾经出现的自然发生的流行昆虫真菌病原仍有害虫控制的潜力。然而，流行病学是一个复杂的现象，在特殊阶段大量的相互作用过程是流行病学发展的必须阶段。在过去的几年里，企图利用大量释放病原真菌，类似于合成的化学杀虫剂的方法控制害虫，并未取得成功。现在意识到那样会阻止流行病学，必须了解哪些相互作用是致病性和流行病学发展的重要决定因素。改进研究在许多途径上正在进行，在这些领域中已经获得需要改进的技术。宿主-病原菌的生物化学和分子生物学的研究限制在增加致病性，并聚焦在特殊的真菌操纵过程[138]。在有机体水平上的研究包括宿主和病原菌各阶段的发展和功能，常常把其与环境条件关联起来。最终，将来自宿主和病原菌模式的数据收集起来建立模式，该模式用来回答流行病在群体和群落水平上的发展所需的必要条件。所有这些研究大体上提高了对真菌致病性的认识，这些知识背景为利用真菌控制害虫的能力提供了有益的帮助。

昆虫病原真菌的种类对宿主的种群具有多方面的和多样性的显著影响。不幸的是少有昆虫病原真菌模式被详细研究。到目前为止的研究，能为进一步研究提供的框架和提出的假说都有待于进一步在其他宿主 - 病原菌模式中检验。显然，由于真菌多样性和多种侵染方式的存在，并不是所了解的几个模式简单地应用到其他模式。目前，从致病性和流行性角度出发，在比较模式和发现共同点中开发基础知识。

1.2.11 毒力基因与非毒力基因

在植物免疫的进化过程中，那些能被植物的 R 蛋白所识别的病原效应因子历史上称之为无毒（Avr）效应因子，病原菌编码相应因子的基因称为无毒基因[139]，即形成“基因对基因”的学说[140 - 142]。植物病毒的无毒基因编码着病毒的衣壳蛋白复制酶蛋白以及运动蛋白等重要部分。真菌与节肢动物同样参与多样的协同进化[143]。基于这种观点，探究昆虫病原真菌中非毒力基因的作用机制就显得非常重要。昆虫病原真菌的毒力基因被定义为在昆虫病原真菌物种上特异编码毒素的基因[144]。有文献认为在昆虫病原真菌致病过程中直接分泌的酶类（蛋白水解酶、几丁质酶、脂酶和酚氧化酶等）也称之为毒力因子[145 - 146]。由上述研究可知，昆虫病原真菌的毒力基因广义的定义是直接参与致病过程的基因，而狭义的定义是指弱化宿主免疫的毒素基因。*β - tubulin* 和 *MaPpt*1 分别是细胞骨架和信号传导相关的基因[147 - 150]，是非毒力基因的范畴。*β - tubulin* 作为细胞骨架的主要成分，它负责很多功能，其中包括细胞物质运输、细胞的运动性及有丝分裂过程。*MaPpt*1 直接或间接参与信号调节，包括代谢酶类、膜离子通道与泵、细胞骨架蛋白和转录过程。*β - tubulin* 和 *MaPpt*1 作为非毒力基因，它们在蝗绿僵菌中的作用机制目前尚不清楚。

1.3 研究技术路线

本书的具体研究技术路线如图 1 - 2 所示。

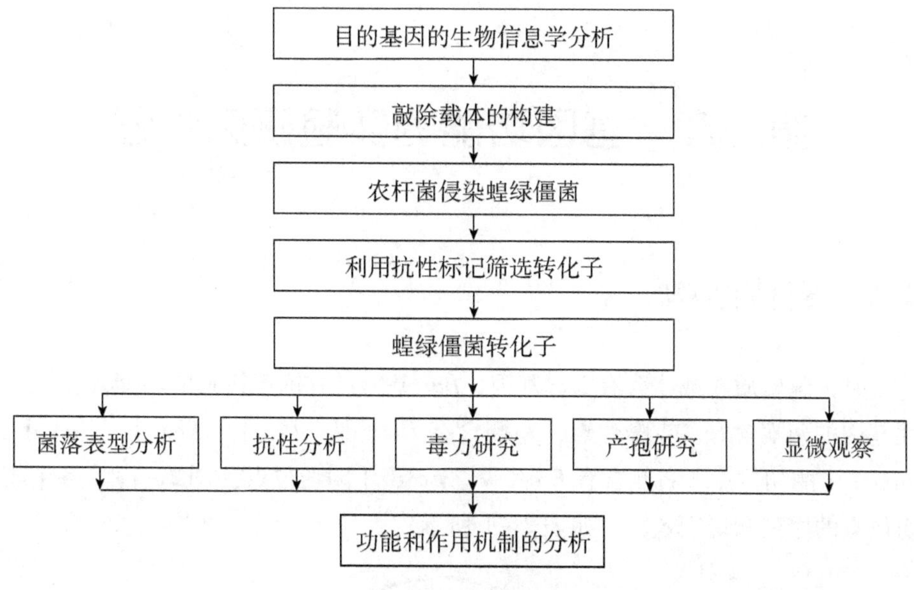
目的基因的生物信息学分析
敲除载体的构建
农杆菌侵染蝗绿僵菌
利用抗性标记筛选转化子
蝗绿僵菌转化子
菌落表型分析
抗性分析
毒力研究
产孢研究
显微观察
功能和作用机制的分析

图 1－2　技术路线

第二章　基因功能的实验研究过程

2.1　载体结构

基因编辑质粒载体含有 *Bar* 基因，*Bar* 基因具有抗草铵膦的功能，在该抗性基因的两端含有多克隆位点，左侧含有 *Hin*d Ⅲ、*Pst* Ⅰ、*Xba* Ⅰ、*Xho* Ⅰ、*Bam*H Ⅰ酶切位点，右侧含有 *Eco*R Ⅴ、*Eco*R Ⅰ酶切位点（图 2－1）。各个酶切位点的序列和切割效率，如表 2－1 所示。

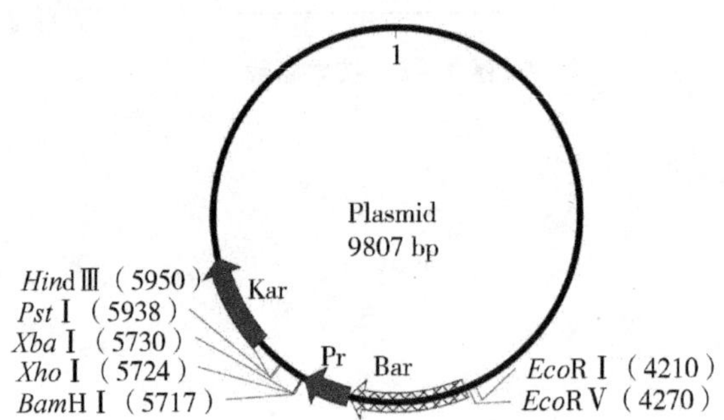

图 2－1　质粒示意

表 2－1　常用酶切位点序列、保护碱基和效率

酶	寡核苷酸序列	链长	切割率%（2 h，20 h）	
Hind Ⅲ	CCC A^{1}AGCTT GGG	12	10	75
Xba Ⅰ	GC T^{1}CTAGA GC	10	>90	>90
Xho Ⅰ	CCG C^{1}TCGAG CGG	12	10	75
*Bam*H Ⅰ	CGC G^{1}GATCC GCG	10	>90	>90
*Eco*R Ⅴ	CCG GAA^{1}TT CCGG	8	100	100
*Eco*R Ⅰ	CG G^{1}AATTC CG	8	>90	>90
Sma Ⅰ	TCC CCC^{1}GGG GA	12	>90	>90
Spe Ⅰ	GG A^{1}CTAGT CC	10	>90	>90
Pst Ⅰ	CTGCA^{1}G	7	>90	>90

备注：阴影字母部分为酶切位点序列，两侧部分表示保护碱基。

2.2　质粒的扩大培养与提取(以天根质粒提取试剂盒为例)

①用无菌移液器吸嘴（10 μL）挑取 LB 培养皿上的大肠杆菌单菌落放入盛有 10 μL ddH_2O 的 PCR 管中，然后混匀，配制成菌悬液。

②将菌悬液放入盛有50 mL的含有卡那霉素的 LB 液体培养基的三角瓶中。

③将三角瓶于 37 ℃，250 rmp 条件下，过夜（12 h）摇瓶培养。

④取 1 ~ 1.5 mL 过夜培养的大肠杆菌菌液，加入 1.5 mL 的离心管中。10 000 rpm（8000 ~ 10 000 × g）离心 30 s，弃上清液。如有需要重复本步骤，以收集更多的菌体，但切勿过量，以免影响提取质量的质量。

注意：菌液较多时可以通过几次离心将菌体沉淀收集到一个离心管中。收集的菌体量以能够充分裂解为佳，菌体过多，裂解不充分会降低质粒的提取效率。

⑤向留有菌体沉淀的离心管中加入 500 μL 溶液 P1（请先检查是否已加入 RNase A），使用移液器或涡旋振荡器彻底悬浮细菌细胞沉淀。

注意：如果有未彻底混匀的菌块，会影响裂解，导致提取量和纯度偏低。

⑥向离心管中加入 500 μL 溶液 P2，温和地上下翻转 6 ~ 8 次，使菌体充分裂解。

注意：应温和地混合，不要剧烈震荡，以免污染基因组 DNA。此时菌液应变得清亮黏稠，所用时间不应超过 5 min，以免质粒受到破坏。如果菌液没有变清亮。可能是由于菌体过多，裂解不彻底，应减少菌体量。

⑦向离心管中加入 700 μL 溶液 P3，立即温和地上下翻转 6 ~ 8 次，充分混匀，此时会出现白色絮状沉淀。12 000 rpm（ ~ 13 400 × g）离心 10 min，此时在离心管底部形成沉淀。

注意：P3 加入后应立即混合，避免产生局部沉淀。如果上清液中还有微小白色沉淀，可再次离心后取上清液。

⑧柱平衡步骤：向吸附柱 CP4 中（吸附柱放入收集管中）加入 500 μL 的平衡液 BL，12 000 rpm（ ~ 13 400 × g）离心 1 min，倒掉收集管中的废液，将吸附柱重新放回收集管中（请使用当天处理过的柱子）。

⑨将上一步收集的上清液分次加入吸附柱 CP4 中（吸附柱放入收集管

中，其容量为 750 ~ 800 μL），注意尽量不要吸出沉淀。12 000 rpm（~13 400 × g）离心 1 min，倒掉收集管中的废液，将吸附柱 CP4 放入收集管中。

⑩可选步骤：向吸附柱 CP4 中加入 500 μL 去蛋白液 PD，12 000 rpm（~13 400 × g）离心 1 min，倒掉收集管中的废液，将吸附柱 CP4 重新放回收集管中。

如果宿主菌是 end A + 宿主菌（TG1，BL21，HB101，JM101，ET12567 等），这些宿主菌含有大量的核酸酶，易降解质粒 DNA，推荐采用此步。如果宿主菌是 endA - 宿主菌（DH5α，TOP10 等），这步可省略。

⑪向吸附柱 CP4 中加入 600 μL 漂洗液 PW（请先检查是否已加入无水乙醇），12 000 rpm（~13 400 × g）离心 1 min，倒掉收集管中的废液，将吸附柱 CP4 放入收集管中。

⑫重复操作步骤⑧。

⑬吸附柱 CP4 放入收集管中，12 000 rpm（~13 400 × g）离心2 min，目的是将吸附柱中残余的漂洗液去除。

注意：漂洗液中乙醇的残留会影响后续的酶反应（酶切、PCR 等）实验。为确保下游实验不受残留乙醇的影响，建议将吸附柱 CP4 开盖，置于室温放置数分钟，以彻底晾干吸附材料中残余的漂洗液。

⑭将吸附柱 CP4 置于一个干净的离心管中，向吸附膜的中间部位悬空滴加 100 ~ 300 μL 洗脱缓冲液 EB，室温放置 2 ~ 5 min，12 000 rpm（~13 400 × g）离心 2 min，将质粒溶液收集到离心管中。

注意：洗脱缓冲液体积不应少于 100 μL，体积过小影响回收效率。洗脱液的 pH 值对于洗脱效率有很大影响。若后续做测序，需使用 ddH_2O 做洗脱液，并保证其 pH 值为 7.0 ~ 8.5，pH 值低于 7.0 会降低洗脱效率。且 DNA 产物应保存在 -20 ℃，以防 DNA 降解。为了增加质粒的回收效率，可将得到的溶液重新加入离心吸附柱中，再次离心。

⑮质粒 DNA 浓度及纯度检测。得到的质粒 DNA 可用琼脂糖凝胶电泳和紫外分光光度计检测浓度与纯度。电泳可能为单一条带，也可能为 2 ~ 3 条 DNA 条带，这主要与提取物培养时间长短、提取时操作剧烈程度等有关。OD_{260}值为 1 相当于大约 50 μg/mL 双链 DNA。OD_{260}/OD_{280}比值应为 1.7 ~ 1.9，如果洗脱时不使用洗脱缓冲液，而使用 ddH_2O，比值会偏低，但并不表示纯度低，因为 pH 值和离子存在会影响光吸收值。

注意事项：请务必在使用本试剂盒之前阅读此注意事项。

①溶液 P1 在使用前先加入 RNase A（将试剂盒中提供的 RNase A 全部加入），混匀，置于 2 ~ 8 ℃保存。

②使用前先检查平衡液 BL、溶液 P2 和 P3 是否出现浑浊，如有混浊现象，可在 37 ℃水浴中加热几分钟，即可恢复澄清。

③注意不要直接接触溶液 P2 和 P3，使用后应立即盖紧盖子。

④所有离心步骤均为使用台式离心机室温下离心，速度为 12 000 rpm(~13 400 × g)。

⑤提取的质粒量与细菌培养浓度、质粒拷贝数等因素有关。如果所提取质粒为低拷贝质粒或大于 10 kb 的大质粒，应加大菌体使用量，同时按比例增加 P1、P2、P3 的用量，洗脱缓冲液应在 65 ~ 70 ℃预热。可以适当延长吸附和洗脱的时间，以增加提取效率。

⑥实验前使用平衡液处理吸附柱，可以最大限度激活硅基质膜，提高目的产物得率。

⑦用平衡液处理过的柱子最好当天使用，放置时间过长会影响效果。

⑧去蛋白液 PD 可以有效去除残留的蛋白杂质，当宿主菌为 endA +（TG1、BL21、HB101、ET1256、JM101 等）核酸酶含量较高的菌株时，强烈推荐使用去蛋白液 PD。

2.3 质粒酶切

①根据限制性内切酶的要求，主要设备：移液器、无菌 PCR 管、灭菌的移液器吸嘴、水浴锅（金属浴）、无冰工作站（碎冰）、ddH$_2$O 等；试剂：两种限制性内切酶及 Buffer，提取的质粒 DNA。以下操作在冰上进行。

②按照表 2 -2 配制反应液（参考酶试剂说明书）。

表 2 -2 双酶切反应体系

试剂	线性 DNA	质粒 DNA	PCR 产物
10 × M Buffer（10 × M Buffer）	1 ~5 μL	1 ~5 μL	1 ~5 μL
Hind Ⅲ	1 μL	1 μL	1 μL

续表

试剂	线性 DNA	质粒 DNA	PCR 产物
*Bam*H Ⅰ	1 μL	1 μL	1 μL
DNA	≤1μg	≤1μg	≤1μg
无菌水（ddH_2O）	Up to 10 ~ 50 μL	Up to 10 ~ 50 μL	Up to 10 ~ 50 μL

注意：

* 酶切时，首先要核对一下酶的 Buffer，有时双酶切时两个酶不能共用一种 Buffer，那么就要先切一端，酶切回收后再用另一酶切另一端，然后再酶切产物回收。

* 反应体系不同，10 × Buffer 的添加量不同，请确保终浓度为 1 × Buffer。

* 轻轻混匀后瞬时离心。

* 37 ℃保温 5 min。

③酶切条件：在上述 20 μL 的反应体系中，37 ℃反应 5 min 可以完全切断 λDNA，满足各种实验需求。针对特殊酶切底物 DNA，如果得不到良好的酶切效果时，可以将反应时间延长至 1 h。

④双酶切反应时应遵循通用缓冲液的使用表。

使用两种酶同时进行 DNA 切断反应的双酶切反应是节省实验操作时间的常用手段之一。Takara 采用通用缓冲液表示系统，并对每种酶表示了在各通用缓冲液中的相对活性。尽管如此，在进行双酶切反应时，有时还会难以找到合适的通用缓冲液。

表 2 - 3 以在 pUC 系列载体的多克隆位点处的各限制酶为核心，显示了双酶切反应可使用的最佳通用缓冲液条件。在本表中，各通用缓冲液之前表示的［数字 ×］是指各通用缓冲液的反应体系中的最终浓度。Takara 销售产品中添附的通用缓冲液全为 10 倍浓度的缓冲液。终浓度为 0.5 × 时反应体系中的缓冲液则稀释至 20 倍，1 × 时稀释至 10 倍，2 × 时稀释至 5 倍进行使用。

注意事项：

◇ 1 μg DNA 中添加 10 U 的限制酶，在 50 μL 的反应体系中，37 ℃下反应 1 h 可以完全降解 DNA。

◇ 为防止 Star 活性，请将反应体系中的甘油含量尽量控制在 10% 以下。

◇ 根据 DNA 的种类，各 DNA 的高级结构的差别，或当限制酶识别位点邻接时，有时会发生双酶切反应不能顺利进行。

表 2-3　双酶切通用缓冲液

Enzyme	*Acc* I	*BamH* I	*Bgl* II	*Cla* I	*EcoR* I	*EcoR* V	*Hinc* II	*Hind* III	*Kpn* I	*Nco* I	*Nde* I
Acc I	-	0.5×K	1×T	1×M	1×M	0.5×K	1×M	1×M	1×M	1×M +BSA	1×T
BamH I	0.5×K	-	1×K	1×K	1×K	1×K	0.5×K	1×K	0.5×K	1×K +BSA	1×K
Bgl II	1×T	1×K	-	1×H	1×H	1×H	2×K	1×K	1×T	1×K +BSA	1×H
Cla I	1×M	1×K	1×H	-	1×H	1×H	1×M	1×M	1×M	1×K +BSA	1×H
EcoR I	1×M	1×K	1×H	1×H	-	1×H	1×M	1×M	1×M	1×K +BSA	1×H
EcoR V	0.5×K	1×K	1×H	1×H	1×H	-	2×T	1×K	0.5×K	1×K +BSA	1×H
Hinc II	1×M	0.5×K	2×K	1×M	1×M	2×T	-	1×M	1×M	1×M +BSA	1×T
Hind III	1×M	1×K	1×K	1×M	1×M	1×K	1×M	-	1×M	1×K +BSA	1×K
Kpn I	1×M	0.5×K	1×T	1×M	1×M	0.5×K	1×M	1×M	-	0.5×K +BSA	1×T
Nco I	1×M +BSA	1×K +BSA	1×K +BSA	1×K +BSA	1×K +BSA	1×K +BSA	1×M +BSA	1×K +BSA	0.5×K +BSA	-	1×K +BSA
Nde I	1×T	1×K	1×H	1×H	1×H	1×H	1×T	1×K	1×T	1×K +BSA	-
Not I	0.5×K +BSA	0.5×K +BSA	1×H +BSA	1×H +BSA	1×H +BSA	1×H +BSA	0.5×K +BSA	0.5×K +BSA	0.5×K +BSA	0.5×K +BSA	1×H +BSA
Pst I	1×M	1×K	1×H	1×H	1×H	1×H	1×M	1×M	1×M	1×K +BSA	1×H
Pvu I	0.5×K	1×K	1×K	1×K	1×K	1×K	0.5×K	1×K	0.5×K	1×K +BSA	1×K
Sac I	1×M	0.5×K	0.5×K	1×M	1×M	0.5×K	1×M	1×M	1×L	0.5×K +BSA	1×T
Sal I	1.5×T	1.5×T	1×H	1×H	1×H	1×H	1.5×K	1.5×K	1.5×T +BSA	1.5×T +BSA	1×H
Sma I	1×T +BSA	0.5×T +BSA	1×T +BSA	1×T +BSA	1×T +BSA	0.5×K +BSA	1×T +BSA	1×T +BSA	1×T +BSA	1×T +BSA	1×T +BSA
Spe I	1×M	1×K	1×H	1×M	1×H	1×H	1×M	1×M	1×M	1×K +BSA	1×H
Sph I	0.5×K	1×K	1×H	1×H	1×H	1×H	2×T	1×K	0.5×K	1×K +BSA	1×H
Xba I	1×M	0.5×K	2×T	1×M	1×M	2×T	1×M	1×M	1×M	1×M +BSA	1×T
Xho I	1×M	1×K	1×H	1×H	1×H	1×H	1×M	1×M	1×M	1×K +BSA	1×H

Enzyme	*Not* I	*Pst* I	*Pvu* I	*Sac* I	*Sal* I	*Sma* I	*Spe* I	*Sph* I	*Xba* I	*Xho* I
Acc I	0.5×K +BSA	1×M	0.5×K	1×M	1.5×T	1×T +BSA	1×M	0.5×K	1×M	1×M
BamH I	0.5×K +BSA	1×K	1×K	0.5×K	1.5×T	0.5×T +BSA	1×K	1×K	0.5×K	1×K
Bgl II	1×H +BSA	1×H	1×K	0.5×K	1×H	1×T +BSA	1×H	1×H	2×T	1×H
Cla I	1×H +BSA	1×H	1×K	1×M	1×H	1×T +BSA	1×M	1×H	1×M	1×H
EcoR I	1×H +BSA	1×H	1×K	1×M	1×H	1×T +BSA	1×H	1×H	1×M	1×H
EcoR V	1×H +BSA	1×H	1×K	0.5×K	1×H	0.5×K +BSA	1×H	1×H	2×T	1×H
Hinc II	0.5×K +BSA	1×M	0.5×K	1×M	1.5×K	1×T +BSA	1×M	2×T	1×M	1×M
Hind III	0.5×K +BSA	1×M	1×K	1×M	1.5×K	1×T +BSA	1×M	1×K	1×M	1×M
Kpn I	0.5×K +BSA	1×M	0.5×K	1×L	1.5×T +BSA	1×T +BSA	1×M	0.5×K	1×M	1×M
Nco I	0.5×K +BSA	1×K +BSA	1×K +BSA	0.5×K +BSA	1.5×T +BSA	1×T +BSA	1×K +BSA	1×K +BSA	1×M +BSA	1×K +BSA
Nde I	1×H +BSA	1×H	1×K	1×T	1×H	1×T +BSA	1×H	1×H	1×T	1×H
Not I	-	1×H +BSA	2×K +BSA	0.5×K +BSA	1×H +BSA	0.5×T +BSA	1×H +BSA	1×H +BSA	0.5×K +BSA	1×H +BSA
Pst I	1×H +BSA	-	1×K	1×M	1×H	0.5×T +BSA	1×H	1×H	1×M	1×H
Pvu I	2×K +BSA	1×K	-	0.5×K	1.5×K +BSA	1×K +BSA	1×K	1×K	0.5×K	1×K
Sac I	0.5×K +BSA	1×M	0.5×K	-	1.5×T +BSA	1×T +BSA	1×M	0.5×K	1×M	1×M
Sal I	1×H +BSA	1×H	1.5×K +BSA	1.5×T +BSA	-	1.5×T +BSA	1×H	1×H	1.5×T	1×H
Sma I	0.5×T +BSA	0.5×T +BSA	1×K +BSA	1×T +BSA	1.5×T +BSA	-	1×T +BSA	0.5×T +BSA	1×T +BSA	1×T +BSA
Spe I	1×H +BSA	1×H	1×K	1×M	1×H	1×T +BSA	-	1×H	1×M	1×H
Sph I	1×H +BSA	1×H	1×K	0.5×K	1×H	0.5×T +BSA	1×H	-	2×T	1×H
Xba I	0.5×K +BSA	1×M	0.5×K	1×M	1.5×T	1×T +BSA	1×M	2×T	-	1×M
Xho I	1×H +BSA	1×H	1×K	1×M	1×H	1×T +BSA	1×H	1×H	1×M	-

2.4 回收酶切质粒（OMEGA 凝胶回收试剂盒）

①将完全消化的质粒 DNA 点入 1% 的琼脂糖胶大孔中，注意点入完整质粒作为对照，跑胶：130 ~ 150 V、25 ~ 30 min。紫外灯下观察酶切质粒和完整质粒电泳位置，以此判断是否是否完全切开。

②将完全切开的质粒条带切下，即是切胶（须戴防护手套和口罩）。做胶回收（OMEGA 凝胶回收试剂盒）。

③琼脂糖凝胶电泳分离 DNA 片段，推荐使用新鲜的 TAE/TBE Buffer 和新配制的胶。

④片段完全分离后，在紫外灯下迅速切取所需条带，DNA 在紫外灯下曝光时间不超过 30s。

⑤称取凝胶块的重量，按照每 1 g 凝胶加入 1 mL Binding Buffer 对应量，加入适量体积的 Binding Buffer，55 ~ 60 ℃水浴至凝胶完全溶解（7 ~ 10 min）。每隔 2 ~ 3 min 振荡一次。

注意：当 Binding Buffer 完全溶解凝胶后，请注意溶液颜色的变化。如果溶液颜色已经变成紫色或红色，必须加入 5 μL 5M NaAc（pH 5.2）至溶液中，调整 pH 值。

⑥把 HiBind DNA 柱子套在 2 mL 收集管。

⑦将 DNA/凝胶混合液转移至套在 2 mL 收集管的 HiBind DNA 柱子中，10 000 × g 离心 1 min。

⑧倒去滤液，把柱子装回收集管中。HiBind 柱一次能装 700 μL 溶液，若混合液超过 700 μL，每次转移 700 μL 至柱子中，然后重复步骤⑤ - ⑥。

⑨把柱子重新装回收集管，加入 300 μL Binding Buffer，按上述条件离心，弃去滤液。

⑩把柱子重新装回收集管，加入 700 μL SPW Wash Buffer，按上述条件离心，弃去滤液。

注意：使用前 SPW Wash Buffer 必须用无水乙醇稀释。

⑪（可选）重复步骤⑧一次。

⑫弃去滤液，把柱子重新装回收集管，13 000 × g 离心空柱 2 min 以甩干柱子基质。

⑬把柱子装在干净的 1.5 mL 离心管上，加入 30 ~ 50 μL 65 ℃ 预热的 Elution Buffer（ddH_2O）到柱子基质上，室温静置 2 min。≥13 000 × g 离心 2 min洗脱出 DNA。

⑭检测浓度后，-20 ℃，保存备用。

2.5　目的基因的寻找与电子 PCR

将目标基因序列与该物种基因组数据库进行 NCBI 在线比对（Nucleotide BLAST），选填各项之后，点击“BLAST”按钮（图 2-2），则弹出比对结果网页界面（图 2-3）；在比对结果网页界面中点击结果（箭头所指区域），则弹出靶基因序列信息界面（图 2-4）；点击靶基因的 ID（箭头所指区域）后，弹出 Genomic context 界面（图 2-5），在该界面中，点击显示方式为“FASTA”（箭头指示区），则显示为靶基因在基因组中的数字位置界面（图 2-6A）。

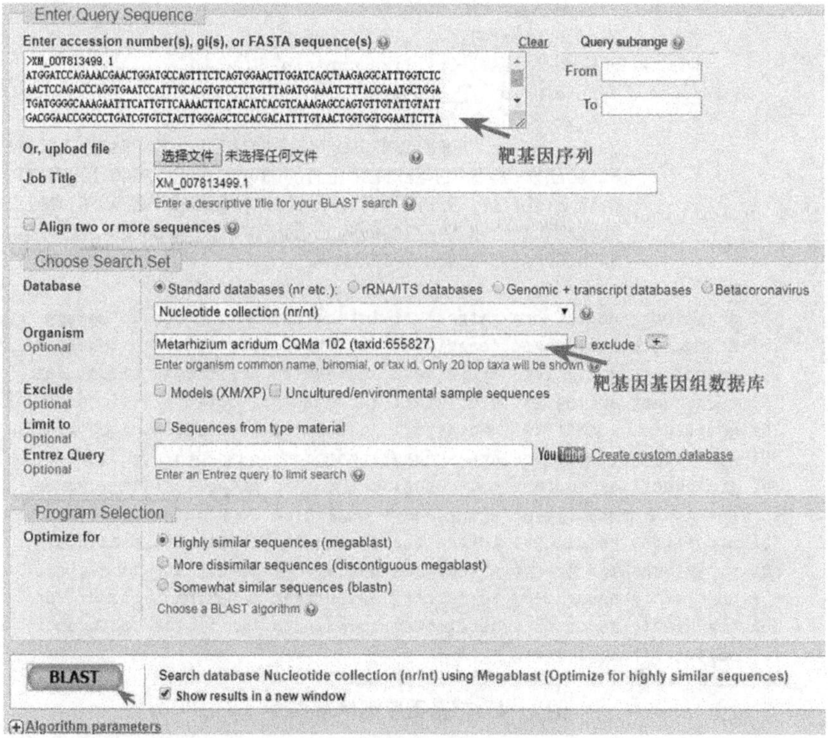

图 2-2　靶基因的比对界面

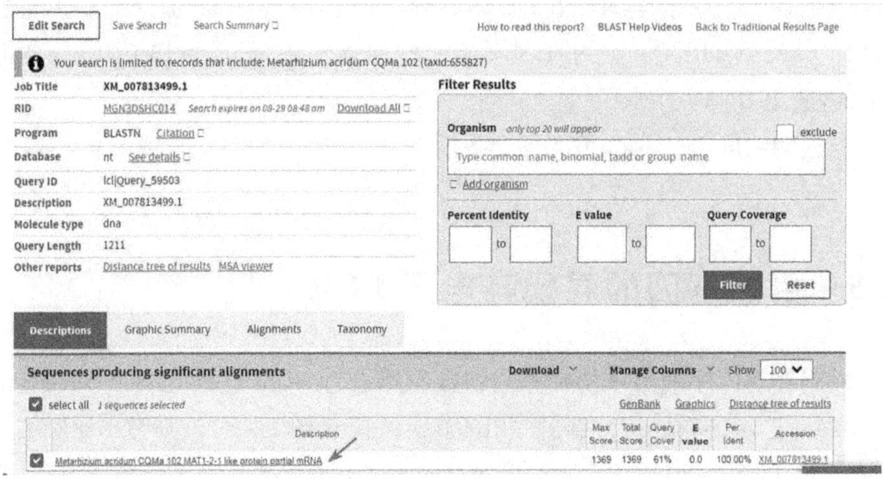

Edit Search   Save Search   Search Summary   How to read this report?   BLAST Help Videos   Back to Traditional Results Page

Your search is limited to records that include: Metarhizium acridum CQMa 102 (taxid:655827)

Job Title	XM_007813499.1
RID	MGN3DSHC014 Search expires on 08-29 08:48 am Download All
Program	BLASTN Citation
Database	nt See details
Query ID	lcl|Query_59503
Description	XM_007813499.1
Molecule type	dna
Query Length	1211
Other reports	Distance tree of results MSA viewer

Filter Results

Organism only top 20 will appear   exclude

Type common name, binomial, taxid or group name

Add organism

Percent Identity ... to ...   E value ... to ...   Query Coverage ... to ...

Filter   Reset

Descriptions   Graphic Summary   Alignments   Taxonomy

Sequences producing significant alignments   Download   Manage Columns   Show 100

select all 1 sequences selected   GenBank   Graphics   Distance tree of results

Description	Max Score	Total Score	Query Cover	E value	Per Ident	Accession
Metarhizium acridum CQMa 102 MAT1-2-1 like protein partial mRNA	1369	1369	61%	0.0	100.00%	XM_007813499.1

图 2-3　比对结果网页界面

```
                     /db_xref="GeneID:19249661"
     CDS             1..741
                     /locus_tag="MAC_05350"
                     /codon_start=1
                     /product="MAT1-2-1 like protein"
                     /protein_id="XP_007811690.1"
                     /db_xref="GeneID:19249661"
                     /translation="MDPETNWMPVSQWNLDQLRGIWSQLQTQVNPFARVLCLDGNLYR
                     MLDDGAKNFIVQNFIHHVKEPVLYCIDGTGPDRVYLGAPRHFVTGGGILIQPSGSDPF
                     WVIRNETKLKTATICPPPVSTKVTKIPRPPNAYILYRKERHNTVKEANPGITNNEISQ
                     ILGRAWNLESREVRQKYKDMADRVKQALLEKHPDYQYKPRKPSEKKRRTRRNAQQQIS
                     MNSATGDFAISSPECMISLTPTNSHDAV"
ORIGIN
        1 atggatccag aaacgaactg gatgccagtt tctcagtgga acttggatca gctaagaggc
       61 atttggtctc aactccagac ccaggtgaat ccatttgcac gtgtcctctg tttagatgga
      121 aatctttacc gaatgctgga tgatggggca aagaatttca ttgttcaaaa cttcatacat
      181 cacgtcaaag agccagtgtt gtattgtatt gacggaaccg gccctgatcg tgtctacttg
      241 ggagctccac gacattttgt aactggtggt ggaattctta ttcaacccag cggctcggat
      301 ccattttggg tcattcgcaa cgaaacaaag ttgaaaactg caacaatatg cccgcctcct
      361 gtatcgacga aggtcacaaa gattccgcgt cctccaaatg cgtacattct ttaccgaaaa
      421 gaacgccata ataccgtgaa ggaagcaaac ccaggcatca caaacaacga aatttcccaa
      481 atccttggcc gagcatggaa tcttgagtca cgagaagtac gccaaaaata caaagacatg
      541 gccgataggg tgaagcaggc attactggaa aagcatccag attaccaata taagcctcga
      601 aagccatctg agaagaaacg tcgcacccgg agaaatgcac aacaacaaat ctcaatgaac
      661 tcggctactg gagactttgc aatctcctct cctgagtgca tgatttctct cactccaact
      721 aattctcatg acgctgtctg a
```

图 2-4　靶基因序列信息界面

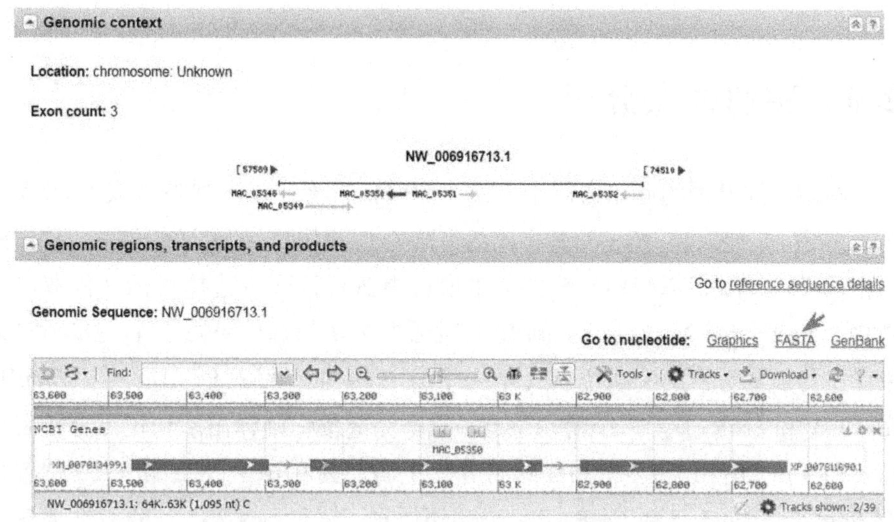

图 2－5　靶基因在基因组中的位置界面

靶基因在基因组中的数字位置界面中，点击“Sent to”按钮下载靶基因 FASTA 格式序列并保存。然后在该界面中更改显示区域数字（change region show），将起始区域减去 1500，终止区域加 1500，点击“Update View”按钮（电子 PCR），则显示如图 2－6B 所示。在该界面中点击“Sent to”按钮，下载靶基因上下游均以扩展 1500bp 的 FASTA 格式序列并被保存。

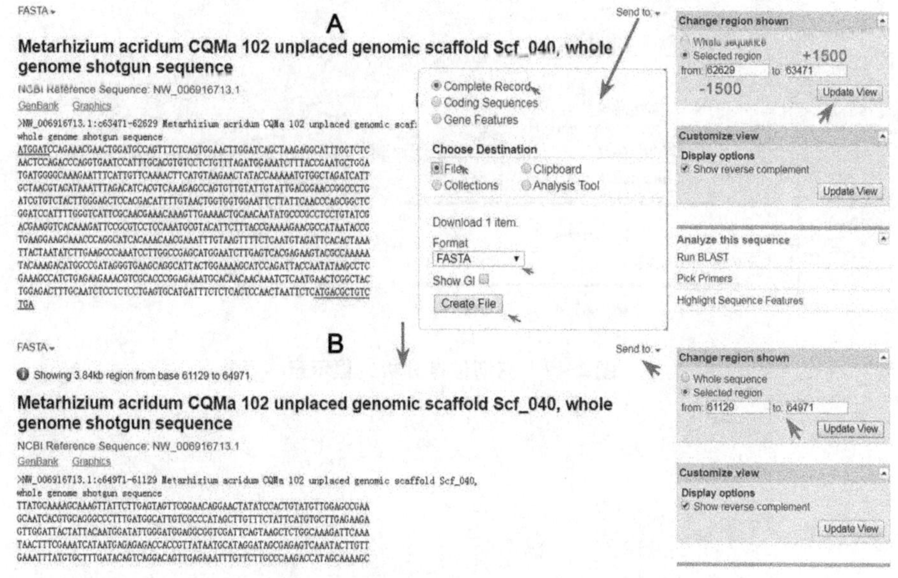

图 2－6　靶基因在基因组中的数字位置界面

2.6 酶切位点分析

截取上述基因的起始密码子上游 1500 bp 的核苷酸序列整理成 FASTA 格式（左臂），导入到 DNAMAN（或具有限制性酶切位点分析的软件）软件中（图 2－7），即在 DNAMAN 软件菜单窗口中执行打开→选择目标文件双击→选择“Restriction Analysis”→弹出的对话框中全部选中→点击下一步→对话框中选择所要分析的酶切位点（本书中为 *Hin*d Ⅲ、*Xba* Ⅰ、*Xho* Ⅰ、*Bam*H、*IEco*R Ⅴ和 *Eco*R Ⅰ）六个酶切位点→点击完成按钮则弹出酶切位点分析窗口（图 2－7）。由酶切位点分析结果可知该上游序列在 616、832 和 1153 位置含有 *Hin*d Ⅲ、*Hin*d Ⅲ和 *Eco*R Ⅰ三个酶切位点。同样（右臂），分析结果显示该下游序列在 12、460 和 1309 位置含有 *Bam*H、*Xho* Ⅰ和 *Xba* Ⅰ三个酶切位点。

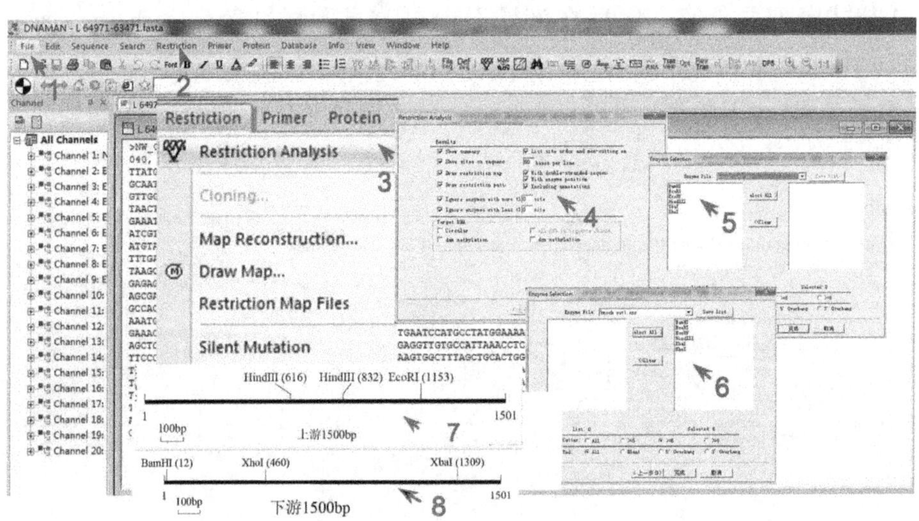

图 2－7　酶切位点分析过程示意

2.7 引物设计和接头添加

扩增的目的基因序列需要先后用不同的酶切方法连接到载体质粒上 *Bar* 基因的两侧多克隆位点上，称之为左臂和右臂。故要在目的基因的上游和下游（1500 bp）范围内扩增出 800 ~ 1500 bp 的 PCR 产物左臂和右臂。为了避免做右臂被切断，扩增出的目的片段要尽量避免含有下一次切割所用酶的酶切位点。上述分析结果中，如果首先连接左臂，扩增左臂的引物设计就要在 1 ~ 1153 bp 选择，扩增产物无 *Eco*R Ⅰ和 *Eco*R Ⅴ酶切位点即可。而右臂扩增引物的选择可以为 1 ~ 1500 bp，能避开 *Hin*d Ⅲ、*Xba* Ⅰ、*Xho* Ⅰ和 *Bam*H 中任两种酶切位点，能扩出 800 ~ 1500 bp 的 PCR 产物即可。总而言之，引物扩增出的 PCR 产物不能因酶切割载体质粒时，把已经连接上的左臂或右臂切断。

如果要把扩增的 PCR 产物连接到质粒上，需要添加本次连接的接头序列。接头序列的设计根据连接酶的特性不同，选用的接头也不一样。

下边以 NovoRec® plus One step PCR Cloning Kit 一步定向克隆试剂盒为例介绍接头的设计方法。

（1）载体制备

选取合适的位点，单酶切、双酶切或 PCR 扩增皆可，并且 5′端突出，3′端突出或平末端均适用本试剂盒。由于单酶切线性化程度差，且为了提高阳性率，建议采取双酶切载体。最终载体的浓度 >15 ng/ μL（高浓度的载体有利于提高效率）。

（2）引物设计

使用一步定向克隆试剂盒时，引物设计非常重要，总原则是通过引物 5′端引入同源重组序列，使扩增产物之间以及扩增产物与线性化克隆载体之间都具备能够相互同源重组的完全一致的序列。即在遵循引物设计基本原则的前提下，只需在上下游引物加上 15 ~ 20 bp 的载体同源序列。具体参考图 2 – 8。

```
1. 载体切开后为平末端：
Forward Primer                   EcoR V
        5'-NNNNNNNNNNNNNNNGATATCxxx.....
5'-...NNNNNNNNNNNNNNNNNNNNNNGAT                  ATCNNNNNNNNNNNNNNNNNNNNNNN...-3'
3'-...NNNNNNNNNNNNNNNNNNNNNNCAT                  TAGNNNNNNNNNNNNNNNNNNNNNNN...-5'
                                          ...xxxCTATAGNNNNNNNNNNNNNNN-5'
                                             EcoR V                 Reverse Primer

2. 载体切开后5'端突出：
Forward Primer                   Bgl II
        5'-NNNNNNNNNNNNNNNAGATCTxxx.....
5'-...NNNNNNNNNNNNNNNNNNNNNN                     GATCCNNNNNNNNNNNNNNNNNNNNNN...-3'
3'-...NNNNNNNNNNNNNNNNNNNNNNTCTAG                    NNNNNNNNNNNNNNNNNNNNNN...-5'
                                           ...xxxCCTAGGNNNNNNNNNNNNNNN-5'
                                               BamH I               Reverse Primer

3. 载体切开后3'端突出：
Forward Primer                   Pst I
        5'-NNNNNNNNNNNNNNNCTGCAGxxx.....
5'-...NNNNNNNNNNNNNNNNNNNNNNCTGCA                     NNNNNNNNNNNNNNNNNNNNNN...-3'
3'-...NNNNNNNNNNNNNNNNNNNNNN                     ACGTCNNNNNNNNNNNNNNNNNNNNNN...-5'
                                          ...xxxGACGTCNNNNNNNNNNNNNNN-5'
                                              Pst I                 Reverse Primer

———— 同源序列和酶切位点
```

图2-8 引物接头设计示意

(3) 目的片段的获得

目的片段通常通过PCR获得，为保证PCR扩增的特异性及灵敏度，尽可能选用高保真酶，推荐使用Novoprotein Fast Pfu DNA聚合酶。PCR每条引物长度至少在40~45 bp，包括5′端与载体同源的15~20 bp以及目的片段特异性序列20~25 bp（注意：如果是表达载体克隆构建，引物设计完成后，注意检查读码框是否正确）。

注：PCR扩增结束后如有杂带，需割胶回收，否则杂带会影响重组反应。

(4) 目的基因与载体的重组

①于冰盒上将线性化载体与目的片段以一定的摩尔比加入到离心管中进行重组反应，反应体系见表2-4（各组分加量可登录www.novoprotein.com.cn，搜索NR005，根据Novorec计算器在线计算，或根据下方公式计算）。

各组分加量计算公式：

$$1/2(2\sim3\text{片段})\text{或}1/1(4\sim6\text{片段})=\frac{\text{载体质量}X(\text{ng})\times\text{目标片段大小}(\text{bp})}{\text{载体大小}(\text{bp})\times\text{目标片段质量}Y(\text{ng})}$$

②反应结束可直接进行转化，若不转化需储存在 4 ℃或 -20 ℃。

注：当载体加入量为 100 ~200 ng 时，可获得较高的重组效率；

4 ~6 片段连接建议各片段的引物同源臂长度大于 20 bp，各片段与载体的摩尔比分别为 1∶1，反应时间可延长到 30 min，最长不要超过 1 h。

常用反应体系见表 2 -4。

表 2 -4 连接反应体系

试剂	2 ~3 片段连接	4 ~6 片段连接
载体加量	X*	X*
插入片段加量	Y	Y
载体与插入片段的摩尔比	1∶2	1∶1
5 × 反应缓冲液	4 μL	4 μL
NovoRec® plus 重组酶	1 μL	1 μL
ddH_2O	加至 20 μL	加至 20 μL
反应时间	50 ℃，10 min	50 ℃，30 ~60 min

反应完成后，立即进行转化或 4 ℃冰箱中短时间保存，然后进行大肠杆菌感受态转化。

（5）反应产物转化、涂板

建议所使用的感受态细胞效率要达到或 $>5\times10^6$ cfu/μg。转化步骤如下：

①冰上融化一管 100 μL 的 DH5α 感受态细胞，轻弹管壁使细胞重悬起来。加入 10 μL 的反应液到感受态细胞中，轻弹数下，冰浴 30 min。

② 42 ℃水浴中热激 90 s 后快速放入冰上 5 min。

③加入 500 μL SOC 或 LB 液体培养基，37 ℃孵育 45 ~60 min。

④5000 rpm 离心 3 min 收集菌体，根据需要将一定量的菌体均匀地涂布在含抗生素平板上。

注：为了验证载体酶切完全，建议在做转化同时做一个空载体作为对照。在载体处理好的情况下，对照应无克隆生长。

（6）阳性克隆鉴定

一般地，我们建议采用菌落 PCR 进行阳性克隆鉴定，鉴定引物的选择：为避免出现假阳性结果，我们建议一条引物为载体特异性引物，另一条引物为目的片段特异性引物。

2.8 PCR 扩增

（1）PCR 操作

以基因组 DNA 为模板，步骤 4 设计的引物为组分，按照所用 DNA 聚合酶试剂说明书进行 PCR 扩增目的片段。常规 PCR 扩增过程如下：

在无菌的 0.2 mL PCR 管中配制 25 μL 反应体系，操作见表 2 - 5、表 2 - 6。

表 2 - 5　PCR 扩增体系

体系	体积 25μL
rTaqDNA	0.25 μL
Buffer	2.5 μL
F	1 μL
R	1 μL
dNTP	0.5 μL
DNA 溶液（菌悬液）	1 μL
ddH_2O	18.75 μL

表 2 - 6　PCR 扩增程序

温度	时间	
94 ℃	5 min	
94 ℃	30 s	≤25 个循环
55 ℃	30 s	
72 ℃	1 min	
72 ℃	10 min	
4 ℃	+ ∞	

PCR 扩增完成后，取 2 ~ 3 μL 样品进行琼脂糖凝胶电泳检查。

（2）琼脂糖凝胶电泳制胶

①根据制胶量及凝胶浓度，在加有一定量的电泳缓冲液的三角锥瓶中，加入准确称量的琼脂糖粉（总液体量不宜超过锥瓶的 50% 容量）。本实验中称取 0.4 g 琼脂糖放入含有 40 mL TAE 缓冲液的 250 mL 三角瓶中，即为 1% 的

琼脂糖凝胶。

②在三角瓶的瓶口上盖上封口膜，然后在微波炉中加热溶解琼脂糖。加热时，当溶液沸腾后，请戴上防热手套，小心摇动锥瓶，使琼脂糖充分均匀溶解。此操作重复数次，直至琼脂糖完全溶解（平视三角瓶，瓶内无颗粒状琼脂糖呈现）。

③使溶液冷却至 50 ~ 60 ℃，将琼脂糖溶液倒入制胶模中，然后在适当位置处插上梳子。凝胶厚度一般为 3 ~ 5 mm。制胶模如图 2 – 9 所示，小块胶倒入 25 ~ 30 mL 琼脂糖溶液，大块胶则倒入 60 ~ 70 mL，若需切胶回收，凝胶可适当加厚。

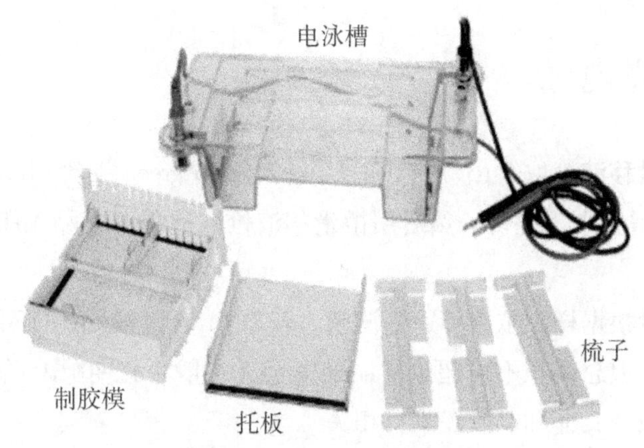

图 2 – 9　制胶模和电泳槽

④在室温下使胶凝固，30 min ~ 1 h。室温冷却凝固后，垂直拔出梳子即可使用。

备注：

* 用于电泳的缓冲液和用于制胶的缓冲液必须统一。

* 琼脂糖粉在微波炉中加热时间不宜过长，每次当溶液起泡沸腾时停止加热，否则会引起溶液过热暴沸，造成琼脂糖凝胶浓度不准，也会损坏微波炉。溶解琼脂糖时，必须保证琼脂糖充分完全溶解，否则，会造成电泳图像模糊不清。

* 凝胶不立即使用时，请用保鲜膜将凝胶包好后在 4 ℃下保存，一般可保存 2 ~ 5 d。

* 琼脂糖凝胶浓度与线形 DNA 的最佳分辨范围如表 2 – 7 所示。

表 2-7 琼脂糖凝胶浓度与线形 DNA 的最佳分辨范围

琼脂糖浓度	最佳线形 DNA 分辨范围（bp）
0.50%	1000 ~ 30 000
0.7%	800 ~ 12 000
1%	500 ~ 10 000
1.20%	400 ~ 7000
1.50%	200 ~ 3000
2%	50 ~ 2000
2% ~5%	20 ~ 1000

2.9 上样电泳

①用微量移液枪取 5 μL 加有 DNA 染料（DNAgreen 染料）6 × 上样缓冲液加入 PCR 扩增管中，混匀，然后用微量移液枪取混匀的样品 4μL，小心加入样品槽中。

②上样量根据样品浓度可适当调整，若 DNA 含量偏低，则可依上述比例增加上样量，但总体积不可超过样品槽容量（一般小孔 40 μL 为上限，大孔 200 μL为上限，具体和制胶膜规格相关）。

③每加完一个样品要更换枪头，以防止互相污染，注意上样时要小心操作，避免损坏凝胶或将样品槽底部凝胶刺穿。

④加完样后，合上电泳槽盖，立即接通电源。控制电压保持在 110 V 左右，电流在 40 mA 以上。

⑤当条带移动到距凝胶前沿约 2 cm 时（约 40 min），停止电泳。

⑥取出凝胶，凝胶成像系统内，紫外灯下拍照并观察，结果如图 2-10 所示。

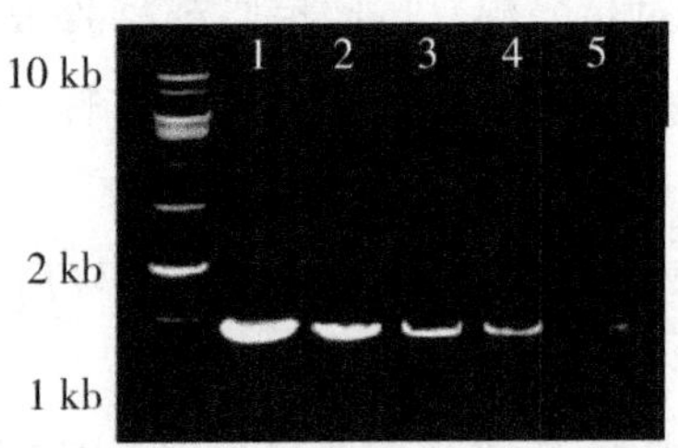

图 2-10 终点定量 PCR 电泳效果

2.10　PCR 产物回收

电泳检测的 PCR 产物如果符合预期目标，则进行 PCR 产物纯化回收。下面以 OMEGA 凝胶回收试剂盒为例进行说明。

①将扩增的 PCR 产物收集到 1.5 mL 的无菌离心管中，按照每 100 μL 加入 1 mL Binding Buffer 对应量，加入适量体积的 Binding Buffer，每隔 2 ~ 3 min 振荡一次。

注意：请注意溶液颜色的变化。如果溶液颜色已经变成紫色或红色，必须加入 5 μL 5M pH 5.2 NaAc 至溶液中，调整 pH 值。

②把 HiBind DNA 柱子套在 2 mL 收集管。

③将 DNA/凝胶混合液转移至套在 2 mL 收集管的 HiBind DNA 柱子中，10 000 × g离心 1 min。

④倒去滤液，把柱子装回收集管中。HiBind 柱一次能装 700 μL 溶液，若混合液超过 700 μL，每次转移 700 μL 至柱子中，然后重复步骤③ ~ ④。

⑤把柱子重新装回收集管，加入 300 μL Binding Buffer，按上述条件离心，弃去滤液。

⑥把柱子重新装回收集管，加入 700 μL SPW Wash Buffer，按上述条件离心，弃去滤液。

注意：使用前 SPW Wash Buffer 必须用无水乙醇稀释。

⑦（可选）重复步骤⑥一次。

⑧弃去滤液，把柱子重新装回收集管，13 000 × g 离心空柱 2 min 以甩干柱子基质。

⑨把柱子装在干净的 1.5 mL 离心管上，加入 30 ~ 50 μL 65 ℃预热的 Elution Buffer（ddH_2O）到柱子基质上，室温静置 2 min。≥13 000 × g 离心 2 min 洗脱出 DNA。

⑩检测浓度后，－20 ℃，保存备用。

2.11 酶切质粒回收物和PCR纯化产物的连接

如果回收产物的量不能满足连接要求，则可采用将同一样品的多块凝胶块放置于一个2 ml的离心管中，用大于500 mg凝胶块回收的步骤进行操作。

根据Simgen公司凝胶DNA回收试剂盒说明书，大于500 mg的凝胶中回收DNA步骤如下。

①在紫外灯下将含有目的DNA片段的琼脂糖凝胶切下，转移到一个自备的15 mL离心管中。

*如果凝胶块体积较大，可将凝胶块切碎，以加快后续凝胶溶解的速度。

② 称量切下的凝胶重量，加入3倍体积的Buffer G（1 mg凝胶换算为1 μL凝胶体积）。

*比如600 mg凝胶应加入1.8 mL Buffer G。

*如果凝胶浓度大于2%，应加入6倍体积的Buffer G。

③将装有凝胶的离心管于50 ℃水浴直至凝胶完全溶解（大约5～10 min）。

*溶胶的过程中每隔2～3 min翻转几次离心管以帮助凝胶溶解，并观察凝胶是否彻底溶解。

*Buffer G中所添加的染料可帮助观察凝胶是否彻底溶解，同时可指示pH值，溶胶时如果溶液变为紫红色，则应加入10 μL 3 M醋酸钠（pH 5.0）使溶液恢复至黄色，否则将影响DNA结合到纯化柱上。

④加入1倍凝胶体积的异丙醇，混合均匀。

*如果回收的DNA片段为500 bp～4 kb，可省略本步骤。

*比如从600 mg凝胶中回收DNA，应加入600 μL异丙醇。

*如果从大于2%的凝胶中回收DNA，则应加入2倍凝胶体积的异丙醇。

⑤吸取800 μL溶胶液到核酸纯化柱中（核酸纯化柱置于2 mL离心管中）。12 000 rpm离心30 s，弃2 mL离心管中的滤液，再将核酸纯化柱置回2 mL离心管中。分多次将溶胶液全部滤过核酸纯化柱。

*滤液无须彻底弃尽，如果要避免黏附在离心管管口的滤液对离心机的污染，可将2 mL离心管在纸巾上倒扣拍击一次。

⑥在核酸纯化柱中加入500 μL Buffer WS，盖上管盖，12 000 rpm离心30 s。

弃 2 mL 离心管中的滤液，再将核酸纯化柱置回到 2 mL 离心管中。

＊此步骤为了去除残留的微量琼脂糖分子，如果回收的 DNA 不用于测序、体外转录或微注射实验，可省略本步骤。

⑦加入 700 μL Buffer WG，盖上管盖，12 000 rpm 离心 30 s。

＊如果回收的 DNA 是用于盐敏感的实验，例如平末端连接实验或直接测序，推荐在加入 Buffer WG 后室温静置 2 ~ 5 min 后再离心。

＊确认在 Buffer WG 中已经加入无水乙醇。

⑧重复步骤⑦一次。

⑨弃 2 mL 离心管中的滤液，将核酸纯化柱置回 2 mL 离心管中，14 000 rpm 离心 1 min。

＊如果离心机的离心速度达不到 14000 rpm，则用最高速离心 2 min。

＊请勿省略该步骤，否则可能因所纯化的核酸中混有乙醇而影响后续的实验效果。

⑩弃 2 mL 离心管，将核酸纯化柱置于一个洁净的 1.5 mL 离心管（试剂盒提供）中，在纯化柱的膜中央加入 25 ~ 30 μL Buffer TE，盖上管盖，室温静置 1 min，12 000 rpm 离心 30 s，洗脱 DNA。

＊如果用去离子水洗脱 DNA，应确保所使用的去离子水的 pH 在 7.0 ~ 8.5，否则将影响 DNA 的洗脱效率。

⑪弃纯化柱，洗脱的 DNA 可立即用于各种分子生物学实验；或者将 DNA 储存于 -20 ℃条件下备用。

回收不到 DNA 或者 DNA 的回收效率低可能的原因如下所示。

① Buffer WG 或 Buffer WB 中未加入无水乙醇，应按比例补加无水乙醇。

② Buffer WG 或 Buffer WB 中错误地加入了 70% 乙醇。

③ DNA 的洗脱效率差。可以将洗涤液重新加到柱子中进行第二次洗涤，可提高产率。

④将溶液加入到纯化柱前应观察 Buffer G 或 Buffer P 是否保持着原有的黄色，如果溶液变为紫红色，必须加入约 10 μL 3 M 醋酸钠（pH 5.0）使溶液恢复至原来的黄色，否则将严重影响 DNA 结合到纯化柱上。

⑤将回收前和回收后的 DNA 溶液直接以测量 OD_{260} 的方法估算回收率。PCR 产物或需要清洁的 DNA 溶液中会含有引物、dNTPs、非特异性扩增产物或者降解的 DNA 等在 OD_{260} 处有高吸收峰的杂质，而经过回收或纯化后会去除这些杂质，导致 OD_{260} 处吸收峰大幅度降低，因此用这种方法估算出的 DNA

回收率会严重偏低。

⑥仅凝胶回收：制作的凝胶从加样孔至DNA泳动方向呈现为一个降低的斜面，导致DNA在泳动的过程中大量地流失到电泳缓冲液中。制作琼脂糖凝胶时应注意放平制胶槽，并加入足够量的凝胶液；如果有可能，尽量减少电泳时间。

将回收的PCR和酶切质粒DNA电泳产物按照表2-8的连接体系（参考表2-4和2.7章节的计算公式）进行连接。

表2-8　连接反应体系

试剂	2~3片段连接	4~6片段连接
酶切质粒载体量	x	x
插入的PCR片段量	y	y
载体与插入片段的摩尔比	1:2	11:1
5×反应缓冲液	4 μL	4 μL
plus重组酶	1	1
ddH2O	加至20 μL	加至20 μL
反应时间	50 ℃，10 min	50 ℃，30~60 min

反应完成后，即可进入大肠杆菌感受态转化步骤或置于4 ℃冰箱中短时间保存备用。

2.12　感受态大肠杆菌转化

①取出-80 ℃保存的感受态大肠杆菌 *E. coli* DH5α。

注意：-80 ℃或更低温度下保存。如果保存温度不能恒定，转化效率将会降低。请使用附带的pUC19对照质粒来确认保存细胞的转化效率。不能液氮保存。避免感受态细胞反复冻融。

②轻微混匀，取50 μL装入1.5 mL离心管中。注意：不能剧烈振荡混合细胞。

③加入连接的DNA重组样品（建议≤10 ng）。轻轻混匀，冰浴中放置30 min。

④42 ℃水浴中热激45 s，然后冰浴中放置2 min。该过程中不要摇动离

心管。

⑤向离心管中添加 SOC 或 LB 培养基（预先在 37 ℃保温，不含抗生素）至终体积 1 mL。

⑥37 ℃振荡（150 ~ 200 rpm）培养 1 ~ 2 h。

⑦取适量涂布于含有卡那霉素的选择培养基。直径 9 cm 的平板的涂布量不超过 100 μL。如有需要，使用步骤⑤中的培养基进行稀释。

⑧将培养皿置于 37 ℃过夜培养。

2.13　阳性克隆鉴定

①用 10 μL 移液器吸嘴分别挑取培养出的单克隆菌落，置于盛有 10 μL 无菌水的不同记号的 PCR 管中，混匀。

②用目的片段的一条正向引物，载体抗性 Bar 基因上选一段序列作为反向引物，以上述菌悬液为 DNA 模板（剩余的菌悬液 4 ℃保存备用），进行菌落 PCR 扩增。

一般的，我们建议采用菌落 PCR 扩增进行阳性克隆鉴定，鉴定引物的选择：为了避免假阳性结果，我们建议一条引物为载体特异性引物，另一条引物为目的片段特异性引物。反应体系与程序如表 2 – 9 所示。

表 2 – 9　PCR 扩增体系与程序

体系	体积 25μL	温度	时间	
rTaqDNA	0.25 μL	94 ℃	5 min	
Buffer	2.5 μL	94 ℃	30 s	30 循环
Primer F	1 μL	55 ℃	30 s	
Primer R	1 μL	72 ℃	1 : 30 s	
dNTP	0.5 μL	72 ℃	10 min	
DNA 溶液（菌悬液）	1 μL	4 ℃	+ ∞	
ddH_2O	18.75 μL	温度	时间	

③将 PCR 扩增结果用 1% 琼脂糖凝胶电泳检测。记下对应的阳性标记。

④将阳性标记对应菌悬液在含相应抗生素的 SOC 或 LB 平板上进行五区

划线，37 ℃倒置培养12～16 h。

⑤取出过夜培养的培养皿，重复步骤①～③进行二次菌落PCR扩增。

⑥将二次菌落PCR验证的阳性克隆菌悬液放入含相应抗生素20 mL的LB液体培养基的三角瓶中。

⑦将三角瓶于37 ℃、250 rmp条件下，过夜（12 h）摇瓶培养。

⑧取1～1.5 mL过夜培养的大肠杆菌菌液，加入1.5 mL的离心管中。10 000 rpm（8000～10 000 g）离心1 min，弃上清液，用来提取质粒进行酶切，然后连接右臂。如有需要重复本步骤，以收集更多的菌体，但切勿过量，以免影响提取质粒的质量。另一部分取500 μL菌液，然后加入500 μL的50%的灭菌甘油，放入-80 ℃冰箱中备用。

2.14 靶基因的下游片段重组

下游片段重组步骤为：提取连接左臂的质粒→酶切质粒→回收质粒保存备用→左臂PCR产物纯化保存备用→线性质粒和左臂PCR产物重组→重组DNA样品在感受态大肠杆菌中转化→阳性克隆鉴定一次鉴定→一次鉴定的阳性克隆二次鉴定→二次鉴定的阳性克隆扩大培养→菌液保存和质粒提取备用。连接完整的质粒图谱见图2-11。

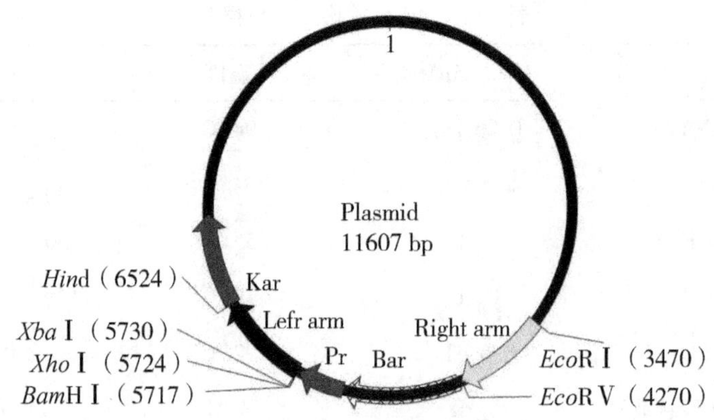

图2-11 重组完整的质粒图谱

2.15　重组完整的质粒电转到农杆菌

①取 5 μL 重组完整的质粒加入从超低温冰箱中取出的装有农杆菌感受态细胞的离心管中，冰上放置 15 ~ 20 min。

②用无菌水冲洗几遍电转杯，无菌水浸泡 1 ~ 2 min，取出电转杯，吸水纸吸干外部水分，然后电转杯放置冰上预冷，同时 LB 培养基和移液器吸嘴也要预冷。

③用预冷的 200 μL 吸嘴吸出所有的菌液到电转化杯中，电转化杯盖上盖子；而后放置在设置好参数的电转仪上。电击参数设置为 400 Ω，2. 5 kV。

④双手按下电转按钮，听到报警声音（约 3 ~ 5 s）后立即松开。

⑤电转完毕，迅速取出电转杯，加入 1 mL 预冷的 LB 培养基，将液体全部吸出，转入新的 1. 5 mL 无菌离心管中，冰上放置 15 min。

⑥ 150 rpm × 28 ℃ × 2 h 摇床恢复培养。

⑦ 8000 rpm × 5 min 离心弃上清，1 mL 无菌水重悬沉淀，然后再重洗几次，加 1 mL 无菌水重悬，吸取 5 μL 菌液涂布到含有相应抗生素的培养皿中，28 ℃倒置培养 2d。

⑧培养两天后分别用左右臂对应的验证引物进行菌落 PCR 验证。

⑨将验证后的阳性农杆菌扩大培养，培养条件为接入 LB 加相应抗生素的 20 mL 液体培养基中，28 ℃ × 250 rpm × 24h 摇床培养。

⑩培养完成后取 500 μL 菌液，然后加入 500 μL 的 50% 灭菌甘油，放入 - 80 ℃冰箱中备用。另一部分进入下一步实验。

2.16　农杆菌侵染目标真菌

①农杆菌培养：取 - 80 ℃冰箱保存的菌种（含有转化目的基因的农杆菌），在 LB 加相应抗生素的平板上划线，28 ℃培养 48 h；挑取单菌落，在 LB 加相应抗生素的液体培养基中（10 mL）培养 18 ~ 24 h（28 ℃ × 250 rpm），一般接种时间要早于下午 3 ~ 4 点。

②分别吸取阳性克隆菌液 10 μL、30 μL、50 μL 接种到 20 mL LB 加相应

抗生素的液体培养基中；然后再在 28 ℃ ×250 rpm 条件下培养至 OD_{660} 为 0.6～1.0（约需 16 h），如若实际 OD 值超过了 1.0 也可使用（一般接种时间要早于下午 3～4 点）。

③离心收集菌体：取 4 个 1.5 mL 的无菌离心管（可根据实际增加管数 1～2个），分别加入 1.5 mL 菌液，10 000 rpm，1 min 后弃上清（一般上午 8～9点开始，便于实验操作）。

④重悬菌体：分别加入 250 μL 含乙酰丁香酮（AS，终浓度 200 μmol/mL）的液体 NIM 培养基，重悬菌体后合成一管，测定其 OD_{660}，测定方法为：300 μL 混合后的菌液 +2.7 mL 液体 NIM 培养基（含 AS），测定线性范围为 0～1.0，原测定 OD_{660} = 测定 OD_{660} ×10 = ［A］。

备注：使用时在 NIM 培养基中加入 AS 的初始浓度为 200 mM，终浓度为 200 μM。

⑤体浓度调整菌：使终浓度达到 OD_{660} = 0.15。调整方法是：根据公式［B］ = （0.15×10）/［A］，计算出［B］，取出培养的原始菌液［B］mL 加入 10 mL 的 NIM + AS 到灭菌的三角瓶中，使其终浓度［A］正好为 OD_{660} = 0.15。

⑥避免培养：将上述菌液进行 28 ℃ ×250 rpm 避光培养，直至 OD_{660} = 0.5～0.7（约 6～8 h，大于 0.4 也可使用）。

⑦真菌孢悬液配制：用液体 NIM 培养基（含 200 μM 的 AS）配制真菌孢悬液，然后将孢悬液通过叠成 8 层的灭菌擦镜纸过滤，过滤后，再用培养基调整浓度，最终浓度为 1×10^6～5×10^6 个/mL（最好为 2×10^6）。

⑧共培养：农杆菌与真菌孢悬液等体积混合，取 100 μL 涂布于盖有灭菌转化膜（硝酸纤维素膜）的 NIM 固体培养基（含 200 μM 的 AS）上，28 ℃ 倒置避光培养 48 h。

⑨将膜转移至查氏培养基上（80 μg/ mL PPT 或 400～500 μg/ mL GA 和 500 μg/ mL 头孢噻肟钠），28 ℃倒置培养直至微小单菌落长出（7～10 d），即有可能为真菌转化子。

⑩常见转化一次的准备工作如下：

a. 200mM 的 AS。

b. LB 液体培养基 20 mL ×3 瓶。

c. LB 液体培养基 10 mL ×2 瓶。

d. LB + 相应抗生素的平板 2 个。

e. NIM 液体培养基 10 mL × 10 瓶。

f. NIM（200 μM 的 AS）平板固体培养基。

g. 用滤纸分隔灭菌的微孔滤膜 40 个。

h. 新鲜绿僵菌孢子（真菌孢子）。

i. 100 mg/ mL GA（草铵膦）（回复转化时用黄酰脲 200 mg/ mL）。

j. 灭菌移液器吸嘴、1.5 mL 离心管、擦镜纸。

k. 查氏平板（80 μg/ mL PPT 或 400 ~ 500 μg/ mL GA 和 500 μg/ mL 头孢噻肟钠）5 ~ 10 个。

l. 取 20 μL 200 mM 的 AS 加入到 20 mL 的 NIM 培养基中，则成 200 μM 的终浓度。

m. 取 50 μL 0.1 g/mL 的抗生素加入到 100 mL 培养基中，则成 50 μg / mL的终浓度。

n. 取 20 mg/ mL 的磺酰脲 100 μL 加入到 100 mL 培养基中，则成 20 μg / mL的终浓度。

o. 1/4SDA 培养基平板（80 μg/ mL PPT 或 400 ~ 500 μg/ mL GA 和 500 μg/ mL头孢噻肟钠）5 ~ 10 个。

2.17　真菌转化子培养与 PCR 验证

2.17.1　真菌转化子培养与 PCR 验证过程

①将查氏培养基上微孔滤膜上的微小单菌落挑到 1/4 SDA 培养基上（80 μg/ mL PPT 或 400 ~ 500 μg/ mL GA 和 500 μg/ mL 头孢噻肟钠）的不同区域，每个平板接种 9 个单菌落（图 2 – 12A）。

② 28 ℃倒置培养直至小单菌落长出（7 ~ 10 d）（图 2 – 12B）。然后将每个单菌落在 1/4 SDA 培养基（80 μg/ mL PPT 或 400 ~ 500 μg/ mL GA 和 500 μg/ mL 头孢噻肟钠）上划线培养，并编号保存。

③无菌环境中挑取单个菌落上的孢子置于含有 2 mL 的 1/4 SDA 液体培养基且编号的离心管中，28 ℃ ×250 rpm 避光摇瓶培养 2 ~ 3 d。

④16 000 rpm 离心 5 min，弃上清，收集菌体，充分研磨，然后进行如下

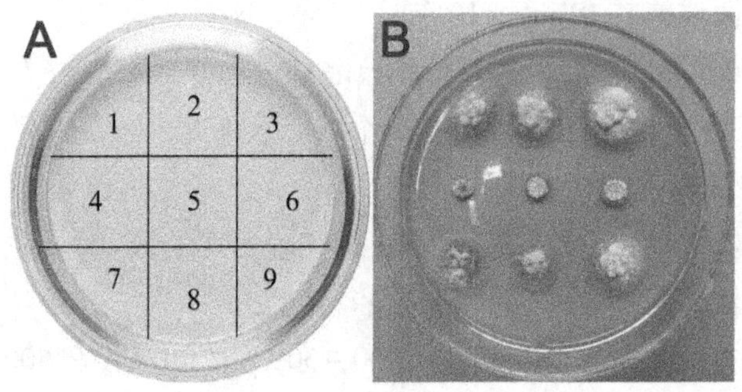

图 2－12　真菌的转接培养

的微量 DNA 提取。

⑤向收集管中加入 400 μL 的 Lysis Buffer→加入 150 μL 的醋酸钾（3M）溶液，摇匀→16 000 rpm 离心 10 min→将上清液转移到另一离心管中→加入等体积预冷的异丙醇（550 μL），然后 －20 ℃冷冻 30 min，室温放置 20 min→16 000 rpm 离心 2 min，弃上清→加入 500 μL 70% 乙醇洗涤→16 000 rpm 离心 1 min，弃上清，室温晾 1 ~ 2 h→将 DNA 沉淀溶于 20 ~ 30 μL 的 ddH_2O 中备用。

⑥以上述 DNA 样品为模板，用验证质粒左右臂的引物进行 PCR 扩增，对验证结果进行标记。阳性产物对应编号的真菌即为转化成功的菌株。

2.17.2　微量 DNA 提取试剂配方

① Lysis Buffer：NaCl 0.88 g，Tris － HCl 400 mM（40 mL 1M TrisHCl），60 mM EDTA（12 mL 0.5 M EDTA），1% SDS（10 mL 10% SDS，十二烷基磺酸钠），定容至 100 mL。

② 醋酸钾（3 M）：29.4 g 醋酸钾，11.5 mL 冰醋酸，定容至 100 mL。

③ Tris － HCl（1 M）：12.1 g Tris，29.2 1M HCl，定容至 100 mL。

④ EDTA（0.5 M）：18.61 g EDTA，30 mL 20% NaOH，定容至 100 mL。

⑤ SDS（10%）：10 g SDS，定容至 100 mL。

2.18 真菌转化子的 Southern Blotting 杂交验证

2.18.1 真菌基因组 DNA 提取

具体过程如下（OMEGA Fungal DNA Kit 为例）。

① 用接种铲挑取在平板上大量培养的真菌转化子孢子，接入到 50 mL 的液体培养基中，28 ℃ ×250 rpm 避光摇瓶培养 2 ~ 3 d。

② 将摇瓶培养的菌丝体抽真空过滤，以便收集菌丝体。将菌丝体分别收集到 2 mL 的离心管中，每管收集大致为 50 ~ 100 mg，剩余的保存备用。

③ 将收集到的样品及离心管一同放入液氮中冷冻干燥，组织研磨仪工作台也放入液氮中冷冻 5 ~ 10 min；然后离心管中放入 2 ~ 3 颗钢珠，将离心管放在工作台上，共同放入研磨仪中，调整研磨仪的参数为 70Hz，1.5 ~ 2 min，进行研磨，如果效果不好，继续加长研磨时间。

④将 100 mg 已研磨的干燥粉末加入到 2.0 mL 离心管中，含有 600 μL Buffer CPL 和 10 μL β - 巯基乙醇涡旋混匀。

TIP：以 4 ~ 6 组管进行实验，每组样品研磨，加入 Buffer CPL 和 β - 巯基乙醇后，在加另一组之前，先进行步骤②。最开始时所用干燥样品量不要超过 50 mg，后续可根据结果增加样品用量。

⑤ 在 65 ℃孵育 30 min，期间取出离心管混匀 2 次。选做：如果需要，可在孵育前加入 10 μL RNase A（50mg/mL）到裂解液中除去 RNA。

⑥ 加入 600 μL 氯仿 - 异戊醇混合物（24∶1），涡旋混匀，>10 000 × g 离心 5 min。

⑦ 小心转移 300 μL 上清液到新的 1.5 mL 离心管中，注意不要转移到沉淀物。

⑧ 加入 150 μL Buffer CXD 和 300 μL 无水乙醇调节结合条件，涡旋混匀，加入乙醇后可能会形成沉淀，但不会影响 DNA 的提取。

⑨ 将 HiBind® DNA 柱套入到 2 mL 收集管中，转移步骤 5 混合液（包括沉淀物）到 HiBind® DNA 柱中，10 000 × g 离心 1 min，弃滤液。

⑩ 将 HiBind® DNA 柱放回到 2 mL 收集管中，加入 650 μL SPW Wash

Buffer（已加无水乙醇稀释），10 000 × g 离心 1 min，弃滤液。注意：SPW Wash Buffer 在使用前必须按照说明书加入无水乙醇稀释。

⑪重复步骤⑦。

⑫ 将 HiBind® DNA 柱放回到 2 mL 收集管中，最大速度离心 2 min 干燥柱子，此步主要用于去除多余的乙醇，以免影响下游操作。

⑬ 将 HiBind® DNA 柱放入到新的 1.5 mL 离心管中，加入 50 ~ 100 μL 在 65 ℃预热的 Elution Buffer（或无菌水），室温静置 2 min（4 ℃静置 2 ~ 4 h 可以明显提高产量），10 000 × g 离心 1 min 洗脱 DNA，减小洗脱体积将减少产量，但不建议用超过 200 μL 的洗脱液进行洗液。

⑭ 重复步骤⑩，再次加入 50 ~ 100 μL Elution Buffer，应使用另一新的 1.5 mL 离心管以保持第一次洗脱的浓度。 -20 ℃保存备用。

2.18.2 Southern Blotting 杂交操作

根据地高辛试剂盒指导手册进行操作如下。

① 探针标记（25 ng/mL）：2 × 8 μL 回收探针于 PCR 扩增管中（高温解链）→98 ℃，10 min 立即放置冰上 10 min→加入 2 μL 地高辛 1#液（含地高辛标记）混匀→37 ℃温箱中，20 h 以上但不超过 24 h，合成新链→65 ℃，10 min→回收纯化，30 μL 无菌水洗脱→ -20 ℃保存备用→实际杂交用量为 15 μL/次→杂交时，98 ℃变性 10 min，为防复性而放置冰上，而后加入到杂交液中。

②杂交过程：将提取的基因组 DNA（5 μg）酶切至完全弥散，而后进行电泳 1 h 至整块大胶的中间。

③将胶用无菌水冲洗干净，而后置于 12 cm 平皿中，放在摇床上，变性液 20 min × 2 摇床→蒸馏水 10 min 摇床→中和液 10 min × 2 摇床→20 × SSC 液 10 min 摇床。

④剪膜：剪一块尼龙膜大小与胶一致，另剪相同大小的滤纸 10 张，滤纸和尼龙膜先用 20 × SSC 液浸泡 15 min。

⑤转膜：自下而上分别为：滤纸桥、滤纸片、胶（正面朝下）、3 张滤纸片、吸水纸 3 ~ 5cm 厚，压挤物块，转膜过夜，可适当延长时间。

⑥干燥将吸水纸慢慢取下，再将滤纸慢慢取下，将尼龙膜和下面的滤纸用镊子取下翻转过来，去掉滤纸，标记符号，将尼龙膜用滤纸包好（放置两

层滤纸中间）置于干燥箱中，120 ℃，30 min，而后进入预杂交程序。

⑦杂交炉中预杂交，加 7#液 10 mL，42 ℃ 2 h→杂交加 7#液 10 mL，探针 15 μL，42 ℃ 2 h→洗膜信号检测，杂交炉中 65 ℃，加 20 mL 2 × SSC + 0.1% SDS，2 × 5 min→杂交炉中 65 ℃，20 mL，0.1 SSC + 0.1% SDS，2 × 15 min→摇床 20 mL 洗涤缓冲液 15 min→摇床 100 mL 阻断缓冲液 30 min→摇床 20 mL 抗体缓冲液（4#）30 min→摇床 100 mL 洗涤缓冲液 2 × 15 min→摇床 20 mL 检测缓冲液 2 ~ 5 min→避光加入显色液（5# + 检测缓冲液），避光保存 1 ~ 2 h→扫描拍照即完成 Southern Blotting 杂交验证。

备注：试剂配制方法如下所示。

* 洗涤缓冲液（平衡液）：0.1 M 马来酸，0.15 M NaCl，pH 7.5（20 ℃），0.3%（*V/V*）Tween20；马来酸缓冲液：0.1 M 马来酸，0.15 M NaCl，用固体 NaOH 调节 pH 值到 7.5；

* 检测缓冲液：0.1 M Tris – HCl，0.1 M NaCl，pH 9.5（20 ℃）；

* 20 × SSC 溶液：3 M NaCl（58.44 g）；0.3M 枸橼酸钠（294.1 g）；

* 中和液：0.5 M Tris – HCl（pH 7.5），1.5 M NaCl；

* 变性液（500 mL）：0.5 M NaOH（10 g），1.5 M NaCl（43.83 g）；

* 封阻液：马来酸缓冲液 1∶10，6#管（12 + 108 mL 一次），需现配现用；

* 抗体溶液：4 μL（抗体 4#）+ 20 mL（封阻液）一次；

* 底物显色液：200 μL（5#管避光）+ 10 mL 检测缓冲液，避光使用。

第三章　基因功能的生物信息学研究

3.1　Motif 的分析与再现

3.1.1　序列下载

首先从 NCBI（https：//www. ncbi. nlm. nih. gov/）或 EMBL - EBI（https：//www. ebi. ac. uk/）数据库下载靶序列（DNA 或 protein 的 FASTA 式）。如图 3 - 1、图 3 - 2 所示。然后将下载的序列利用 notepad + + 整理到同一文件（FASTA 格式）中。将下载的序列导入 MEME 网站中，生成 Motif，如 3. 1. 2 所述。

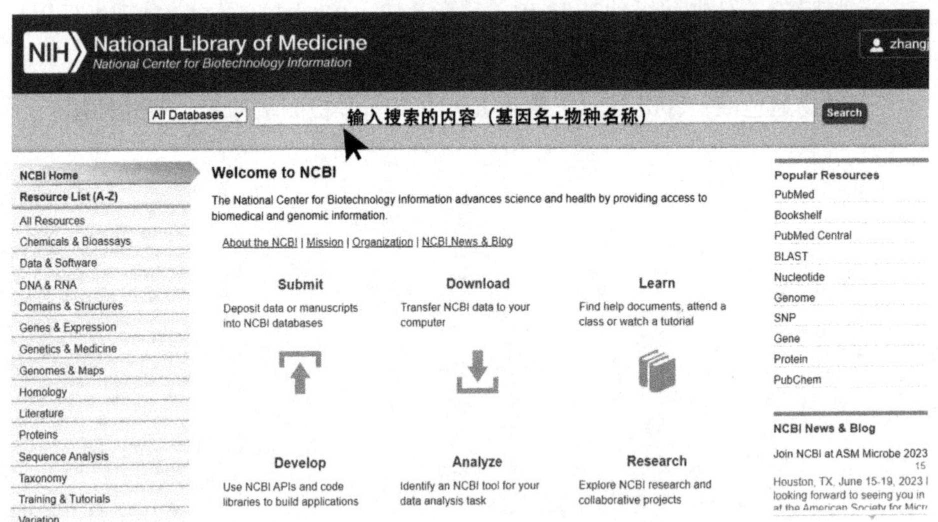

图 3 - 1　序列搜索界面

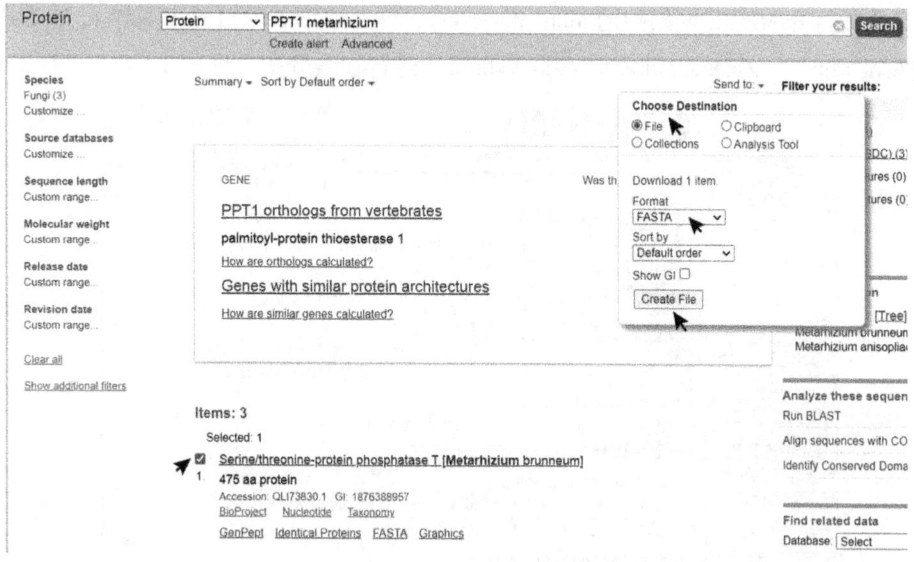

图 3－2　序列下载界面

3.1.2　Motif 分析

①打开分析网站 MEME（http：//meme-suite. org/index. html），见图 3－3。

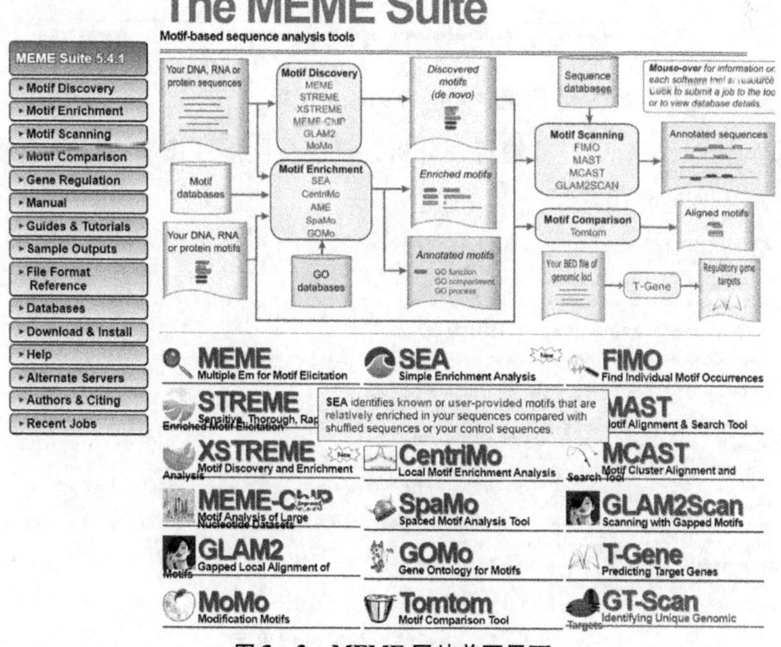

图 3－3　MEME 网站首页界面

②打开 MEME 网站中的 Motif discovery，然后将下载的目的序列导入 MEME 网站（http：//meme-suite. org/index. html）进行在线分析，见图 3 –4。

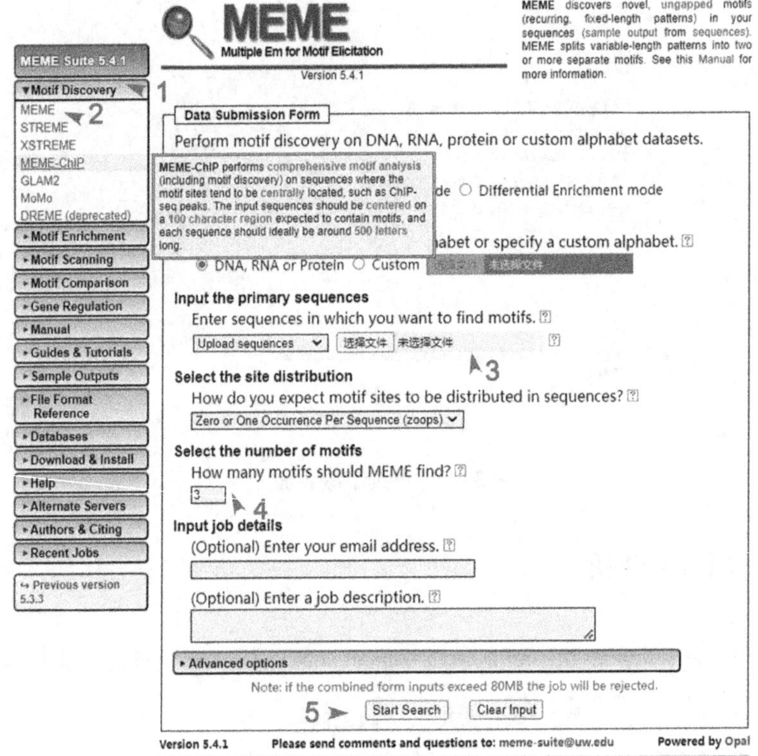

图 3 –4 序列导入界面

③程序运行后，通过邮箱打开分析结果链接网址（图 3 –5），得到分析结果界面，见图 3 –6。

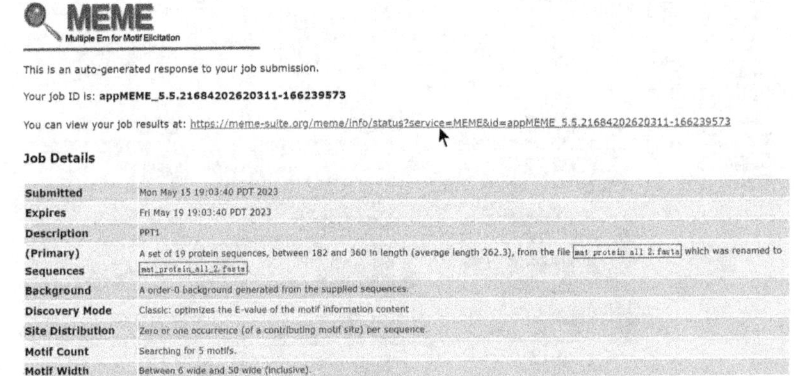

MEME
Multiple Em for Motif Elicitation

This is an auto-generated response to your job submission.

Your job ID is: **appMEME_5.5.21684202620311-166239573**

You can view your job results at: https://meme-suite.org/meme/info/status?service=MEME&id=appMEME_5.5.21684202620311-166239573

Job Details

Submitted	Mon May 15 19:03:40 PDT 2023
Expires	Fri May 19 19:03:40 PDT 2023
Description	PPT1
(Primary) Sequences	A set of 19 protein sequences, between 182 and 360 in length (average length 262.3), from the file mat protein all 2. fasta which was renamed to mat_protein_all_2. fasta
Background	A order-0 background generated from the supplied sequences.
Discovery Mode	Classic: optimizes the E-value of the motif information content
Site Distribution	Zero or one occurrence (of a contributing motif site) per sequence.
Motif Count	Searching for 5 motifs.
Motif Width	Between 6 wide and 50 wide (inclusive).

图 3 –5 分析结果邮箱链接界面

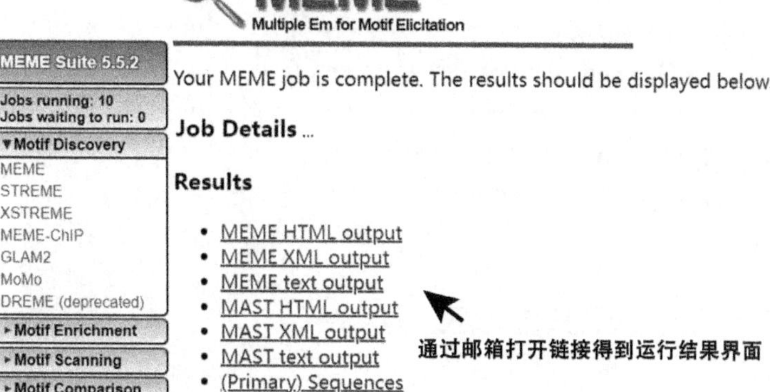

图 3－6　分析结果界面

④在分析结果界面中将 MEME XML output（或 MAST XML output）结果下载保存，如图 3－7 所示。如果直接应用结果则点击 MEME HTML output，得到分析结果（图 3－8）。

图 3－7　分析结果保存界面

MOTIFS

	Logo	Name	Alt. Name	Width	Motif Similarity Matrix 1.	2.	3.	4.	5.
1.		EVIASNFSRILPSSVPVIHBAYKTKFTIC	MEME-1	29	--	0.13	0.19	0.14	0.12
2.		KDHPGITEKELSSLLSNLWNKESDEVKAL	MEME-2	29	0.13	--	0.18	0.14	0.24
3.		SYIPRPLNSWILYRQDKSRELK	MEME-3	22	0.19	0.18	--	0.17	0.17
4.		HNVEDLDSIBHLPMQVEMPDPRYYYNYST	MEME-4	29	0.14	0.14	0.17	--	0.22
5.		DLMHKEKYPGSKYTTTRNADR	MEME-5	21	0.12	0.24	0.17	0.22	--

SEARCH RESULTS

Top Scoring Sequences

Each of the following 19 sequences has an *E*-value less than 10.
The motif matches shown have a position *p*-value less than 0.0001.
Hover the cursor over the sequence name to view more information about a sequence.
Hover the cursor over a motif for more information about the match.
Click on the arrow (↕) next to the *E*-value to see the sequence surrounding each match.

EVIASNFSRILPSSVPVIHBAYKTKFTIC KDHPGITEKELSSLLSNLWNKESDEVKAL SYIPRPLNS

Sequence	E-value	Block Diagram
KID89033.1	1.3e-108	
KID69874.1	1.5e-108	
XP_007819907.2	5.9e-108	
EFZ01122.2	5.9e-108	
KIE00492.1	7.2e-107	
KID89031.1	4.2e-91	
KIE00494.1	4.2e-91	
XP_007819906.2	9.9e-91	
EFZ01123.2	9.9e-91	

图 3-8　分析结果展示界面

3.1.3　Motif 分析再现

①打开分析软件 TBtools（图 3-9），然后在该软件菜单栏选择 Graphics→BioSequence Structure Illustrator→Visualize Motif Pattern（from meme.xml / mast.xml（MEME suite）），如图 3-10 所示。

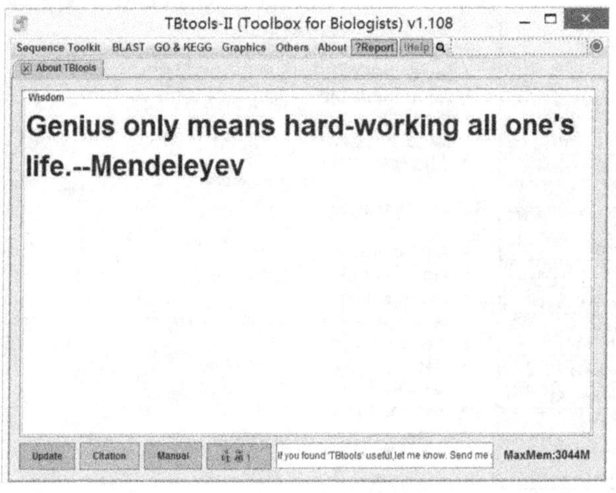

图 3-9　TBtools 软件运行主界面

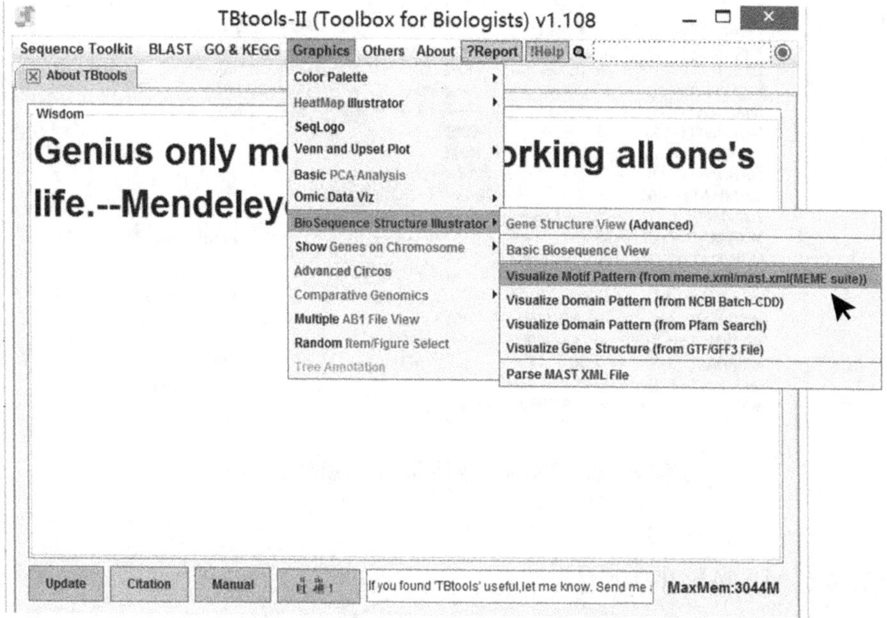

图 3-10　运行 Motif 分析选择界面

②将下载的 meme. xml / mast. xml 文件导入到 TBtools 中，并设置相应的参数，见图 3-11。点击运行 Star 即可得到运行的结果，将结果保存为 pdf 格式，如图 3-12 所示。

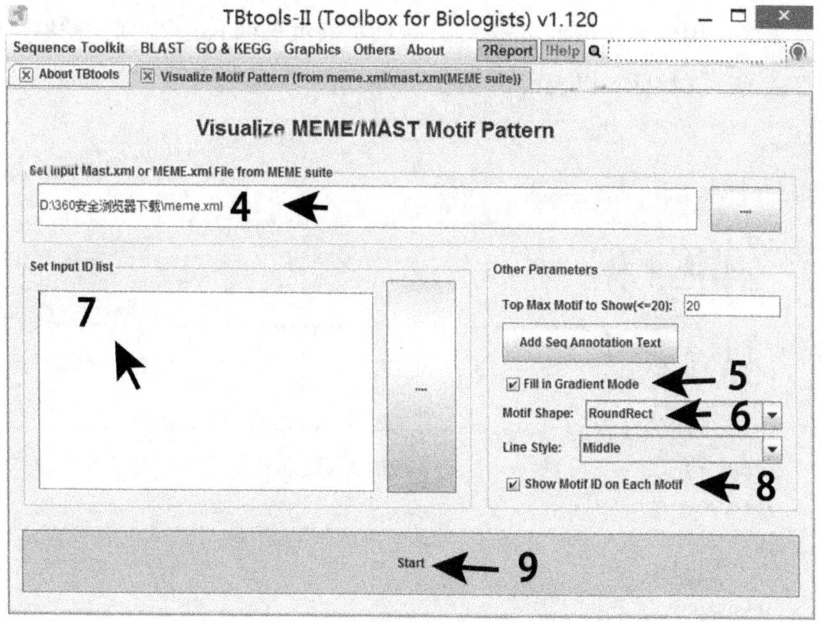

图 3-11　meme. xml/mast. xml 文件导入界面

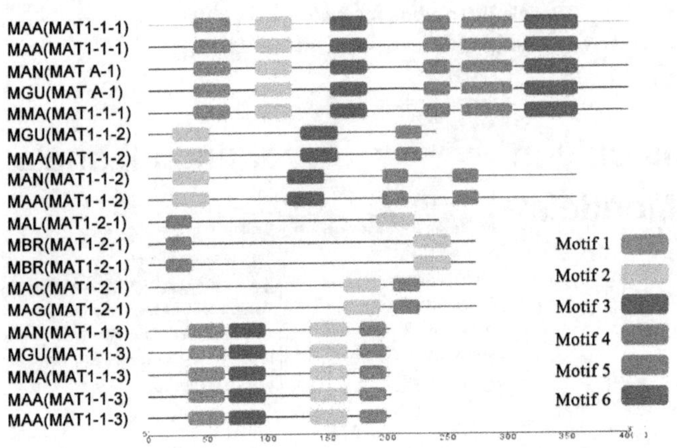

图 3－12　TBtools 软件 Motif 分析结果界面

3.1.4　MEME 的应用

（1）Motif Discovery

这部分工具用于预测输入序列上的 Motif 信息，支持 DNA、RNA 或者蛋白序列，对应的功能称之为 de novo motif discovery，包含的工具列表如下：① MEME；②DREME；③MEME-ChIP；④GLAM2；⑤MoMo。

常见的应用场景是根据 chip_ seq 等数据获取到的 peak 序列，挖掘这些序列中存在的模式特征。以 MEME 为例，输出结果示意如图 3－13 所示。

图 3－13　MEME 分析 chip_ seq 结果界面

（2）Motif Enrichment

这部分工具用于分析已知的 Motif 在输入序列上的富集情况，包含的工具列表如下：①CentriMo；②AME；③SpaMo；④GOMo。

常见的应用场景是根据 ATAC_ seq 的 peak 序列，分析在这些序列中出现富集的已知 Motif。以 CentriMo 为例，输出结果示意如图 3－14 所示。

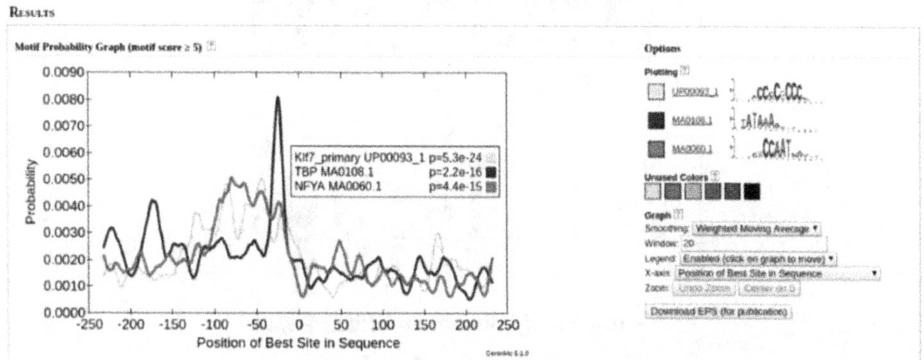

图 3－14　CentriMo 分析结果界面

（3）Motif Scanning

这部分工具用于分析输入序列上 Motif 可能出现的位置，包含的工具有：①FIMO；②MAST；③MCAST；④GLAM2Scan。

常见的应用场景是根据转录因子的 Motif，分析在某个基因的启动子区序列上是否存在对应的结合位点。以 FIMO 为例，输出结果示意如图 3－15 所示。

Motif ID	Alt ID	Sequence Name	Strand	Start	End	p-value	q-value	Matched Sequence
XM_051459334.1:120-1016	Hypoxylon	XM_051459334.1:120-1016	+	481	560	8.38e-13	4.19e-09	TCAGTTGCTGCAACCGCCGGCCAGGGTGCCACATCCGGGCTACCCACGTGCGCGGATGATGGATCCATTACCATGACATT
XM_051459334.1:120-1016	Hypoxylon	XM_051459334.1:120-1016	+	161	240	2.27e-11	5.67e-08	CAGACACCTCTATCATTAGGGACCGCGAGATTGCCAGCGGCAAGGCTAGTCCTCTGGGTAGAACCCAGGGCAATGGACCC
XM_051459334.1:120-1016	Hypoxylon	XM_051459334.1:120-1016	+	561	640	5.22e-10	8.7e-07	CCGACAGATCAACCAGGACGGTGCTGGTCCGATCGAGGCCGCTGTCGACGGAACGTCGGGTGGCACTGACGCTAATGCTT
XM_051459334.1:120-1016	Hypoxylon	XM_051459334.1:120-1016	+	641	720	2.15e-09	2.69e-06	TCCAAACCGCTGACGTCACTCAAGATGTCCCCGGCCTCGGCTTCCTCGGGCTGTCTGCCGCTACCAACACCGACTTCCCC
XM_051459334.1:120-1016	Hypoxylon	XM_051459334.1:120-1016	+	241	320	6.94e-09	6.93e-06	GTCGATGCCGCAACTATGATCCAAAACTTCATGGGTGGTGCAACAGCTCCCACCAACAACGGATCTGCGGACTCTGTGGG
XM_051459334.1:120-1016	Hypoxylon	XM_051459334.1:120-1016	+	321	400	2.65e-08	2.21e-05	CCAGGAAGATGACATTCCGGCGAATGTAGGCAAGCGAAGCTCATTCTTCCGTCGTGGCCTTGGAGACTTGCTTTCGGGCC
XM_051459334.1:120-1016	Hypoxylon	XM_051459334.1:120-1016	+	1	80	4.81e-08	3.43e-05	ATGCGCTACTCACTTATTGCCACTTCCGGCCTCCTCGCCGTTGTTTCCGGTCATGGTCTTGTGACTTCCATCCAAGGCGC
XM_051459334.1:120-1016	Hypoxylon	XM_051459334.1:120-1016	+	721	800	1.89e-07	0.000118	TTGACCGTCCAGATGCCCGCCGGCATGACCTGCGATGCTACTGTTGGTGGTGCCTCCAATGTCTGCATTGTTCGCGTGAG
XM_051459334.1:120-1016	Hypoxylon	XM_022636847.1:262-1059	+	58	137	2.81e-06	0.00156	ATGCCGGGACTAACAGTTGTCGATGGAACGCCACGCGACTGCCCCTCTGCTGCGTGCGGCGGGCAGAAAGACACCGCAGT
XM_051459334.1:120-1016	Hypoxylon	XM_051726371.1:1-915	+	1	80	4.65e-06	0.00233	ATGCATTTCTCACCAGCACTCATGCTCGCCCTTGCGGCTGCTGTTTCTGCTCATGGTGTAGTCACCGAGGTTAAGGGCGC
XM_051459334.1:120-1016	Hypoxylon	XM_049333902.1:307-582	+	193	272	1.04e-05	0.00461	CTGACCGTCTCCATGCCCGCCGGCATGACCTGCACAGGAACTGTCGCTGGCCAGAGCAACGTCTGCATGGTCCGTTGCCA
XM_051459334.1:120-1016	Hypoxylon	XM_051459334.1:120-1016	+	801	880	1.15e-05	0.00461	GAACTCAACTCCTGCCGGGCCGTTCGGGGGCAGCGGAGCTTTTACTCAATCCACAGCGGCTCGCAAGAGGGCGATCGCTT
XM_051459334.1:120-1016	Hypoxylon	XM_037349804.1:4-897	+	552	631	1.2e-05	0.00461	CAGACAGATCAACCAAGACGGCGCCGGTCCAATGACAGCTGAAATCGACGCTACATCCGGCGGCACCGACCCCGACGCCT
XM_051459334.1:120-1016	Hypoxylon	XM_024472298.1:19-807	+	190	269	1.63e-05	0.00504	ATGGCCTCTGCACTTGGCCGCACGTCAGGTAGCGGACCAGTTAATGCCGCCGCCGCCGTCGCCAACTTCATGGTGGCGC

图 3－15　Motif Scanning 分析结果界面

（4）Motif Comparison

这部分工具用于比较不同 Motif 之间的相似性，包含了 Tomtom 这个工具。Motif 既包含了一致性序列，也包含了 PFM 矩阵信息，借助这个工具，可以有效地判断两个 Motif 之间的相似性。经典的应用场景是将分析到的 de novo motif 与已知的 Motif 数据库进行分析比对，查找相似的 Motif，输出结果示意见图 3 – 16。

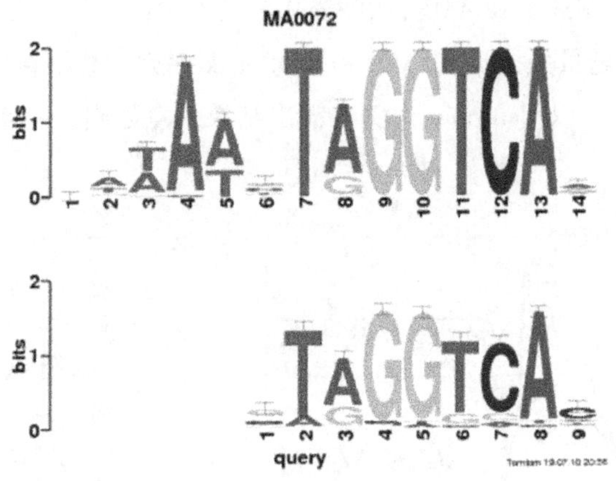

图 3 – 16　Motif Comparison 输出结果界面

3.2　Motif 的批量分析方法

3.2.1　文件准备

下载最新版本的 TBtools：https：//github. com/CJ – Chen/TBtools。

MEGA 构建进化树的结果文件：nwk 文件，提供进化树信息（见 MEGA 生成 nwk 文件）；相关基因的 gff3 文件或者 gtf 文件；备注 gff3 文件意义：gff3 允许使用#作为注释符号，除去注释外，主体部分共有 9 列（图 3 – 17）。gff3 中每一列的含义：seqid、source、type、start、end、score、strand、phase、attributes。

```
NC_035077.1 RefSeq  region  1   84884017    .   +   .   ID=id0;Dbxref=taxon:8022;Name=1;chromosome=1;coun
NC_035077.1 Gnomon  gene    26931   49145   .   +   .   ID=gene0;Dbxref=GeneID:110523613;Name=LOC11052361
NC_035077.1 Gnomon  mRNA    26931   49145   .   +   .   ID=rna0;Parent=gene0;Dbxref=GeneID:110523613,Genb
NC_035077.1 Gnomon  exon    26931   27080   .   +   .   ID=id1;Parent=rna0;Dbxref=GeneID:110523613,Genban
NC_035077.1 Gnomon  exon    33577   33719   .   +   .   ID=id2;Parent=rna0;Dbxref=GeneID:110523613,Genban
NC_035077.1 Gnomon  exon    34556   34671   .   +   .   ID=id3;Parent=rna0;Dbxref=GeneID:110523613,Genban
NC_035077.1 Gnomon  exon    40440   40620   .   +   .   ID=id4;Parent=rna0;Dbxref=GeneID:110523613,Genban
NC_035077.1 Gnomon  exon    47972   49145   .   +   .   ID=id5;Parent=rna0;Dbxref=GeneID:110523613,Genban
NC_035077.1 Gnomon  CDS 26960   27080   .   +   0   ID=cds0;Parent=rna0;Dbxref=GeneID:110523613,Genbank:X
NC_035077.1 Gnomon  CDS 33577   33719   .   +   2   ID=cds0;Parent=rna0;Dbxref=GeneID:110523613,Genbank:X
NC_035077.1 Gnomon  CDS 34556   34671   .   +   0   ID=cds0;Parent=rna0;Dbxref=GeneID:110523613,Genbank:X
NC_035077.1 Gnomon  CDS 40440   40620   .   +   1   ID=cds0;Parent=rna0;Dbxref=GeneID:110523613,Genbank:X
NC_035077.1 Gnomon  CDS 47972   48240   .   +   0   ID=cds0;Parent=rna0;Dbxref=GeneID:110523613,Genbank:X
NC_035077.1 Gnomon  gene    63351   77081   .   -   .   ID=gene1;Dbxref=GeneID:110523680;Name=nit2;gbkey=
NC_035077.1 Gnomon  mRNA    63351   77081   .   -   .   ID=rna1;Parent=gene1;Dbxref=GeneID:110523680,Genb
NC_035077.1 Gnomon  exon    76763   77081   .   -   .   ID=id6;Parent=rna1;Dbxref=GeneID:110523680,Genban
```

图 3 – 17　gff3 文件界面

① seqid：序列的 id（The name of the sequence where the feature is located）。

② source：注释的来源，一般指明产生此 gff3 文件的软件或方法（例如：Augustus 或 RepeatMasker）。如果未知，则用“点”（.）代替即可。

③ type：类型，此处不受约束，但为下游分析方便，建议使用 gene，repeat_ region，exon，CDS，或 SO 对应编号等。

④ start：起始位置，从 1 开始计数（区别于 bed 文件从 0 开始计数）。

⑤ end：终止位置。

⑥ score：得分，注释信息可能性说明，可以是序列相似性比对时的 E - values 值或者是基因预测的 P - values 值。“.”表示为空（indicates the confidence of the source on the annotated feature）。

⑦ strand：“+”表示正链，“-”表示负链，“.”表示不需要指定正负链，“?”表示未知。

⑧ phase：步进。仅对编码蛋白质的 CDS 有效，本列指定下一个密码子开始的位置。可以是 0、1 或 2，表示到达下一个密码子需要跳过碱基个数。

⑨ attributes：属性。一个包含众多属性的列表，格式为“标签 = 值”（tag = value），不同属性之间以分号相隔。提供这些基因的结构信息 MEME 分析结果文件：meme. xml，提供对应基因蛋白序列的 Motif 结构信息。

3.2.2　导入数据与设置

打开软件，点击上方 Others → BioSequence Structure Drawers → Amazing Optional Gene Viewer，进入数据导入界面（图 3 - 18A）。绘制三图合一，只需要输入三个文件即可，分别对应 nwk 文件、gff3（gtf）文件和 meme. xml 文件，其他输入数据空置不动即可（图 3 - 18B）。而在数据导入之后，进行基础设置，包括显示颜色渐变、进化树 bootstrap、图片大小等进行选择，之后点击开始即可。

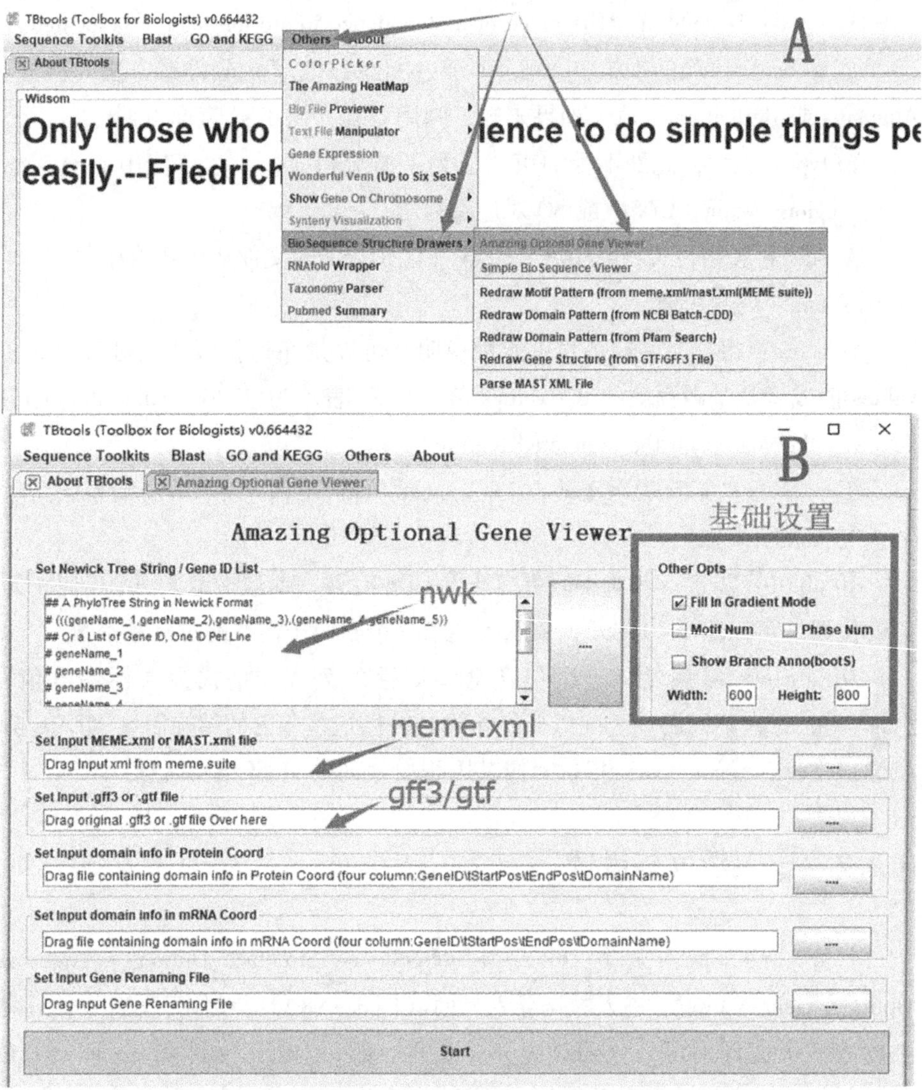

图 3－18　TBtools 中文件输入界面

3.2.3　细节调整与文件保存

执行上一步数据导入和设置之后，可以获得初始结果（图 3－19），图片中各部分的位置大小等需要相应的调整。

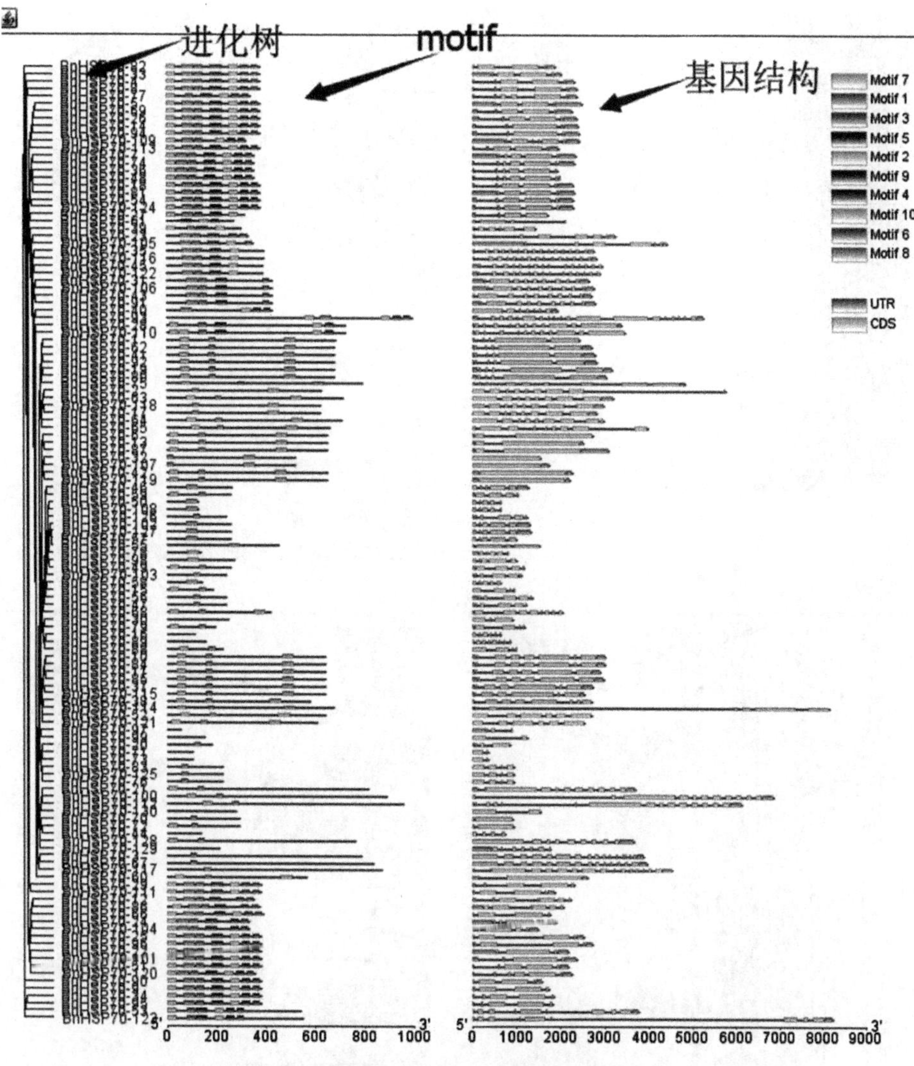

图 3－19　初始运行结果界面

3.2.4　空间位置大小调节

单击选中对应的部分，譬如基因结构区域，之后长按此区域，进行左右拖动，并拖拽选定框红色位置进行整体大小调整（图 3－20），其他区域的调整类似，调整之后可以获得如图 3－21 所示的结果。

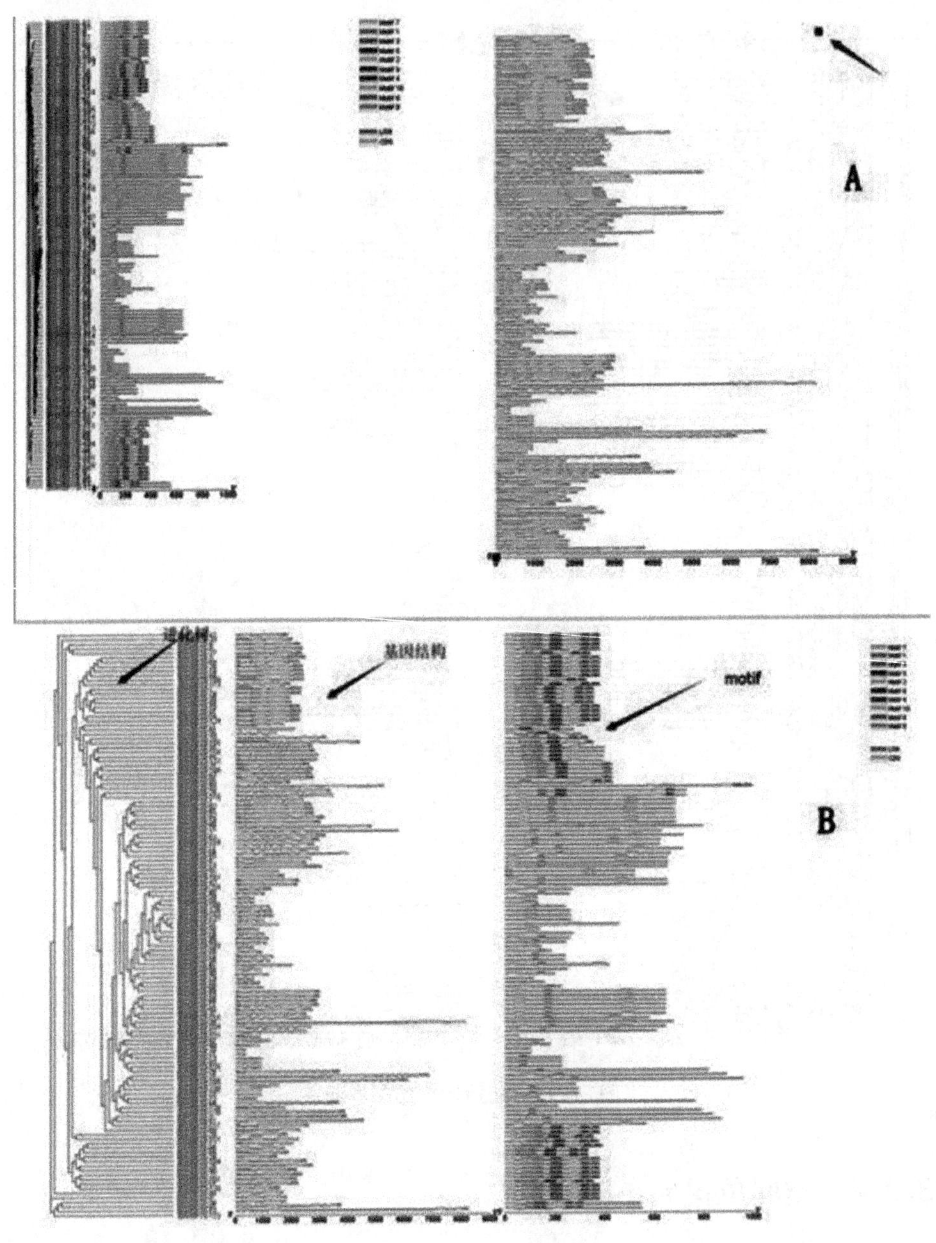

图 3－20　运行结果调整界面

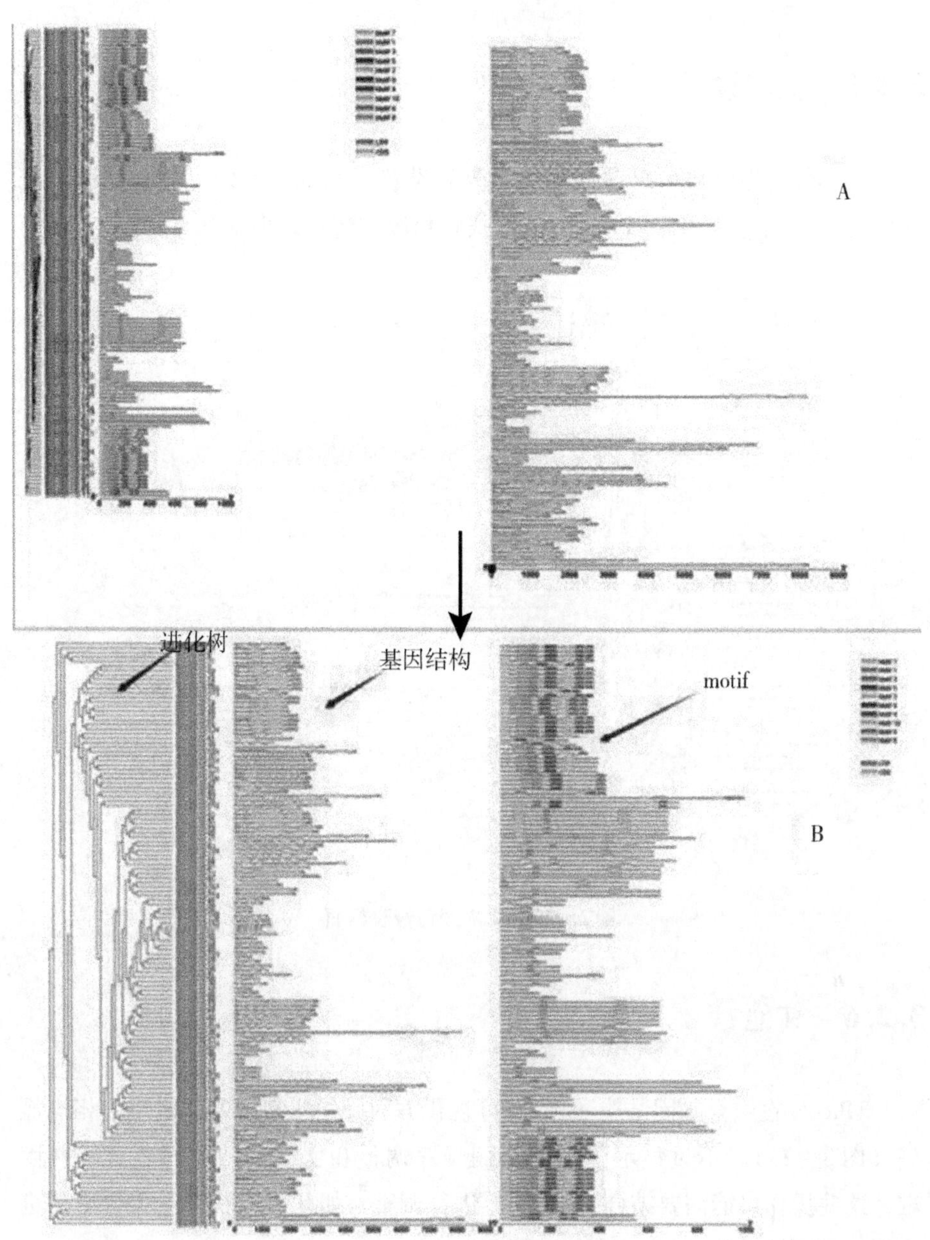

图 3-21　调整后的界面

3.2.5 文本设置

文本部分右击，可以进行颜色修改等设置（图 3－22A），譬如修改填充颜色与文字颜色（图 3－22B），但未找到相应的文字大小调整的设置。

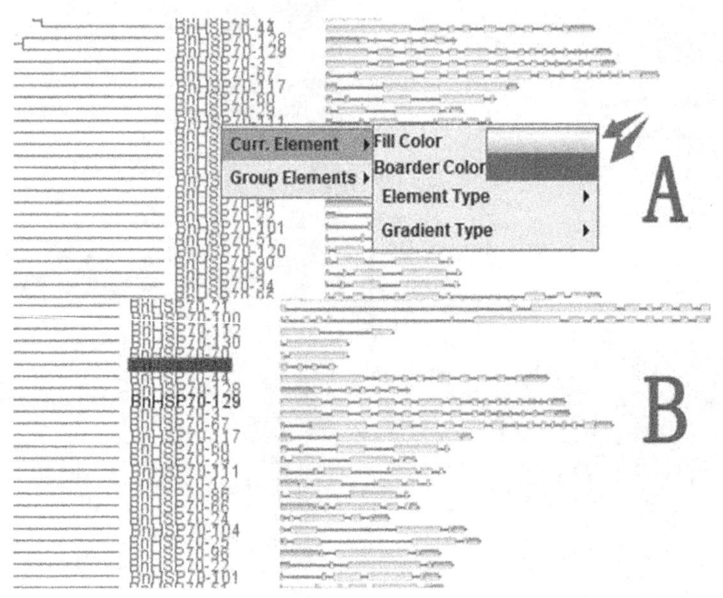

图 3－22　文本颜色修改界面

3.2.6 其他

TBtools 在结合基因结构和 Motif 可视化方面操作非常简单，图片也相当漂亮（图 3－23）。不过显示图片的图例顺序调整和文字调整方面还有一些困难，这些操作可能需要结合 PS 软件等进行调整。如此可以获得一张合适的进化树、基因结构与 Motif 结合的图片。

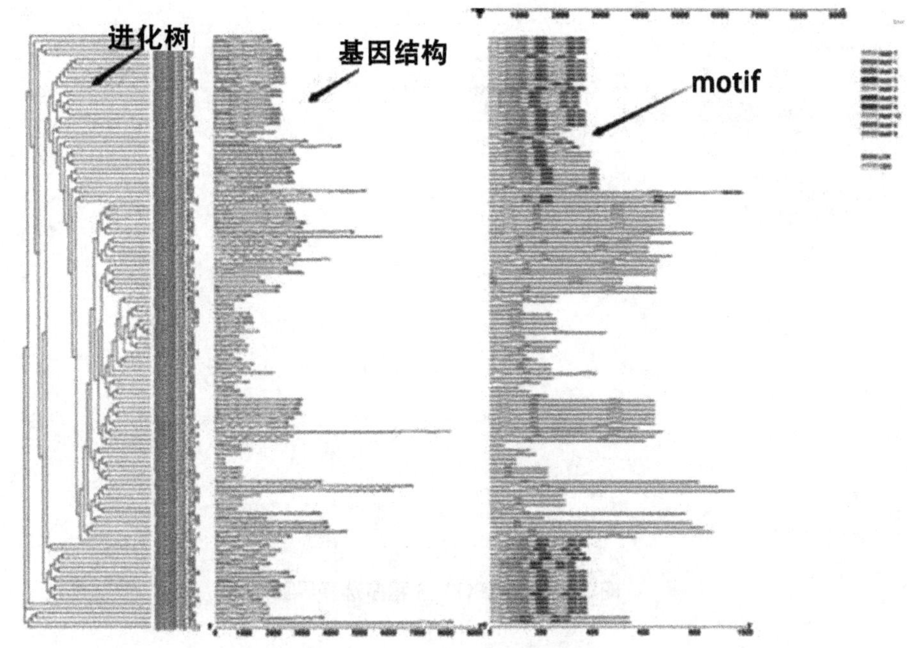

图3-23　颜色调整后的界面

3.2.6.1　MEGA 生成 nwk 文件

打开 MEGA 主程序→选择 Align→Edit/Build Alignment（图3-24）→在出现的对话框中选择 Creat a new alignment 与 OK（图3-25）→选择 DNA 或蛋白序列（图3-26）→将下载的靶序列（FASTA 格式）粘贴到出现的界面中（图3-27）→选择菜单 Alignment 下的 Align by ClustalW 运行程序（图3-28）→弹出的对话框中参数默认，选择 OK 运行程序（图3-29）→程序结束后，在 Data 菜单中选择 Export Alignment 子菜单下的 MEGA Format 格式（图3-30），在弹出的对话框中命名后保存→在 MEGA 主程序中选择 Phylogeny 菜单，再选择邻近法构建进化树（图3-31）→在弹出的对话框中选择保存 meg 格式文件（图3-32）→在对话框中选择填入合适的参数，然后点击 Compute 运行程序（图3-33）→程序结束后，在进化树界面的 File 菜单栏里选择 Export Current Tree（Newick）选项（图3-34）→在弹出的对话框里命名之后保存文件，即为 MEGA 生成 nwk 文件（图3-35）。

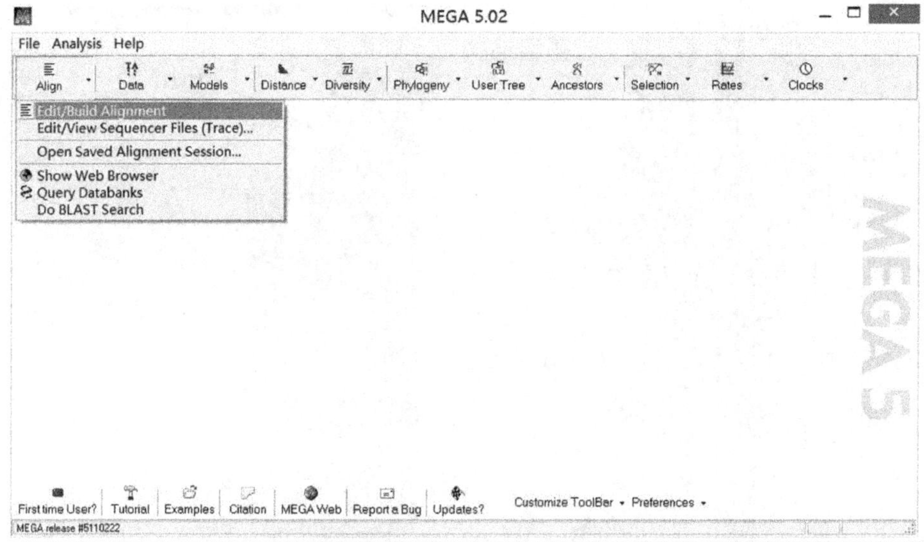

图 3 – 24　MEGA 主程序选择界面

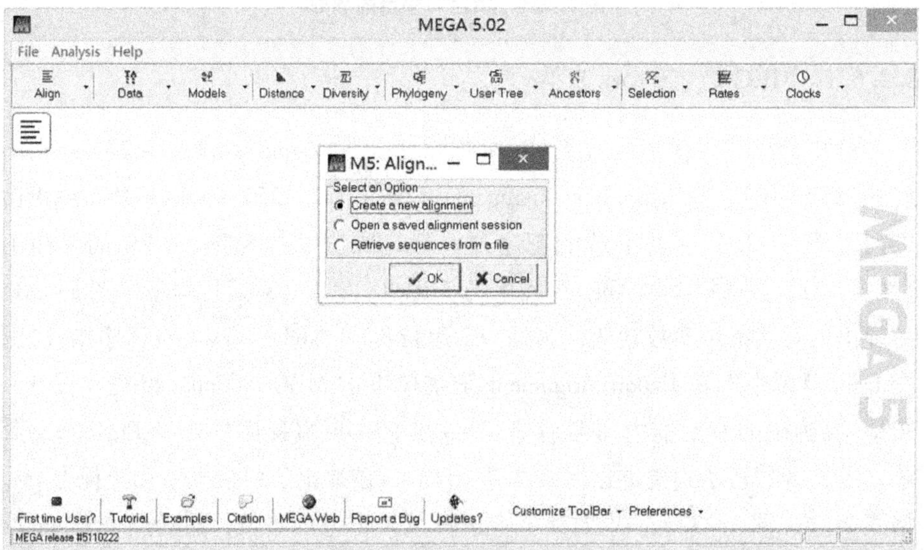

图 3 – 25　选择创建比对界面

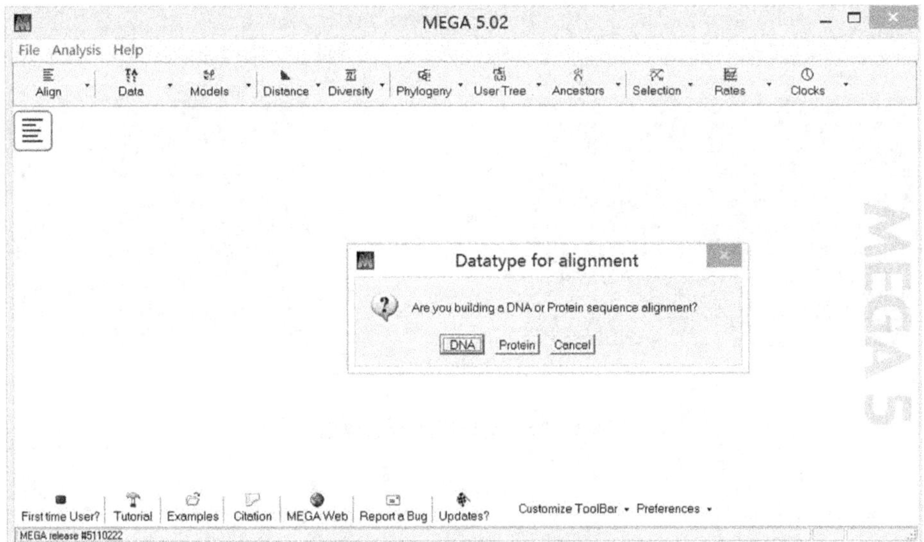

图 3-26　选择序列类型界面

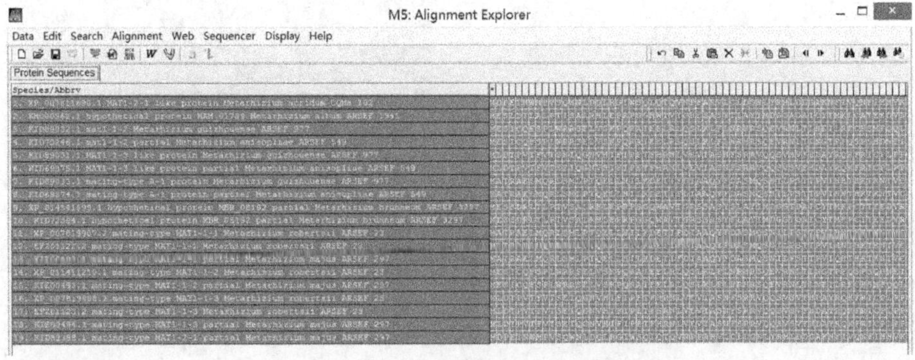

图 3-27　粘贴方式导入目的序列界面

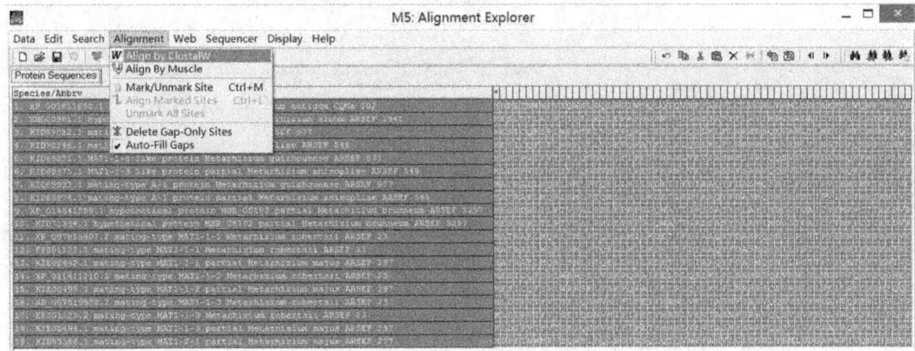

图 3-28　运行程序选择界面

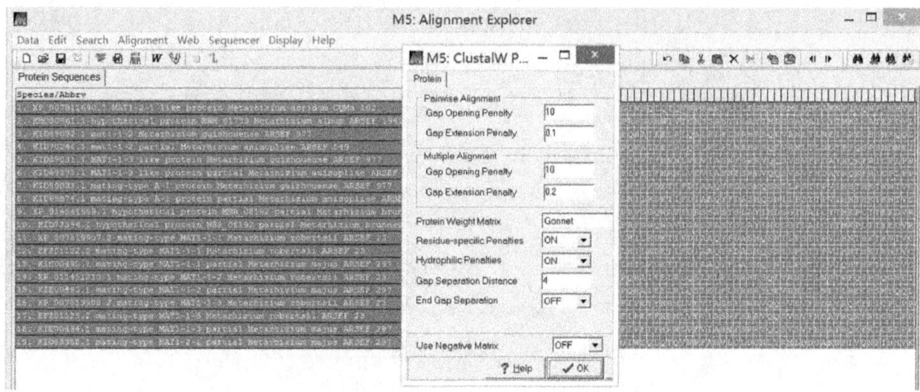

图 3-29 运行程序参数界面

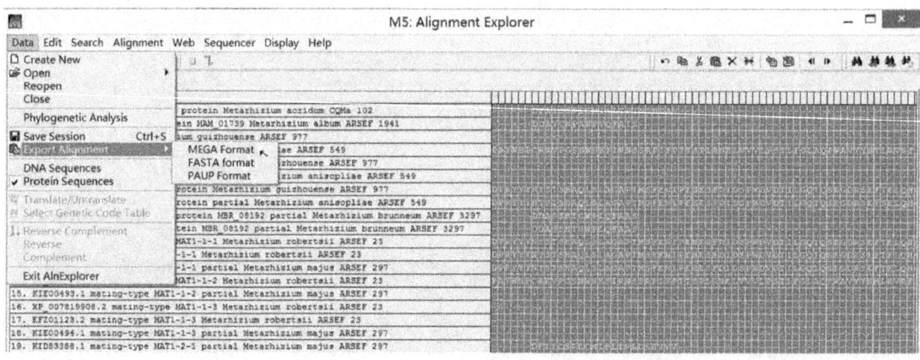

图 3-30 输出格式选择界面

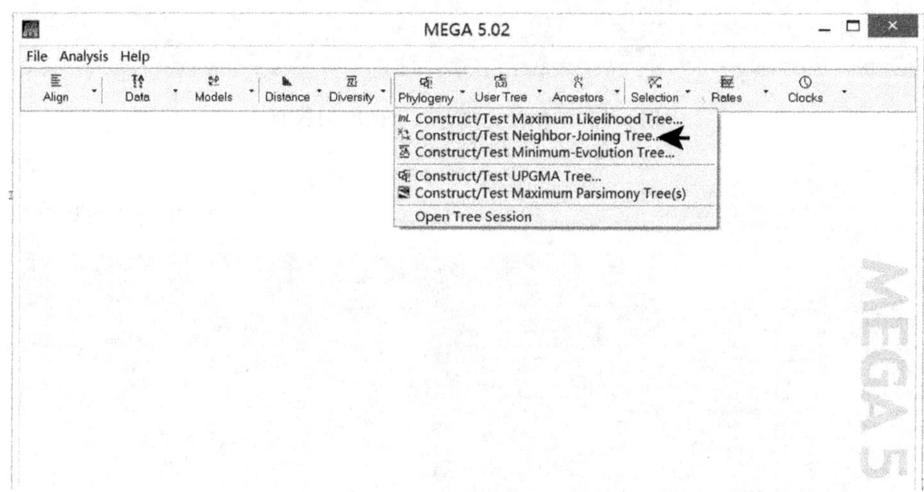

图 3-31 构建进化树方法选择界面

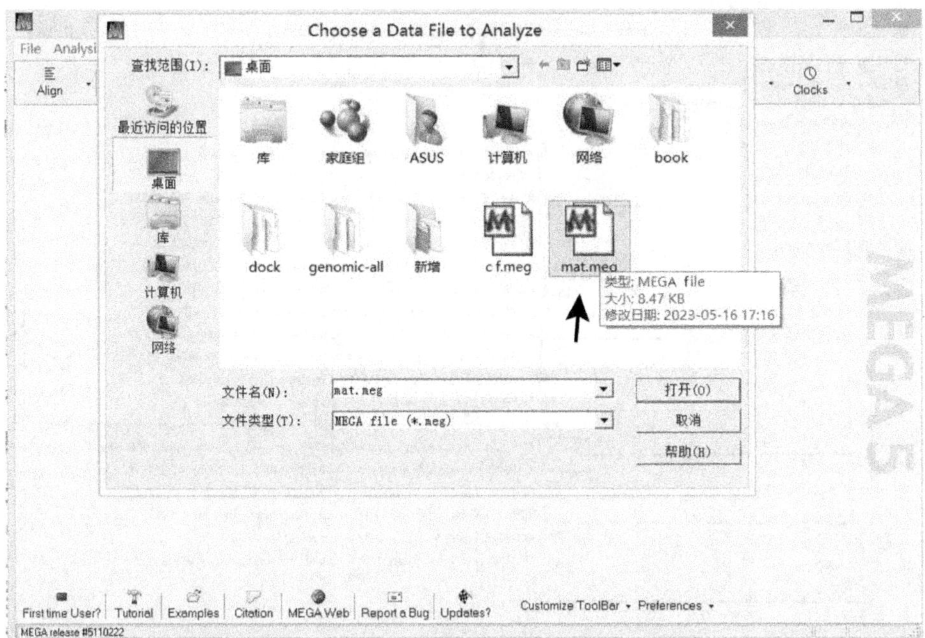

图 3－32　保存 MEGA 格式的文件界面

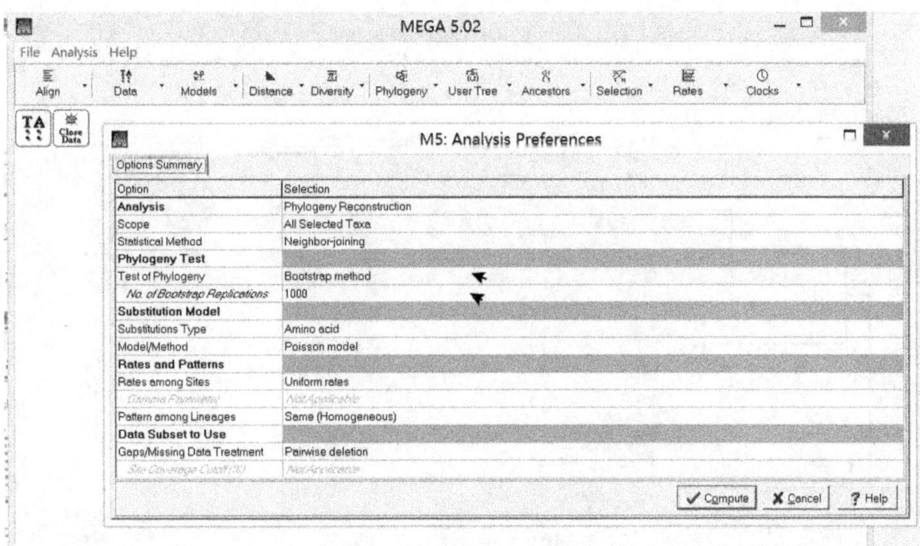

图 3－33　程序运行按钮界面

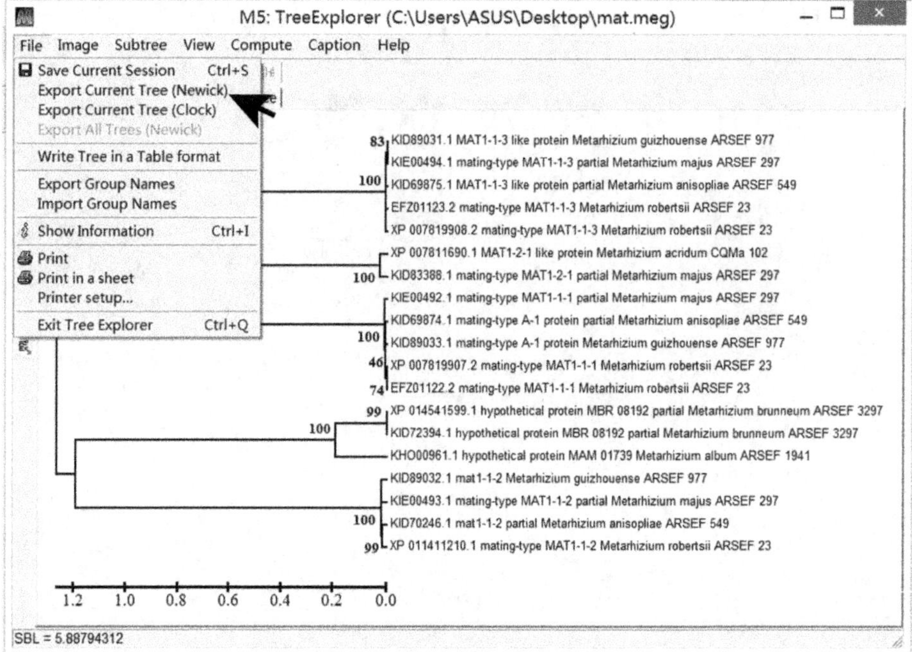

图 3－34　运行结果输出界面

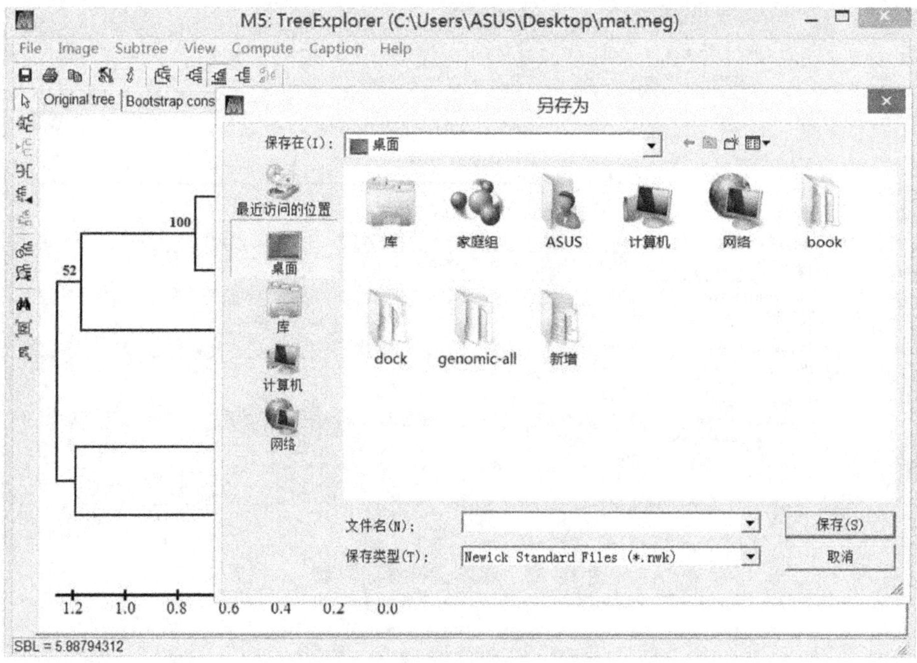

图 3－35　文件结果保存界面

3.2.6.2 相关基因的 gff 3 文件或者 gtf 文件［基因组注释文件（*GFF*, *GTF*）］下载

NCBI 基因组数据库

NCBI 里包含现在最全的参考基因组数据，可以进入 FTP 站点查看（图 3－36），地址：ftp：//ftp. ncbi. nlm. nih. gov/genomes/。

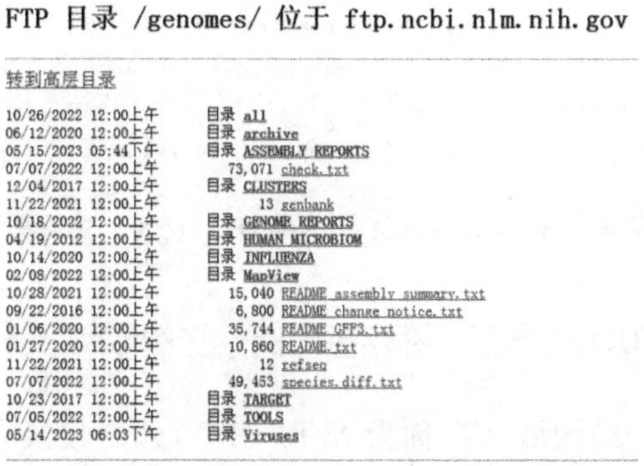

FTP 目录 /genomes/ 位于 ftp.ncbi.nlm.nih.gov

转到高层目录

```
10/26/2022 12:00上午    目录 all
06/12/2020 12:00上午    目录 archive
05/15/2023 05:44下午    目录 ASSEMBLY REPORTS
07/07/2022 12:00上午      73,071 check.txt
12/04/2017 12:00上午    目录 CLUSTERS
11/22/2021 12:00上午          13 genbank
10/18/2022 12:00上午    目录 GENOME REPORTS
04/19/2012 12:00上午    目录 HUMAN MICROBIOM
10/14/2020 12:00上午    目录 INFLUENZA
02/08/2022 12:00上午    目录 MapView
10/28/2021 12:00上午      15,040 README assembly summary.txt
09/22/2016 12:00上午       6,800 README change notice.txt
01/06/2020 12:00上午      35,744 README GFF3.txt
01/27/2020 12:00上午      10,860 README.txt
11/22/2021 12:00上午          12 refseq
07/07/2022 12:00上午      49,453 species.diff.txt
10/23/2017 12:00上午    目录 TARGET
07/05/2022 12:00上午    目录 TOOLS
05/14/2023 06:03下午    目录 Viruses
```

图 3－36　NCBI 中的 gtf 文件索引界面

Ensembl 地址：ftp：//ftp. ensembl. org/pub/current_ gtf。

UCSC 地址：http：//genome. ucsc. edu/cgi－bin/hgTables。

下载：设置参数如图 3－37 所示，然后点击 get output 下载 gtf 文件。

Table Browser

Use this program to retrieve the data associated with a track in text format, to calculate intersections between tracks, an
this form, and the User's Guide for general information and sample queries. For more complex queries, you may want tc
GREAT. Send data to GenomeSpace for use with diverse computational tools. Refer to the Credits page for the list of cc
Downloads page.

clade: Mammal　genome: Human　assembly: Dec. 2013 (GRCh38/hg38)
group: Genes and Gene Predictions　track: GENCODE v29　add custom tracks　track hubs
table: knownGene　describe table schema
region: genome　position chr1 11102837-11267747　lookup　define regions
identifiers (names/accessions): paste list　upload list
filter: create
intersection: create
correlation: create
output format: GTF - gene transfer format (limited)　Send output to Galaxy GREAT GenomeSpace
output file: human_hg38　(leave blank to keep output in browser)
file type returned: plain text　gzip compressed

get output　summary/statistics

To reset **all** user cart settings (including custom tracks), click here

图 3－37　gtf 文件下载界面

在 GeneCode（图 3－38）网站中也可下载相关文件地址：https：//www. gencodegenes. org/human/release_ 29. html。

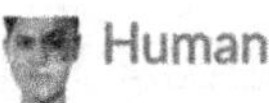
Human

Release 29 (GRCh38.p12)

- More information about this assembly (including patches, scaffolds and haplotypes)
- Go to GRCh37 version of this release

GTF / GFF3 files

Content	Regions	Description	Download
Comprehensive gene annotation	CHR	• It contains the comprehensive gene annotation on the reference chromosomes only • This is the **main annotation file** for most users	GTF GFF3
Comprehensive gene annotation	ALL	• It contains the comprehensive gene annotation on the reference chromosomes, scaffolds, assembly patches and alternate loci (haplotypes) • This is a **superset** of the main annotation file	GTF GFF3

图 3 –38　GeneCode 网站中 gff3（gtf）文件界面

3. 2. 6. 3　NCBI CDD 数据库，鉴定基因保守结构域

NCBI 基因保守结构域（简称为 NCBI CDD），是收录大量 NCBI 官方校正过的结构域模型，同时也提供一部分结构域的 3D 结构和功能说明。一般地，做基因家族或者做基因结构域鉴定会用到。首先从下面的网站中下载序列（http：//planttfdb. cbi. pku. edu. cn/download_ seq. php？ sp = Ath&fam = ARF），将要分析的靶序列直接提交到 NCBI 的 Batch Web CD – Search Tool 网站中（https：//www. ncbi. nlm. nih. gov/Structure/bwrpsb/bwrpsb. cgi）（图 3 – 39）。然后，下载结果文件（图 3 –40）。

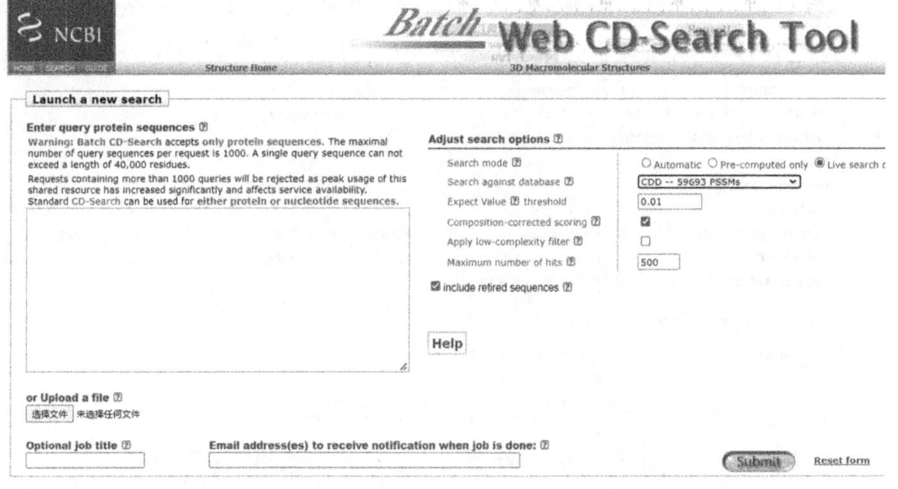

图 3 –39　Batch Web CD – Search Tool 网站搜索界面

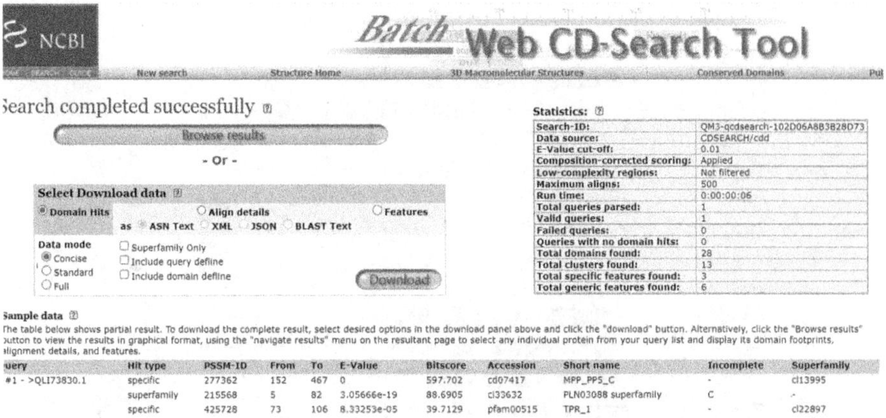

NCBI　Batch Web CD-Search Tool

New search　Structure Home　3D Macromolecular Structures　Conserved Domains

Search completed successfully

Browse results

- Or -

Select Download data

Domain Hits　Align details　Features

as ASN Text　XML　JSON　BLAST Text

Data mode: Concise　Standard　Full

Superfamily Only　Include query defline　Include domain defline

Download

Statistics:

Search-ID:	QM3-qcdsearch-102D06A8B3B28D73
Data source:	CDSEARCH/cdd
E-Value cut-off:	0.01
Composition-corrected scoring:	Applied
Low-complexity regions:	Not filtered
Maximum aligns:	500
Run time:	0:00:00:06
Total queries parsed:	1
Valid queries:	1
Failed queries:	0
Queries with no domain hits:	0
Total domains found:	28
Total clusters found:	13
Total specific features found:	3
Total generic features found:	6

Sample data

The table below shows partial result. To download the complete result, select desired options in the download panel above and click the "download" button. Alternatively, click the "Browse results" button to view the results in graphical format, using the "navigate results" menu on the resultant page to select any individual protein from your query list and display its domain footprints, alignment details, and features.

Query	Hit type	PSSM-ID	From	To	E-Value	Bitscore	Accession	Short name	Incomplete	Superfamily
#1 - >QLI73830.1	specific	277362	152	467	0	597.702	cd07417	MPP_PP5_C	-	cl13995
	superfamily	215568	5	82	3.05666e-19	88.6905	cl33632	PLN03088 superfamily	C	-
	specific	425728	73	106	8.33253e-05	39.7129	pfam00515	TPR_1	-	cl22897

图 3-40　结果下载界面

使用 TBtools 可视化 Batch-CDD 结果，打开 TBtools，在 Graphics→Biosequence Structure Illustrator→Visualize Domain Pattern（from NCBI Batch-CDD），随后点击“Start”（图 3-41），得到结果如图 3-42 所示。

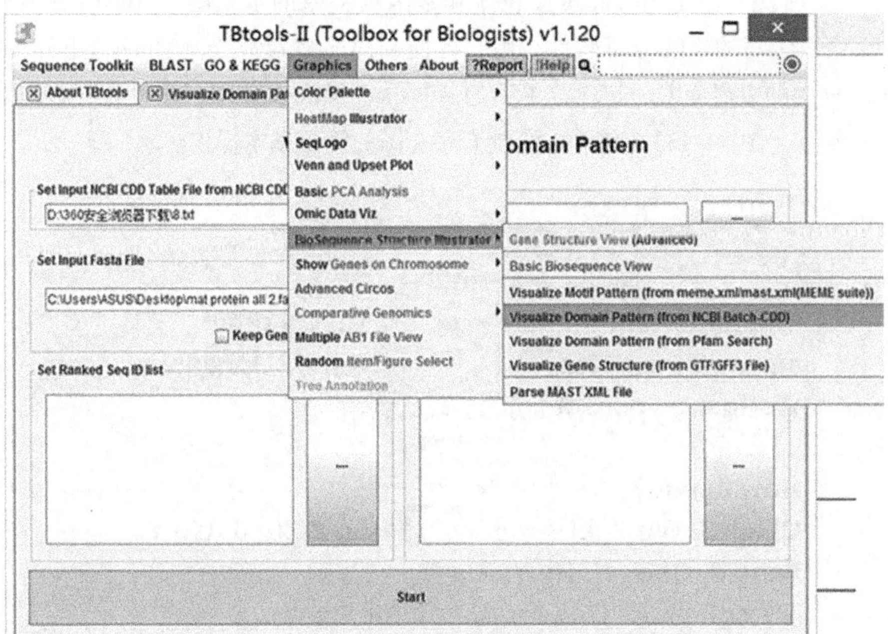

图 3-41　TBtools 可视化 Batch-CDD 界面

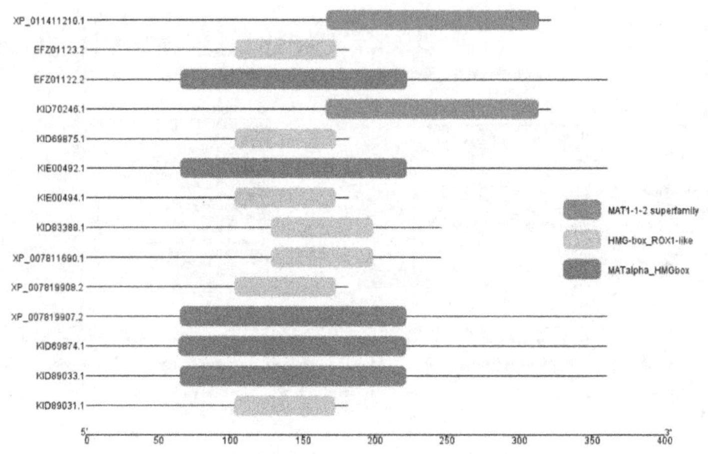

图 3-42 可视化 Batch-CDD 结果界面

3.2.6.4 TBtools 软件绘制 Circos 圈图

Circos 图一般是用来展示染色体和基因组关系的示意图。TBtools 是基于 Java 语言编写的生物分析软件，用它可便利而又多彩地绘制 Circos 图。点击 TBtools 中的主界面 Graphics 菜单下的 Advanced Circos 菜单，即可打开该工具的主界面（图 3-43）。该软件绘制 Circos 图的简要基本操作步骤如下。

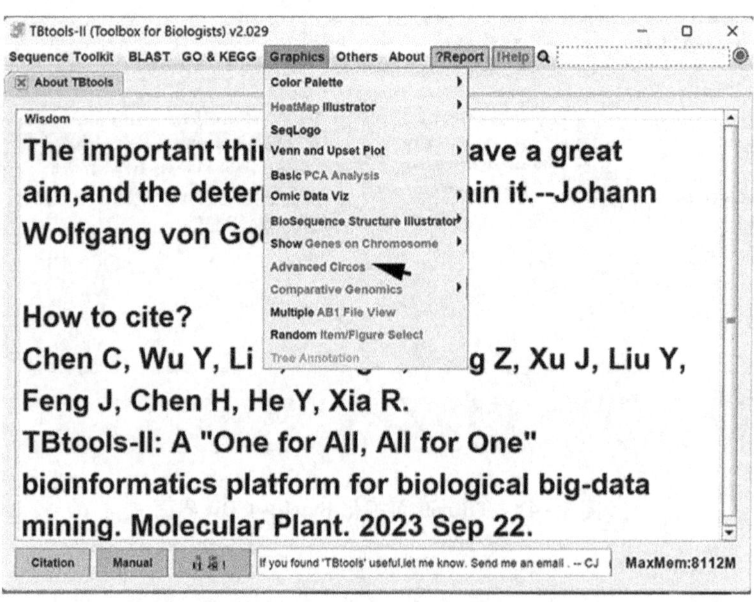

图 3-43 TBtools 的绘制 Circos 工具主界面

①染色体骨架的数据文件的准备，它是 Circos 图的主干，是必需的输入数据。默认输入数据由两个必填列，一个是染色体 ID，另一个是染色体长度信息。比如染色体长度文件，其格式为文本文件，用制表符分隔（图 3－44）。

②可选文件数据准备，例如将基因展示在染色体的圈图上，格式如框选部分，第一列为染色体名称，第二列为基因名称，第三列为基因在染色体上的起始位置，第四列为基因在染色体上的终止位置，第五列为颜色值 R、G、B 是可选项，用来标记基因的颜色（图 3－45）。

Chr1	30427671
Chr2	19698289
Chr3	23459830
Chr4	18585056
Chr5	26975502

图 3－44　染色体骨架数据格式

A	B	C	D	E
Chr2	AT2G2835(	12114331	12116848	
Chr2	AT2G4653(	19104665	19108331	
Chr1	AT1G3431(	12508548	12511520	0, 0, 255
Chr1	AT1G3417(	12443547	12446764	0, 0, 255
Chr1	AT1G3554(	13108634	13111700	0, 0, 255
Chr1	AT1G3552(	13082819	13085830	0, 0, 255
Chr4	AT4G3008(	14703201	14706336	
Chr1	ARF1	29272313	29275419	
Chr3	ARF2	22887889	22891435	
Chr1	AT1G1922(	6628068	6633087	

图 3－45　基因文件格式设置界面

③可选的关联关系文件数据准备，例如展示一些区域之间的关联关系，如共线性基因或者大片段区域。数据格式要求是：第一列为关联基因 1 所在染色体，第二列为基因 1 起始位置，第三列为基因 1 终止位置，第四列为关联基因 2 所在染色体，第五列为基因 2 起始位置，第六列为基因 2 终止位置。第七列（可选项）为 R、G、B 颜色参数。如果第一列内的行为#号，则会忽略该行，点击“Add”就可以增加“Track”，Track 可随意增加任何数目。点击一次，出现一个 Track 的配置信息（图 3－46）。

1	Chr1	5951542	8955037	Chr3	4672919	6676162	
2	Chr3	18398538	20400346	Chr4	1630876	1932683	255, 0, 45
3	Chr4	8398538	12400346	Chr2	6632683	1230876	
4	#						
5	Chr1	5896416	5898717	Chr1	27217477	27221123	
6	Chr1	5922630	5926400	Chr1	27233485	27236788	
7	Chr1	5928014	5928667	Chr1	27239273	27239947	
8	Chr1	5941785	5944463	Chr1	27261194	27263669	
9	Chr1	5955488	5957212	Chr1	27274065	27276317	
10	Chr1	5960481	5962481	Chr1	27288900	27291042	
11	Chr1	5977411	5981480	Chr1	27308515	27312754	
12	Chr1	5982267	5984013	Chr1	27341079	27342455	
13	Chr1	5997180	5998475	Chr1	27344270	27345576	
14	Chr1	5998814	6002716	Chr1	27349467	27353742	
15	Chr1	6002912	6006405	Chr1	27353791	27356670	

图 3－46　关联数据格式设置界面

④一个 Track 要对应一个文件（一个文件可以用多次不同的 Track）。Track 的类型有 4 种：Line 线条图，Bar 柱形图，Heatmap 热图，Tile 矩形图（在极坐标系下就变成 Ring），主要是做注释。前三种 Track 的输入数据很简单，只要该区域带上一个值（图 3－47、图 3－48 中 B、C、D 列）即可。

	A	B	C	D
1	Chr1	3631	5899	0.4221
2	Chr1	5928	8737	23.42
3	Chr1	11649	13714	2.341
4	Chr1	23146	31227	32.34
5	Chr1	28500	28706	111.12
6	Chr1	31170	33153	2.34
7	Chr1	33379	37871	1

图 3－47　Track 的类型界面

	A	B	C	D
1	Chr1	3631	5899	0.4221
2	Chr1	5928	8737	23.42
3	Chr1	11649	13714	2.341
4	Chr1	23146	31227	32.34
5	Chr1	28500	28706	111.12
6	Chr1	31170	33153	2.34
7	Chr1	33379	37871	1

图 3－48　Track 的类型字符串展示

⑤Tile 文件数据的最后一列不是值，而是一个 RGB 字符串（图 3－49 D 列）。

	A	B	C	D
1	Chr1	5951542	8955037	255,0,0
2	Chr3	18398538	20400346	0,255,0
3	Chr1	5951542	8955037	255,0,0

图 3－49　RGB 字符串界面

⑥将上述文件配置好之后，导入 Advanced Circos 界面对应的框中，点击“Show My Circus Plot”按钮即可弹出对话框，在对话框中点击“Show Control Dialog”按钮，即弹出设置 Track 类型的对话框。

⑦设置 Track 对话框主要是针对 Tile 以外的 Track，设置无重叠滑窗之后汇总信息的模式，比如 Sum，就是将一个区域的所有值加和，Mean 就是取平均。

⑧设置滑窗的宽度，一般是 10 000，其他 4 个按钮，点击就是设置一些颜色，注意在 One Color、Two Color、Three Color 对话框中，One Color 对除 Tile 外的所有 Track 的颜色生效，另外两个颜色对话框只对热图有效。

具体示例的详细操作过程如下：

①打开 TBtools。

②准备一个染色体长度文件，这是一个骨架。这里假设只有拟南芥的基因组序列，可使用 TBtools 的 Fasta Stater 工具编辑（图 3－50）。

通过对话框导入基因组序列文件，然后设置输出文件，点击“star”（图 3－51），完成后，用 Excel 打开目标文件，整理后得到对应的每条染色体长度信息（图 3－52）。

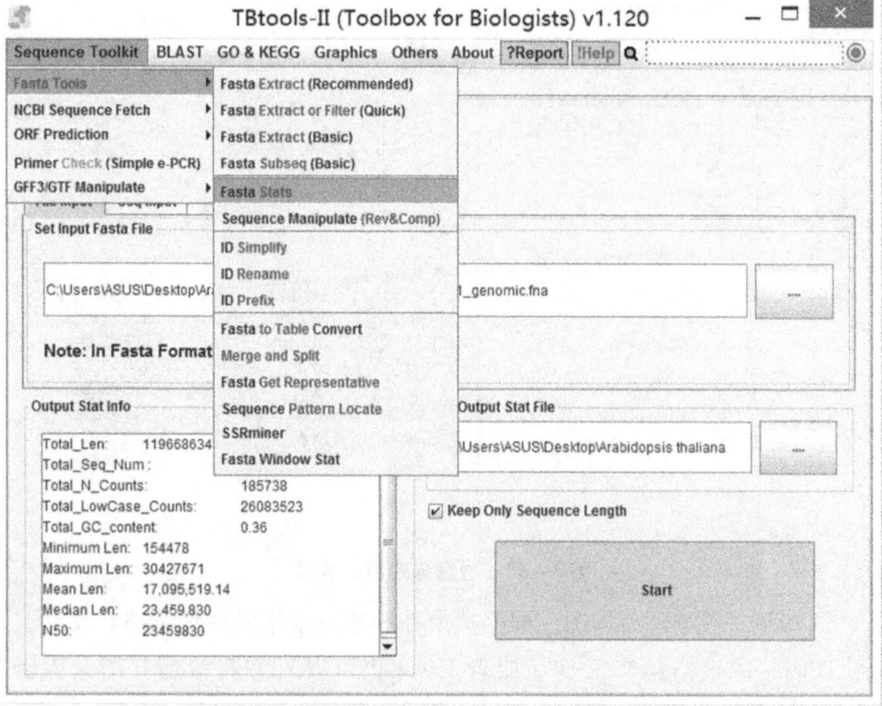

图 3－50　Fasta Stater 工具选择界面

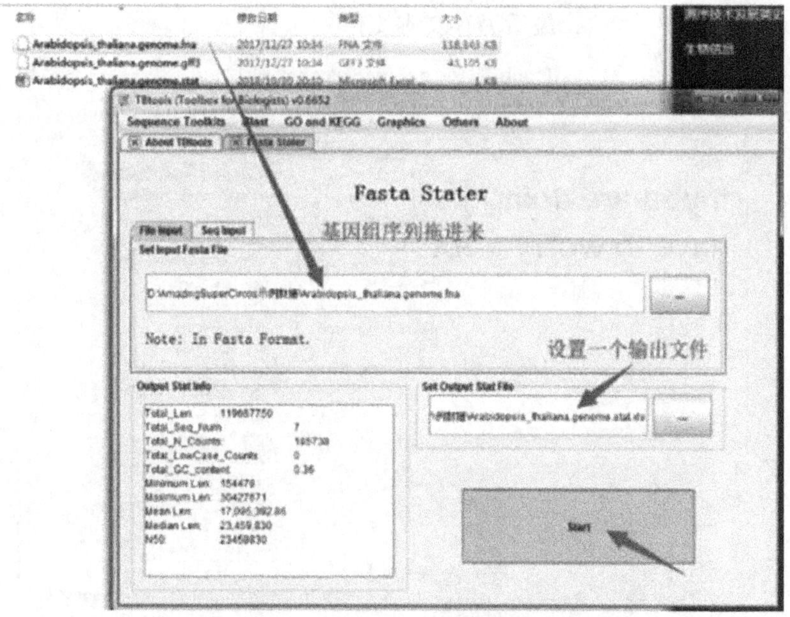

图 3－51　Fasta Stater 数据输入界面

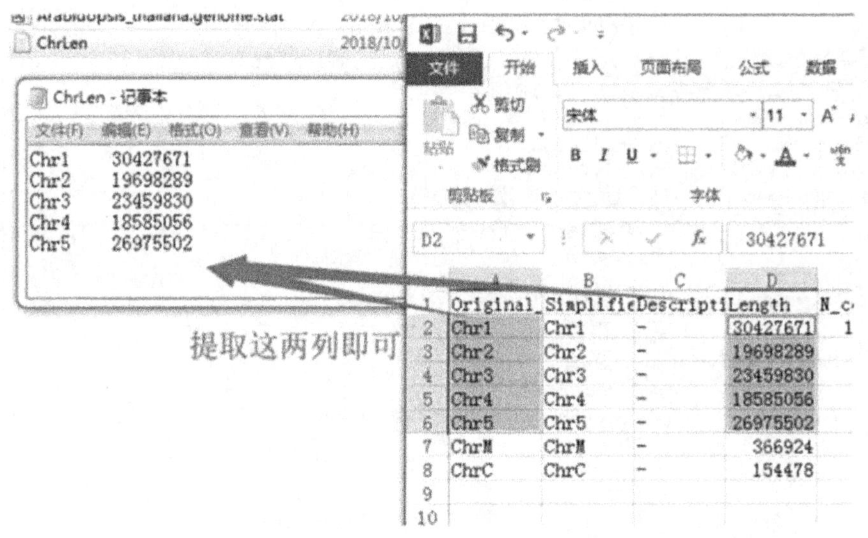

图 3－52　数据整理后的界面

③Track 文件整理与作图。根据拟南芥的基因注释结果（. gff3）文件，可以用 TBtools 的表格操作工具（或者 Excel 也可以）查看拟南芥的基因密度（图 3－53），并整理对应的数据。也可使用 Excel 打开输出文件，再进一步整理数据，只保留四列（图 3－54～图 3－56），然后增加一列，全部标记为 1（图 3－57，图 3－58），最后另存文本文件。

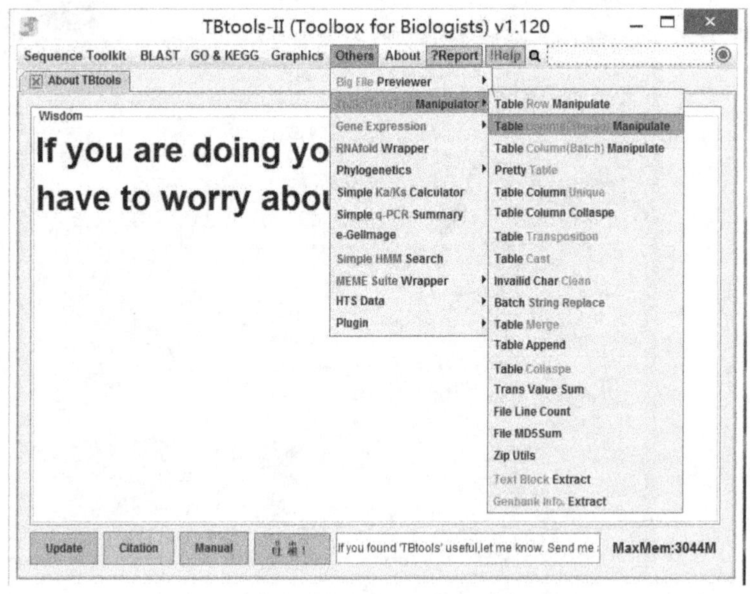

图 3－53　输入整理后的数据界面

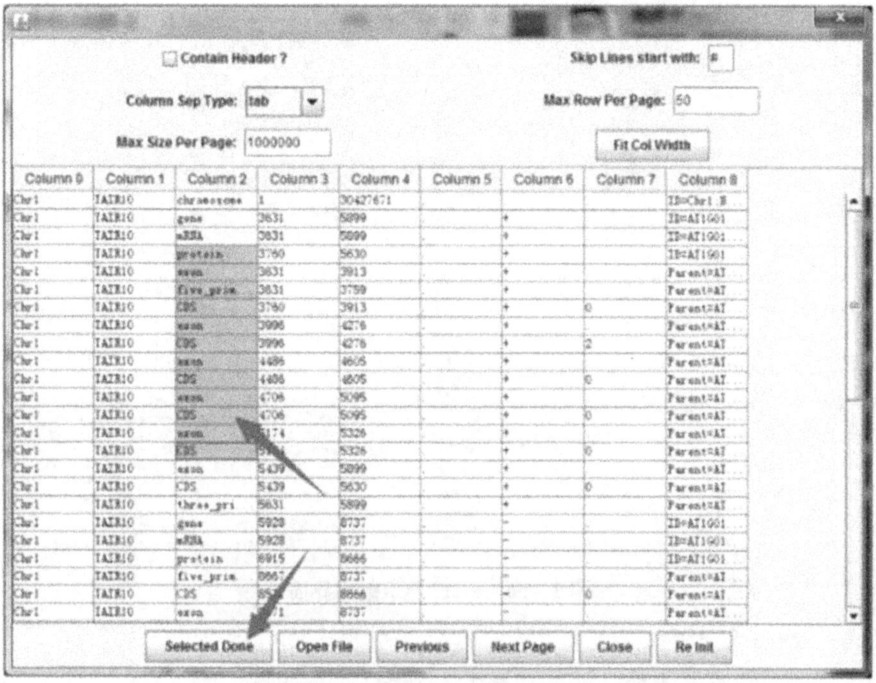

图 3－54　整理后的数据结果界面

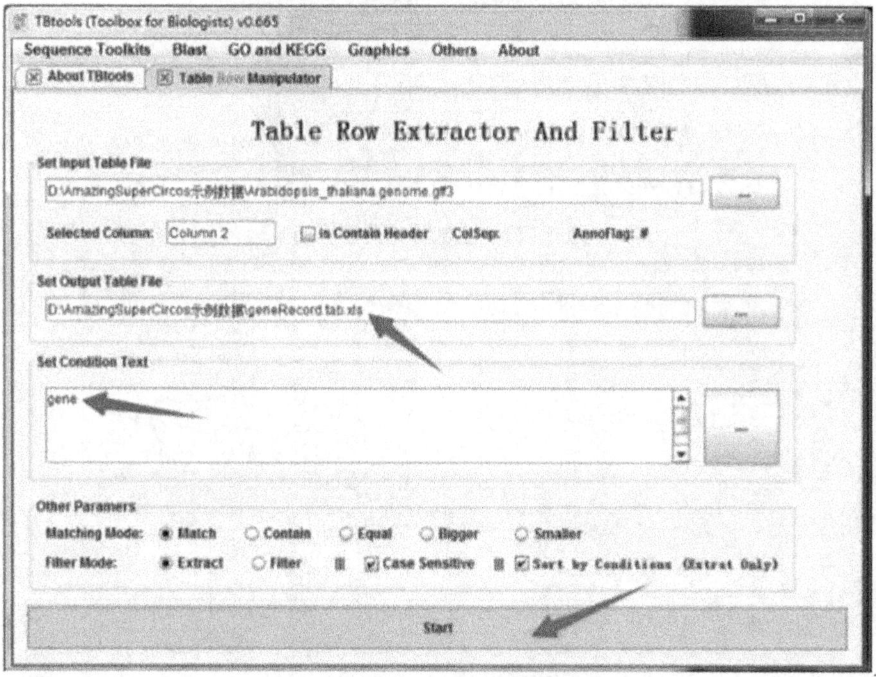

图 3－55　输入数据操作界面

	A	B	C	D	E	F	G	H	I
1	Chr1	TAIR10	gene	3631	5899	.	+	.	ID=AT1G01010,Note=protein_coding_gene,Name=AT1G01010
2	Chr1	TAIR10	gene	5928	8737	.	-	.	ID=AT1G01020,Note=protein_coding_gene,Name=AT1G01020
3	Chr1	TAIR10	gene	11649	13714	.	-	.	ID=AT1G01030,Note=protein_coding_gene,Name=AT1G01030
4	Chr1	TAIR10	gene	23146	31227	.	+	.	ID=AT1G01040,Note=protein_coding_gene,Name=AT1G01040
5	Chr1	TAIR10	gene	28500	28706	.	+	.	ID=AT1G01046,Note=miRNA,Name=AT1G01046
6	Chr1	TAIR10	gene	31170	33153	.	-	.	ID=AT1G01050,Note=protein_coding_gene,Name=AT1G01050
7	Chr1	TAIR10	gene	33379	37871	.	-	.	ID=AT1G01060,Note=protein_coding_gene,Name=AT1G01060
8	Chr1	TAIR10	gene	38752	40944	.	-	.	ID=AT1G01070,Note=protein_coding_gene,Name=AT1G01070
9	Chr1	TAIR10	gene	44677	44787	.	+	.	ID=AT1G01073,Note=protein_coding_gene,Name=AT1G01073
10	Chr1	TAIR10	gene	45296	47019	.	-	.	ID=AT1G01080,Note=protein_coding_gene,Name=AT1G01080
11	Chr1	TAIR10	gene	47485	49286	.	-	.	ID=AT1G01090,Note=protein_coding_gene,Name=AT1G01090
12	Chr1	TAIR10	gene	50075	51199	.	-	.	ID=AT1G01100,Note=protein_coding_gene,Name=AT1G01100
13	Chr1	TAIR10	gene	52239	54692	.	+	.	ID=AT1G01110,Note=protein_coding_gene,Name=AT1G01110
14	Chr1	TAIR10	gene	56624	56740	.	+	.	ID=AT1G01115,Note=protein_coding_gene,Name=AT1G01115
15	Chr1	TAIR10	gene	57269	59167	.	-	.	ID=AT1G01120,Note=protein_coding_gene,Name=AT1G01120
16	Chr1	TAIR10	gene	61905	63811	.	-	.	ID=AT1G01130,Note=protein_coding_gene,Name=AT1G01130
17	Chr1	TAIR10	gene	64166	67625	.	-	.	ID=AT1G01140,Note=protein_coding_gene,Name=AT1G01140
18	Chr1	TAIR10	gene	70115	72138	.	-	.	ID=AT1G01150,Note=protein_coding_gene,Name=AT1G01150
19	Chr1	TAIR10	gene	72339	74096	.	+	.	ID=AT1G01160,Note=protein_coding_gene,Name=AT1G01160
20	Chr1	TAIR10	gene	73931	74737	.	-	.	ID=AT1G01170,Note=protein_coding_gene,Name=AT1G01170
21	Chr1	TAIR10	gene	75583	76758	.	+	.	ID=AT1G01180,Note=protein_coding_gene,Name=AT1G01180
22	Chr1	TAIR10	gene	78932	79032	.	-	.	ID=AT1G01183,Note=miRNA,Name=AT1G01183
23	Chr1	TAIR10	gene	83045	84864	.	-	.	ID=AT1G01190,Note=protein_coding_gene,Name=AT1G01190
24	Chr1	TAIR10	gene	86515	88213	.	-	.	ID=AT1G01200,Note=protein_coding_gene,Name=AT1G01200
25	Chr1	TAIR10	gene	88898	89745	.	+	.	ID=AT1G01210,Note=protein_coding_gene,Name=AT1G01210
26	Chr1	TAIR10	gene	91376	95651	.	+	.	ID=AT1G01220,Note=protein_coding_gene,Name=AT1G01220
27	Chr1	TAIR10	gene	95987	97407	.	+	.	ID=AT1G01225,Note=protein_coding_gene,Name=AT1G01225
28	Chr1	TAIR10	gene	97456	99240	.	+	.	ID=AT1G01230,Note=protein_coding_gene,Name=AT1G01230
29	Chr1	TAIR10	gene	99894	101834	.	+	.	ID=AT1G01240,Note=protein_coding_gene,Name=AT1G01240
30	Chr1	TAIR10	gene	104491	105330	.	-	.	ID=AT1G01250,Note=protein_coding_gene,Name=AT1G01250
31	Chr1	TAIR10	gene	108946	111609	.	+	.	ID=AT1G01260,Note=protein_coding_gene,Name=AT1G01260
32	Chr1	TAIR10	gene	111890	111961	.	-	.	ID=AT1G01270,Note=tRNA,Name=AT1G01270
33	Chr1	TAIR10	gene	112263	113947	.	+	.	ID=AT1G01280,Note=protein_coding_gene,Name=AT1G01280

图 3－56　excel 展示数据界面

	A	B	C	D	E
1	Chr1	3631	5899	1	+
2	Chr1	5928	8737	1	-
3	Chr1	11649	13714	1	-
4	Chr1	23146	31227	1	+
5	Chr1	28500	28706	1	+
6	Chr1	31170	33153	1	-
7	Chr1	33379	37871	1	-
8	Chr1	38752	40944	1	-
9	Chr1	44677	44787	1	+
10	Chr1	45296	47019	1	-
11	Chr1	47485	49286	1	-

图 3－57　全部标记为 1 界面

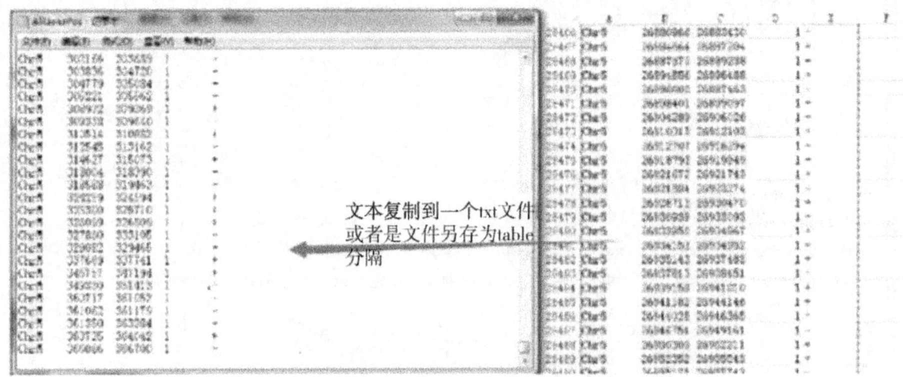
文本复制到一个txt文件
或者是文件另存为table
分隔

图 3－58　数据格式变换界面

打开 TBtools 的 Super Circos 菜单（图 3 – 59），设置输入文件（图 3 – 60）。点击“Show My Circus Plot”按钮后，显示出不是想要的图形，例如，图 3 – 57 界面的数据最终的结果如图 3 – 61 所示，因为这里平均数（Mean）没有意义，修改相应的参数（图 3 – 62）后，便呈现出了具有基因密度的图（图 3 – 63）。

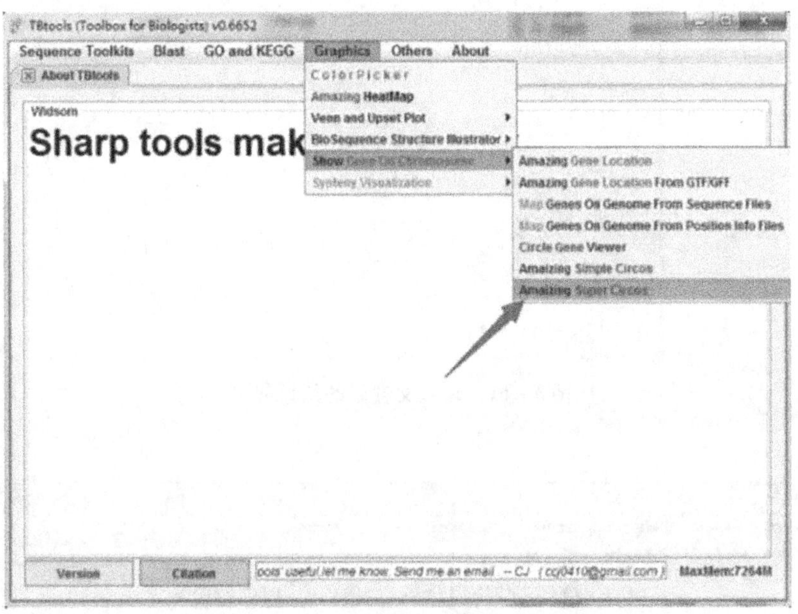

图 3 – 59　打开 Super Circos 程序界面

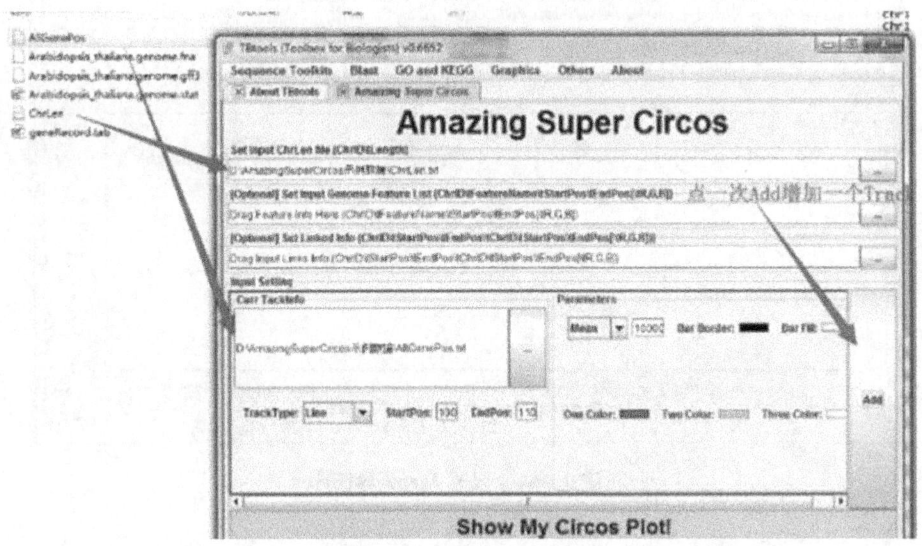

图 3 – 60　设置输入文件界面

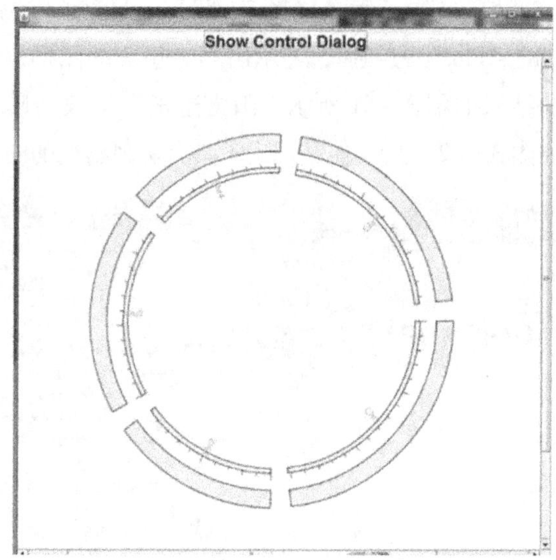

图 3－61 输入文件后的结果界面

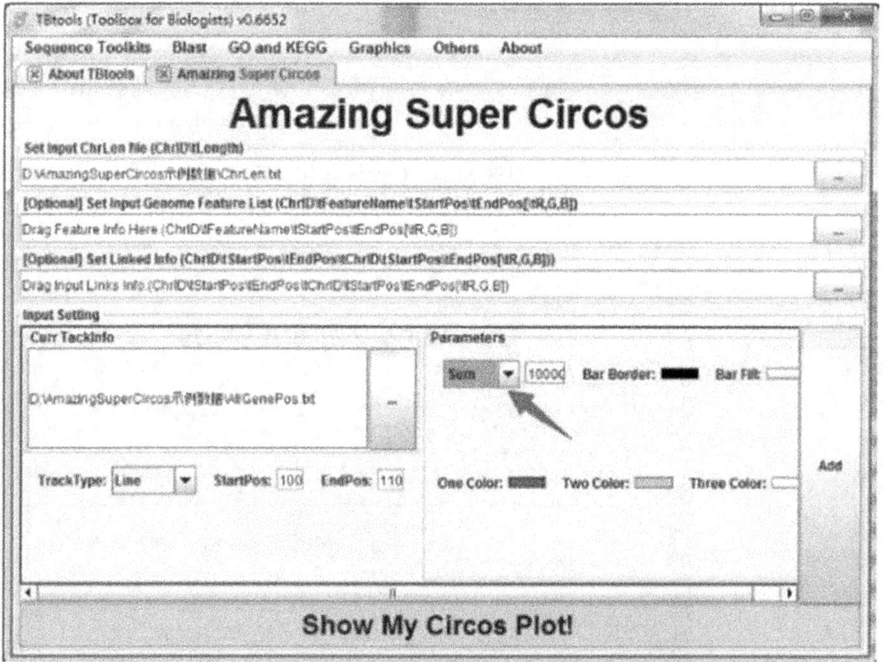

图 3－62 修改 Mean 界面

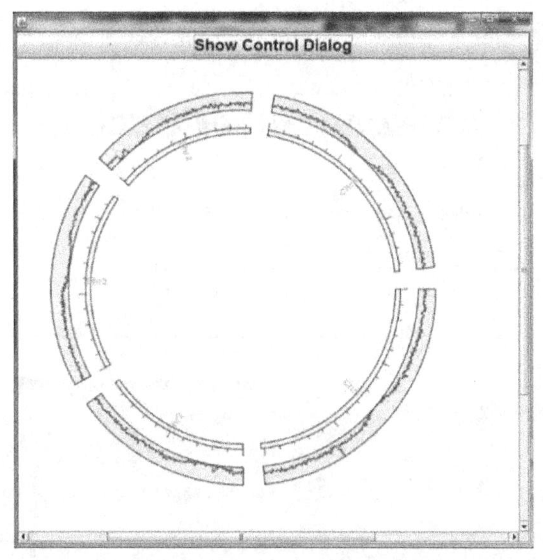

图 3 – 63　基因密度的线界面

如若线图不够美观，可以增加个柱形图，就是把 BInSize 参数也放大一些即可（图 3 – 64）。柱形图若不合适，也可画成热图（图 3 – 65，图 3 – 66），这样操作就能得到理想的数据展示图了，这些图的颜色可以根据需要进行参数调整（图 3 – 65）。在对话框中点击“Show Control Dialog”按钮，即弹出设置 Track 类型的对话框，在该对话框中很多 Track 是可以组合使用的，例如，用图中的参数设置的组合（图 3 – 67），得到了堆叠在一起的结果图（图 3 – 68）。

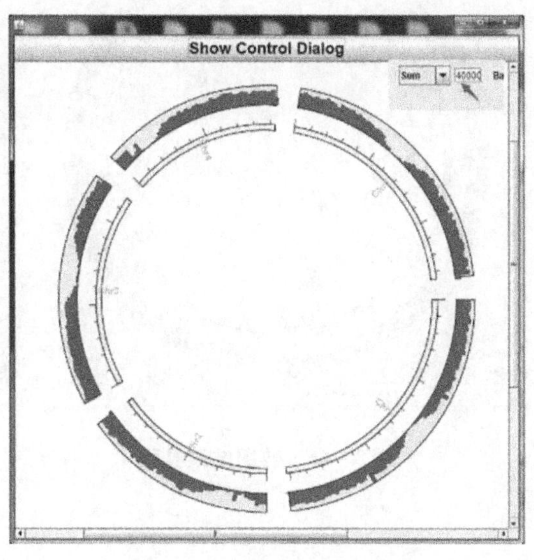

图 3 – 64　BInSize 放大界面

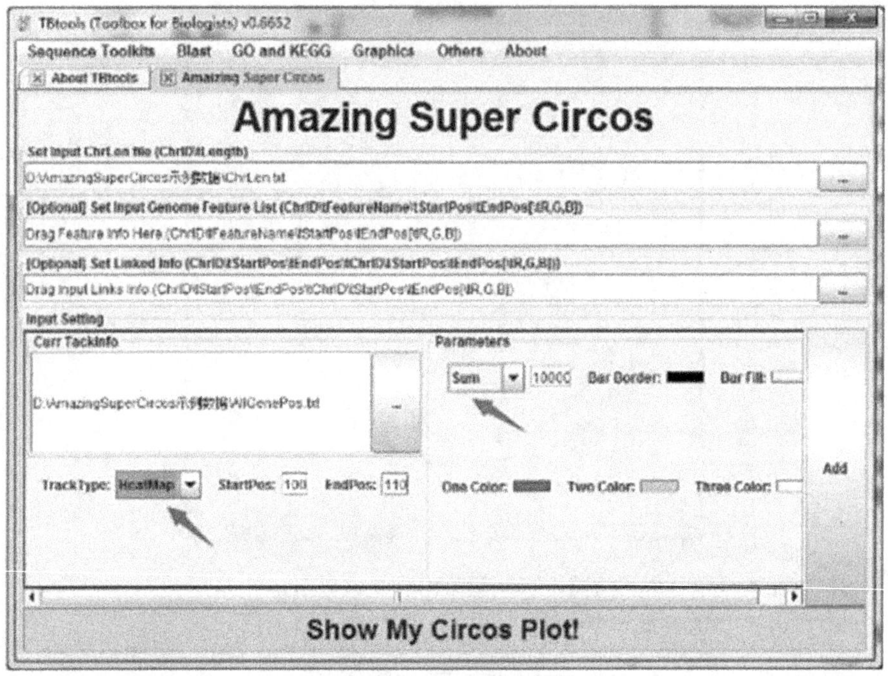

图 3－65　热图参数界面

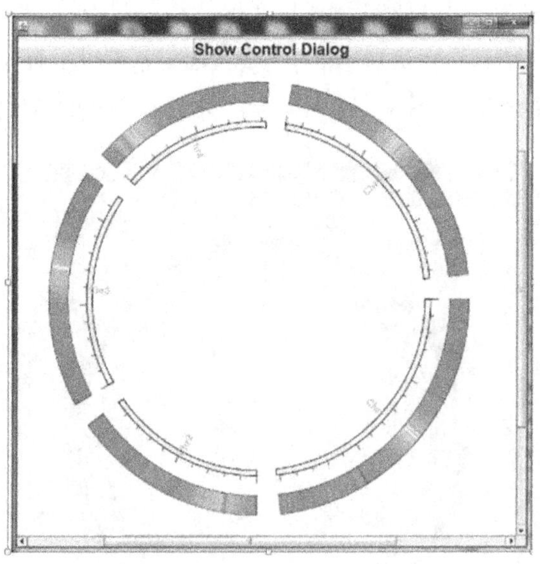

图 3－66　热图结果界面

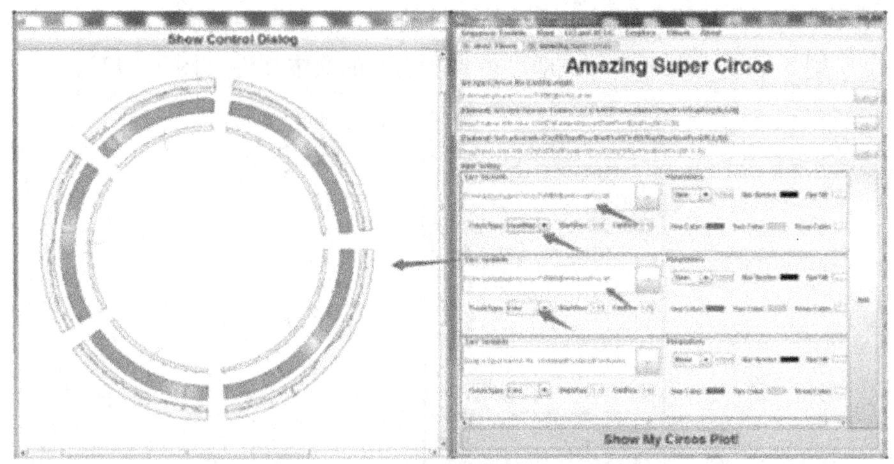

图 3－67　Track 组合参数设置界面

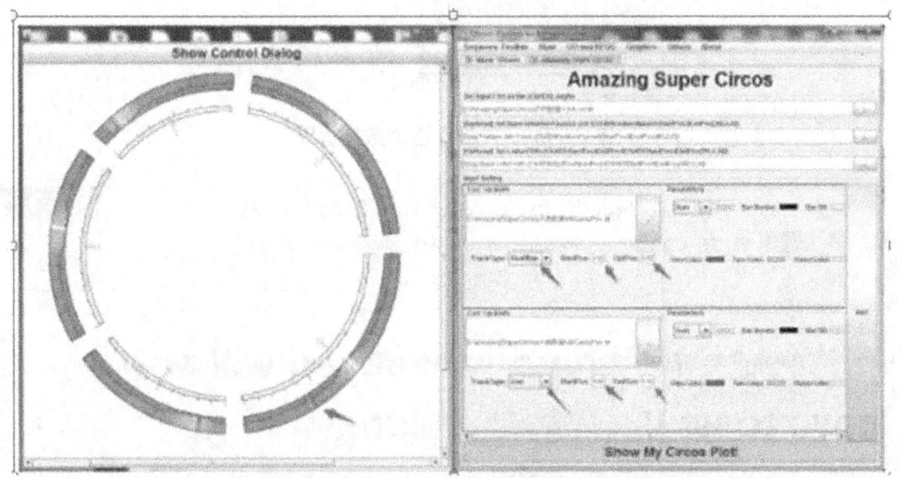

图 3－68　Track 堆叠界面

④展示有关联的区域。具有一些共线性的基因，在数据上会呈现出基因对的形式（图 3－69 的 A 列对应 B 列）。然后在 TBtools 的帮助下，获得 LinkedRegion 的信息。首先是利用 Tbtools 菜单中 Sequence Toolkit → GGG3/GTG Manipulate → GXF Gene Position &Info. extract 工具获取所有基因的位置信息（图 3－70）。设置输入的 gff3 文件，并设置两个输出文件（图 3－71）。整理数据（图 3－72）时只保留部分的列（图 3－73 阴影部分），进而整理成 Chr/GeneID/StartPos/EndPos 的形式（图 3－74），即只保留了相应的 4 列数据，将该数据另存为文本制表符分隔的文本文件。打开 TBtools 的 Graphicsc 菜

单下的一个 Format Transformater 工具，将基因对信息直接转换为 LinkedRegion 信息（图 3 – 75，图 3 – 76），即可得到所需要的文本文件（图 3 – 77）。

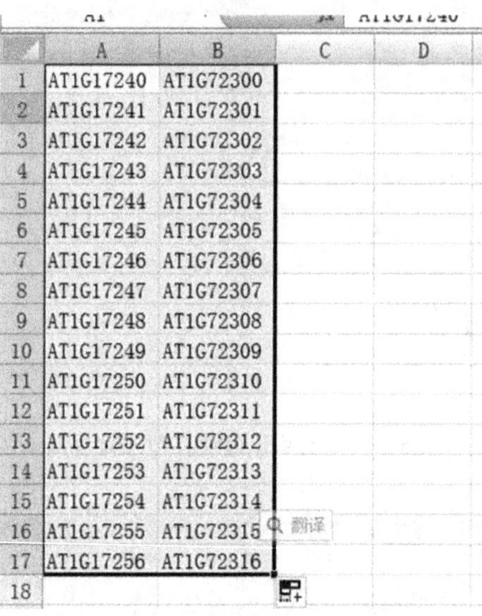

	A	B	C	D
1	AT1G17240	AT1G72300		
2	AT1G17241	AT1G72301		
3	AT1G17242	AT1G72302		
4	AT1G17243	AT1G72303		
5	AT1G17244	AT1G72304		
6	AT1G17245	AT1G72305		
7	AT1G17246	AT1G72306		
8	AT1G17247	AT1G72307		
9	AT1G17248	AT1G72308		
10	AT1G17249	AT1G72309		
11	AT1G17250	AT1G72310		
12	AT1G17251	AT1G72311		
13	AT1G17252	AT1G72312		
14	AT1G17253	AT1G72313		
15	AT1G17254	AT1G72314		
16	AT1G17255	AT1G72315		
17	AT1G17256	AT1G72316		
18				

图 3 – 69　共线性基因数据界面

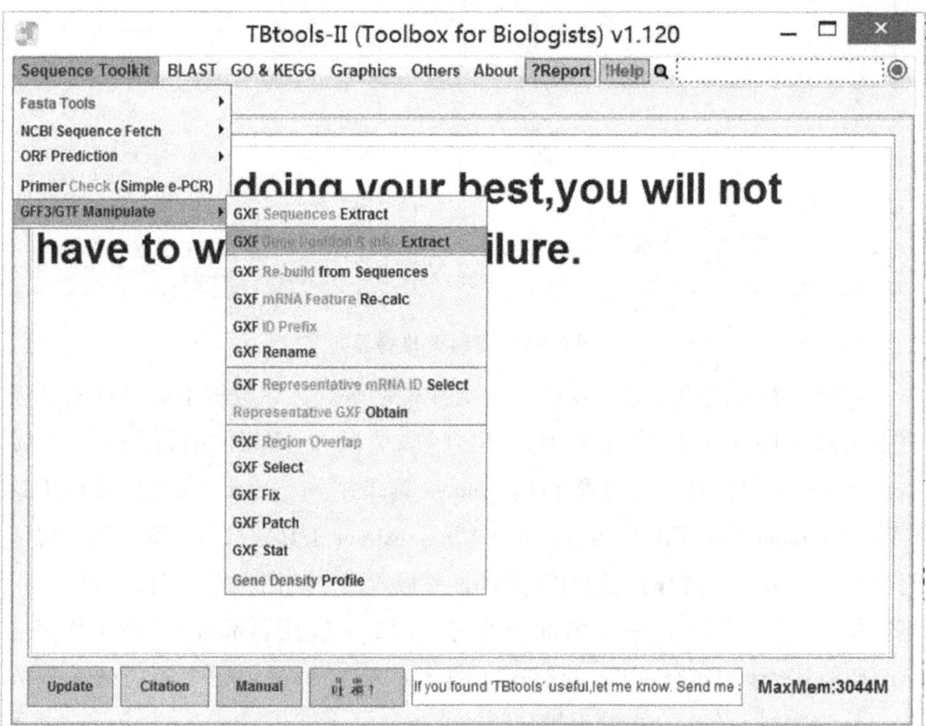

图 3 – 70　基因位置信息操作界面

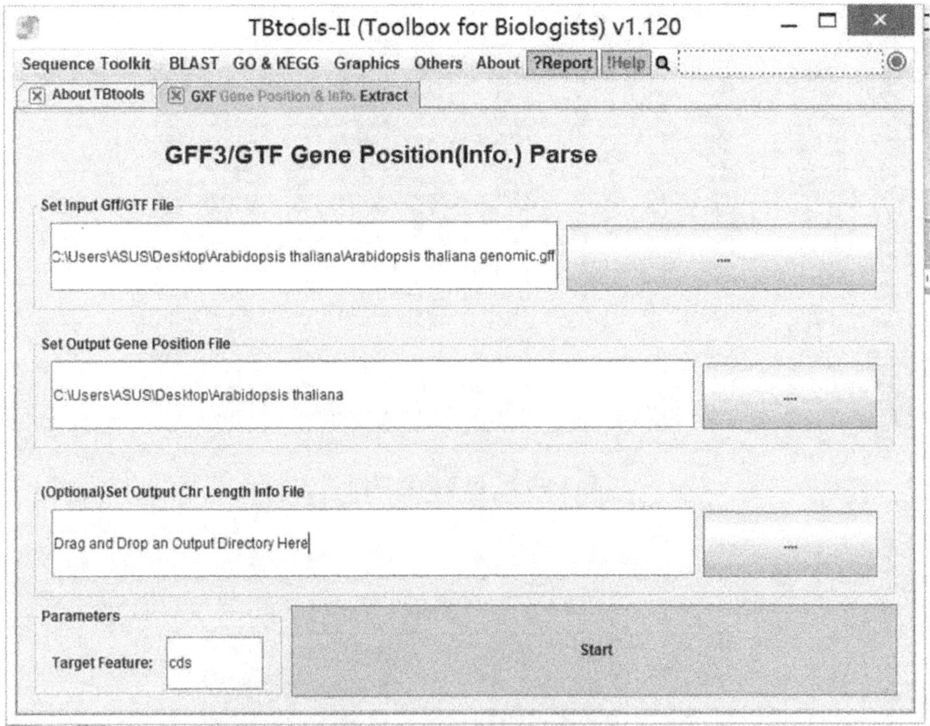

图 3－71　设置文件的输入和输出

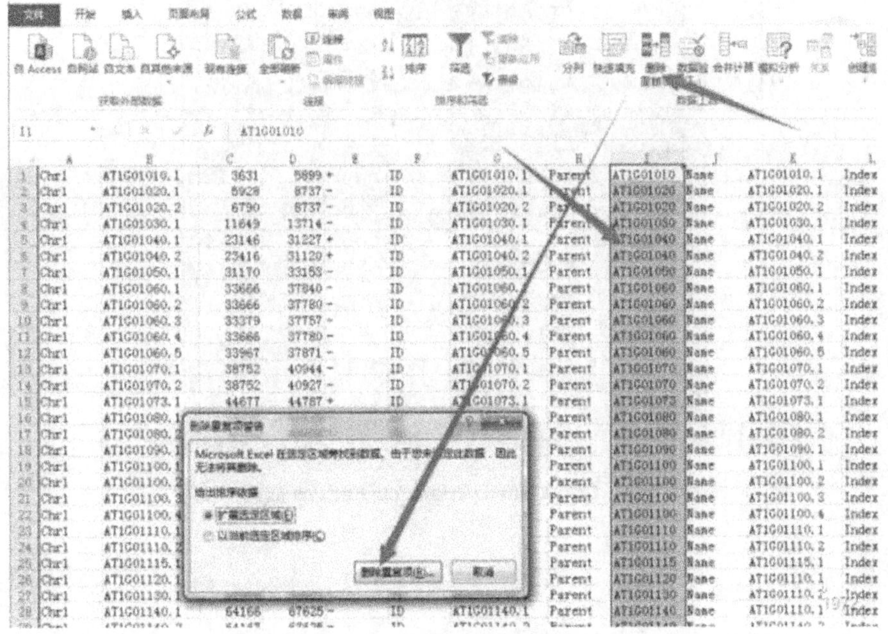

图 3－72　数据整理界面

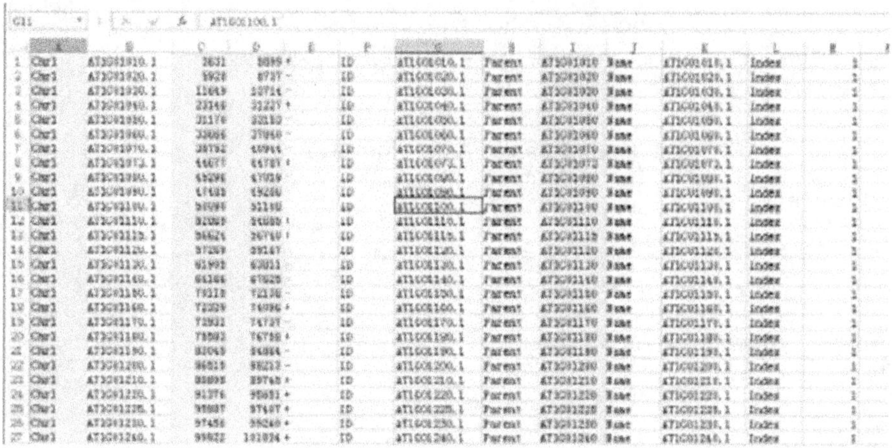

图 3 – 73　保留数据界面

	A	B	C	D
1	Chr1	AT1G01010	3631	5899
2	Chr1	AT1G01020	5928	8737
3	Chr1	AT1G01030	11649	13714
4	Chr1	AT1G01040	23146	31227
5	Chr1	AT1G01050	31170	33153
6	Chr1	AT1G01060	33666	37840
7	Chr1	AT1G01070	38752	40944
8	Chr1	AT1G01073	44677	44787
9	Chr1	AT1G01080	45296	47019
10	Chr1	AT1G01090	47485	49286
11	Chr1	AT1G01100	50090	51108
12	Chr1	AT1G01110	52869	54685
13	Chr1	AT1G01115	56624	56740
14	Chr1	AT1G01120	57269	59167
15	Chr1	AT1G01130	61905	63811
16	Chr1	AT1G01140	64166	67625
17	Chr1	AT1G01150	70115	72138
18	Chr1	AT1G01160	72315	6765
19	Chr1	AT1G01170	73966	7238

图 3 – 74　Chr/GeneID/StartPos/EndPos 数据格式

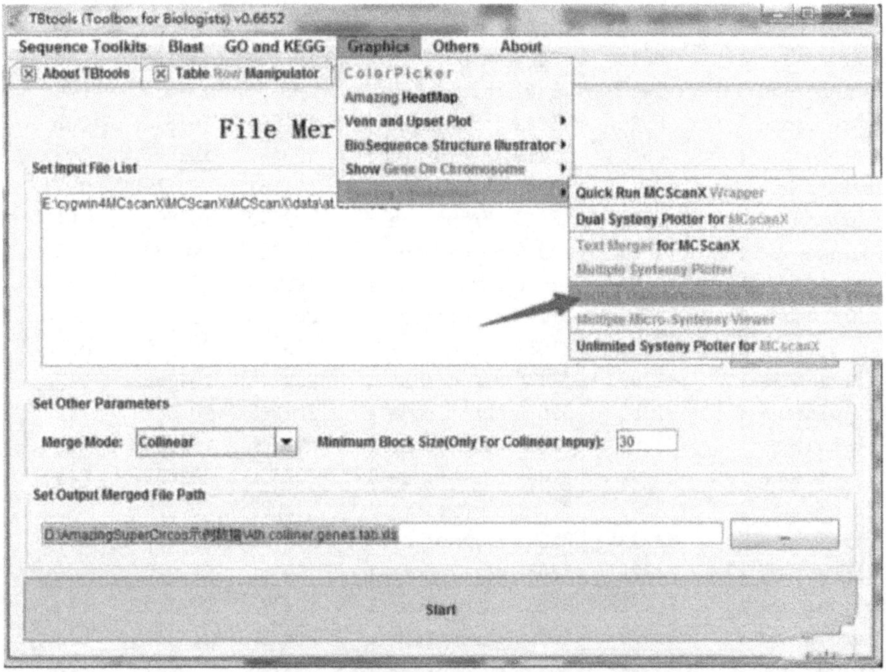

图 3－75　基因对信息直接转换界面

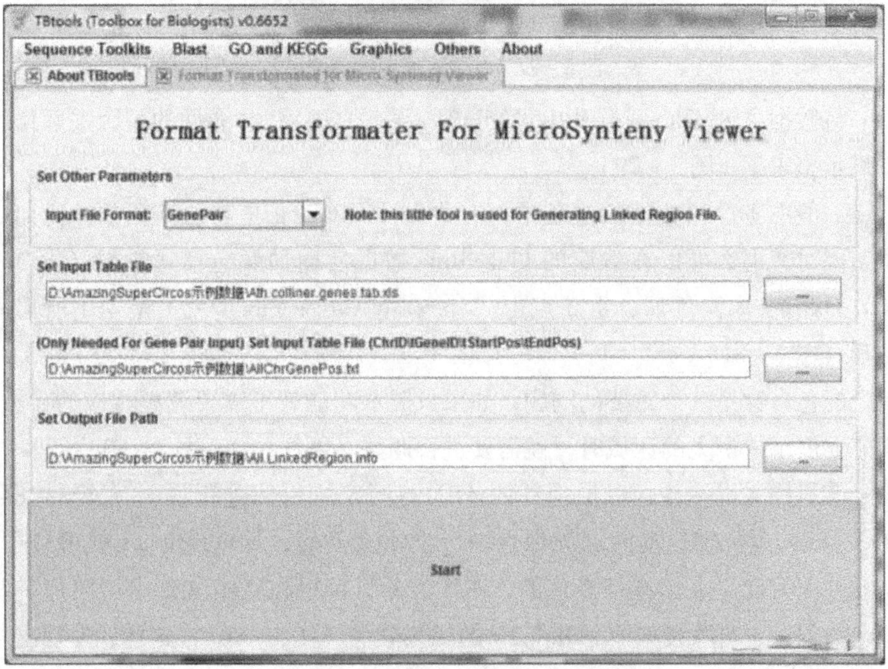

图 3－76　基因对信息转换操作界面

chromosome 1	3760	5630	chromosome 1	187235	189836	429
chromosome 1	6915	8666	chromosome 1	190596	192139	245
chromosome 1	6915	8442	chromosome 1	190596	192059	236
chromosome 1	6915	8442	chromosome 1	190596	191895	236
chromosome 1	6915	8419	chromosome 1	190596	191895	198
chromosome 1	7315	8666	chromosome 1	191181	192139	191
chromosome 1	7315	8419	chromosome 1	192640	193662	104
chromosome 1	11864	12940	chromosome 1	195980	198383	335
chromosome 1	11864	12940	chromosome 1	195980	197973	358
chromosome 1	23519	31079	chromosome 1	200526	201575	1910
chromosome 1	23519	31079	chromosome 1	200526	201575	1909
chromosome 1	31382	32670	chromosome 1	202345	204189	212
chromosome 1	31382	32670	chromosome 1	202345	204035	212
chromosome 1	33992	37061	chromosome 1	202345	203662	644
chromosome 1	33992	37061	chromosome 1	202345	203662	645
chromosome 1	33992	37061	chromosome 1	205083	207435	645
chromosome 1	33992	37061	chromosome 1	205176	207435	645
chromosome 1	33992	37061	chromosome 1	209161	212810	645
chromosome 1	33992	37061	chromosome 1	209395	212810	645
chromosome 1	33992	36836	chromosome 1	214229	217304	643
chromosome 1	33992	36836	chromosome 1	219200	220994	643
chromosome 1	38898	40877	chromosome 1	221950	224255	365
chromosome 1	38898	40597	chromosome 1	225986	227176	318

图 3－77　基因对信息转换结果

将数据导入 TBtools 作为 LinkedInfo（图 3－78），共线性的基因关联信息就展示出来了（图 3－79）。

一般准备这些数据的过程中，有些 LinkedRegion 是需要高亮的，比如一些基因对，那么可以在对应的 LinkedInfo 数据后面加颜色信息数据（图 3－80）。保存文本文件后，重新点击“Show My Circos Plot”就可呈现出所需的图形（图 3－81）。

配色参数是一个重要的问题，如果只展示功能就不需要调整相应的参数，但想要展示一个大的区域时，就需要进行调整（图 3－82，图 3－83）。

⑤增加文本标签。以拟南芥的 ARF 基因家族为例进行说明（图 3－84，图 3－85）。将 ARF 基因家族保存一个文本文件后，导入 TBtools 就可以了。呈现基因家族文本标签是黑色的，不太好看，可以在文本文件中后面加一些颜色数据，也可顺便改一下相应 ID 的标签颜色（图 3－86），这样就呈现出彩色的文本标签图（图 3－87）。

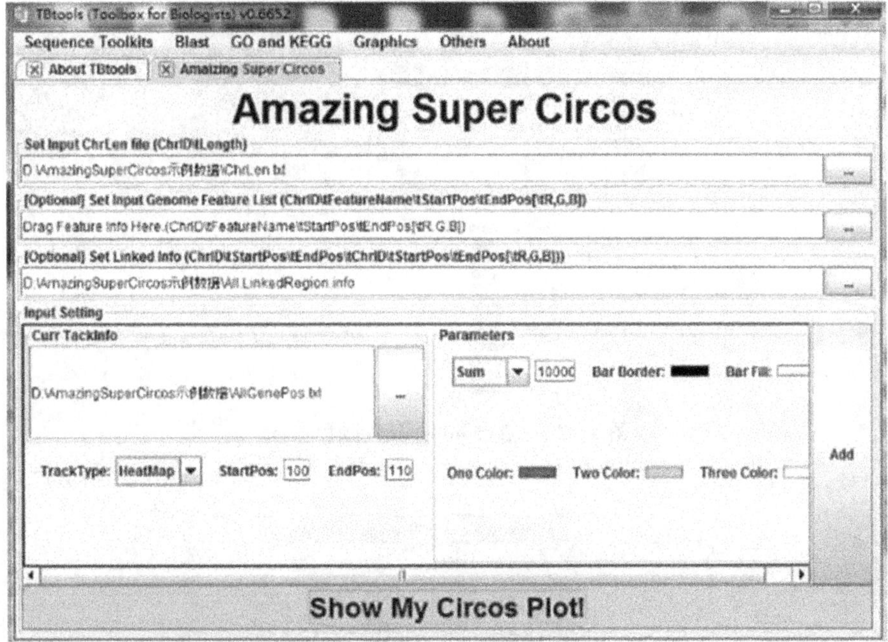

图 3－78　数据导入界面

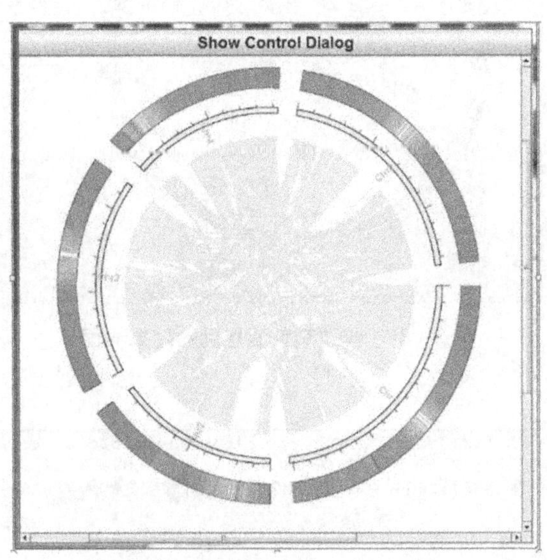

图 3－79　共线性基因信息结果界面

```
Chr1 5951542 5955037 Chr3 4672919 4676162 255,0,0
Chr1 6018757 6023503 Chr3 4586151 4590681 255,0,0
Chr1 6089517 6090323 Chr1 4490628 4493831 255,0,0
Chr1 29707687 29711421 Chr3 4187371 4191298 255,0,0
Chr1 29716350 29724621 Chr4 4146499 4154995 0,255,0
Chr1 29741748 29743680 Chr1 4141051 4142548 0,255,0
Chr3 1354635 1356211 Chr5 10090070 10092386 0,255,0
Chr3 1360882 1362295 Chr4 10069346 10070899 0,255,0
Chr3 1362905 1364799 Chr5 10037269 10039001 255,255,0
Chr2 1365165 1367759 Chr1 10026183 10028571 255,255,0
Chr3 20398538 20400346 Chr4 630876 632683 255,255,0
Chr3 20400488 20402585 Chr5 625254 627124 0,0,255
Chr4 20452910 20454242 Chr1 587518 588733 0,0,255
Chr4 20473541 20474763 Chr5 579852 58078 0,0,255
#
Chr1 5896414 5898717 Chr1 27217477 27221123
Chr1 5922630 5926400 Chr1 27233485 27236788
Chr1 5928014 5928667 Chr1 27239273 27239947
Chr1 5941785 5944463 Chr1 27261194 27263669
Chr1 5955488 5957212 Chr1 27274065 27276317
Chr1 5960481 5962481 Chr1 27288900 27291042
Chr1 5977411 5981480 Chr1 27308515 27312754
Chr1 5982267 5984013 Chr1 27341079 27342455
Chr1 5997180 5998475 Chr1 27344270 27345576
Chr1 5998814 6002716 Chr1 27349467 27353742
Chr1 6002912 6006405 Chr1 27353791 27356670
Chr1 6006461 6008266 Chr1 27356683 [illegible]
```

图 3-80 修改 linkedInfo 颜色信息

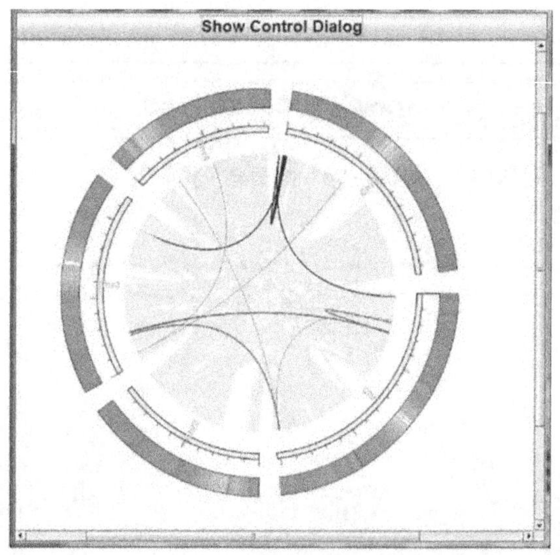

图 3-81 修改颜色信息后的结果界面

```
Chr1    5951542 8955037 Chr3    4672919 6676162 123,231,123CRLF
Chr3    18398538    20400346    Chr4    1630876 1932683 255,0,45CRLF
Chr4    8398538 12400346    Chr2    6632683 1230876 255,231,124CRLF
# CRLF
```

图 3-82 配色参数调整界面

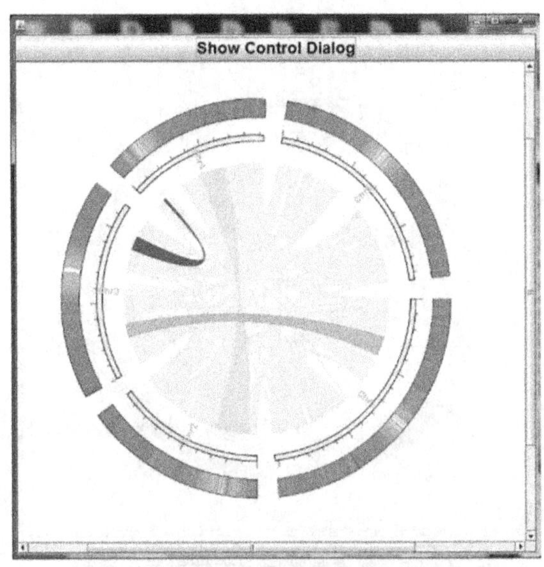

图 3－83　调整后的结果展示界面

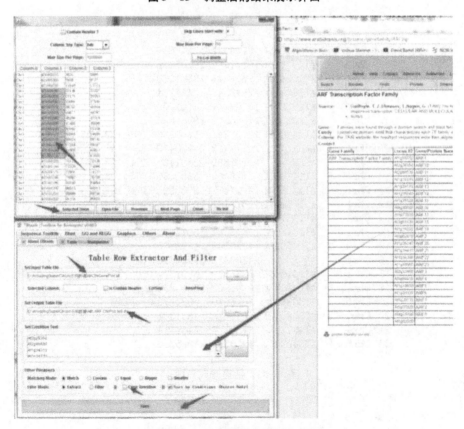

图 3－84　拟南芥基因家族操作界面

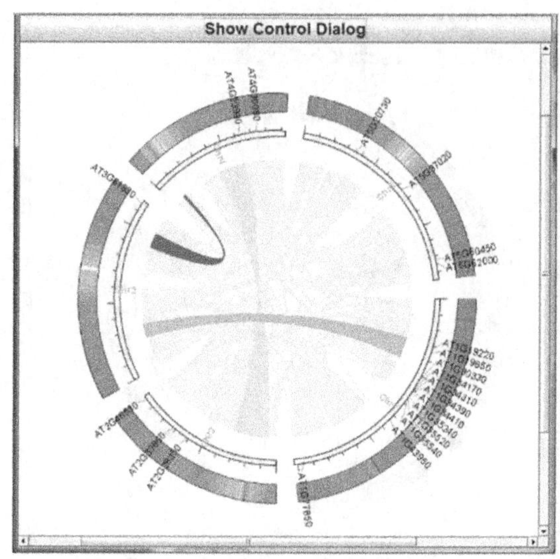

图 3-85　拟南芥基因家族结果展示界面

	A	B	C	D	E
1	Chr2	AT2G2835(	12114331	12116848	
2	Chr2	AT2G4653(	19104665	19108331	
3	Chr1	AT1G3431(	12508548	12511520	
4	Chr1	AT1G3417(	12443547	12446764	
5	Chr1	AT1G3554(	13108634	13111700	
6	Chr1	AT1G3552(	13082819	13085830	
7	Chr4	AT4G3008(	14703201	14706336	255, 123, 123
8	Chr1	ARF1	29272313	29275419	255, 123, 123
9	Chr3	ARF2	22887889	22891435	255, 123, 123
10	Chr1	AT1G1922(	6628068	6633087	255, 123, 123
11	Chr1	AT1G3524(	12927457	12930523	255, 123, 123
12	Chr1	AT1G3441(	12577722	12580824	255, 123, 123
13	Chr1	AT1G3439(	12556005	12559082	
14	Chr1	AT1G4395(	16672582	16673952	
15	Chr2	AT2G3386(	14325269	14328978	
16	Chr5	ARF3	24308322	24312698	
17	Chr1	AT1G1985(	6886879	6891374	0, 0, 255
18	Chr1	AT1G3033(	10685822	10690838	0, 0, 255
19	Chr5	AT5G2073(	7016470	7022113	0, 0, 255
20	Chr5	AT5G3702(	14630028	14634387	0, 0, 255
21	Chr4	AT4G2398(	12451277	12455014	
22	Chr5	AT5G6200(	24910358	24915210	

图 3-86　数据修改界面

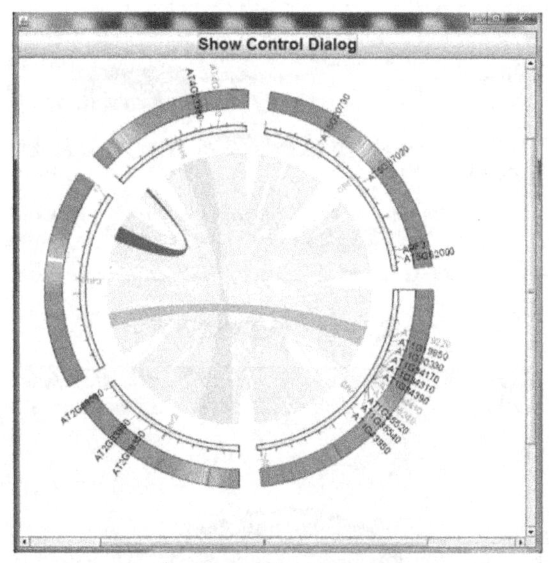

图 3－87　修改数据后的结果展示

如果这样操作之后，感觉尚未满意，可以根据自己的需要在"Show Control Dialog"对话框中进行相关参数调整（图 3－88，图 3－89），这里有很多参数，根据需要进行自行选择就可得到想要的结果（图 3－90）。

⑥注释区域展示。配置一个数据文件，对 Region 进行注释，假设有个 QTL 的区间，用来伪装一个展示（图 3－91）。也就是最后一列数据不再是其他数值，而是颜色数据，然后导入软件即可。

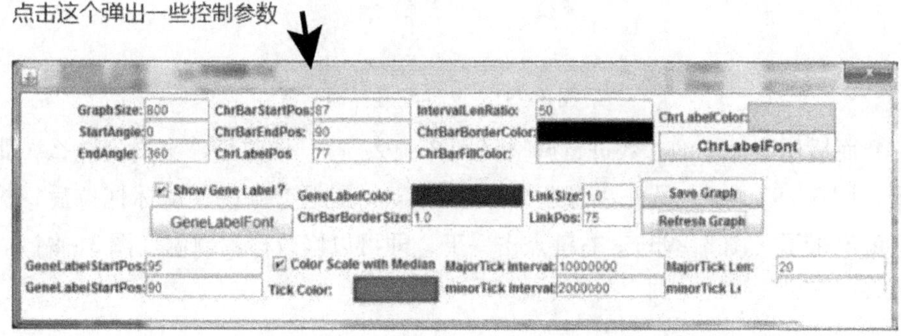

图 3－88　需要进一步调整的参数界面

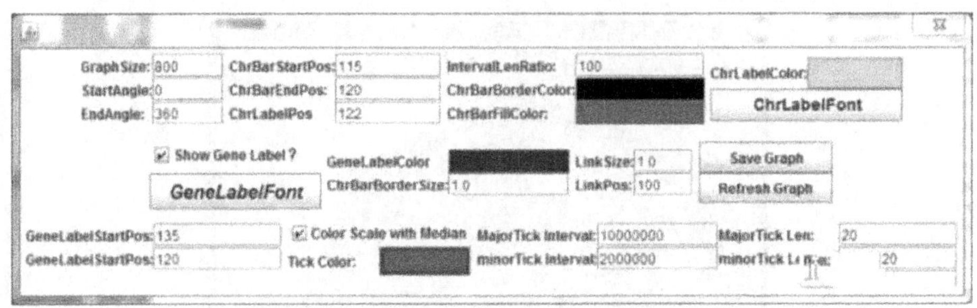

图 3－89　调整参数界面

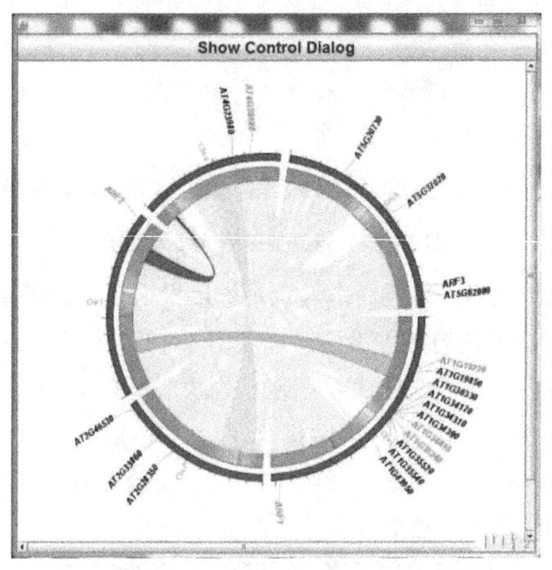

图 3－90　参数调整后的界面

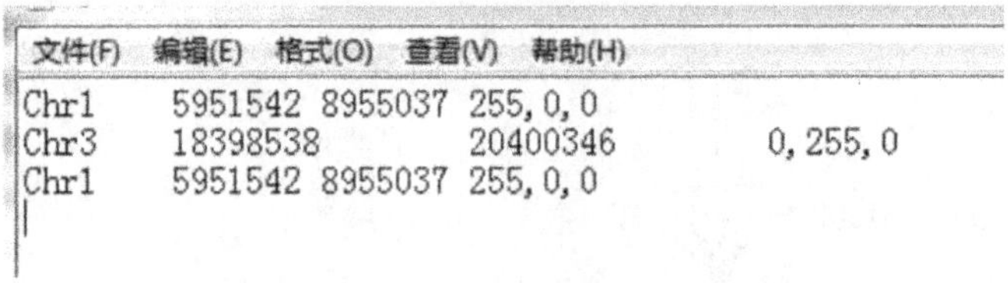

```
文件(F)  编辑(E)  格式(O)  查看(V)  帮助(H)
Chr1	5951542	8955037	255,0,0
Chr3	18398538	20400346	0,255,0
Chr1	5951542	8955037	255,0,0
```

图 3－91　文件配置界面

而后用面板中的参数进行调整（图 3－92 左），调整后，会得到这么一张图（图 3－92 右）。另外注意还有一些 JIGplot 图是交互的。鼠标拖拉后，标签就出来了（图 3－93）。右键点击一下，即可以修改标签颜色（图 3－94）。

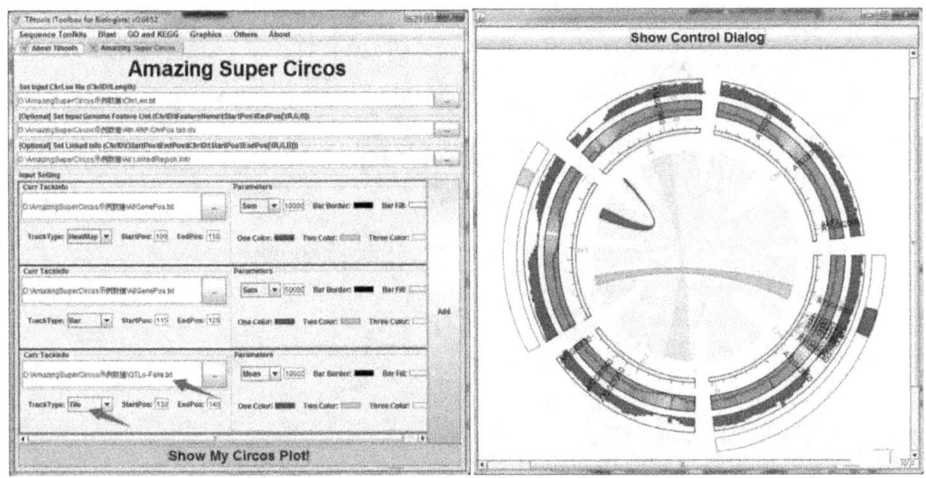

图 3-92 面板参数调整界面及调整结果

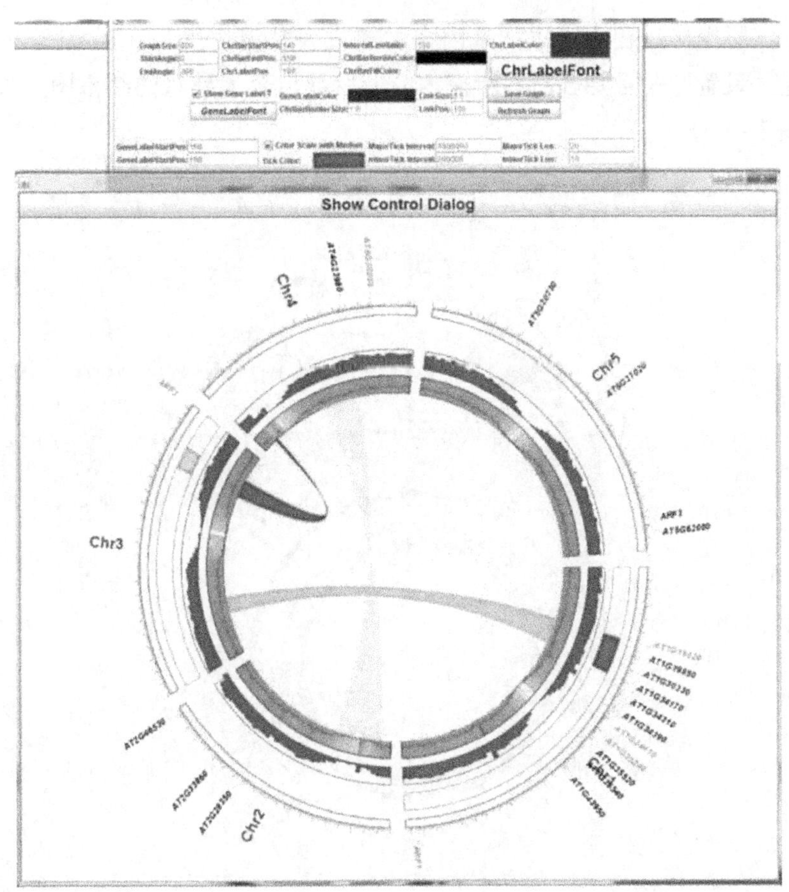

图 3-93 展示标签结果

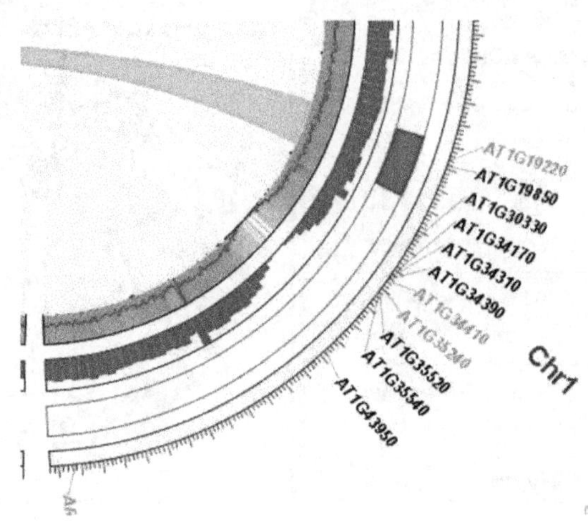

图 3－94　颜色修改结果

在实际操作过程中可以把基因密度换成表基因达量，GC 含量等多种形式，这些设置形式需要自己不断探索。最后导出令人满意的结果图（图 3－95，图 3－96）。

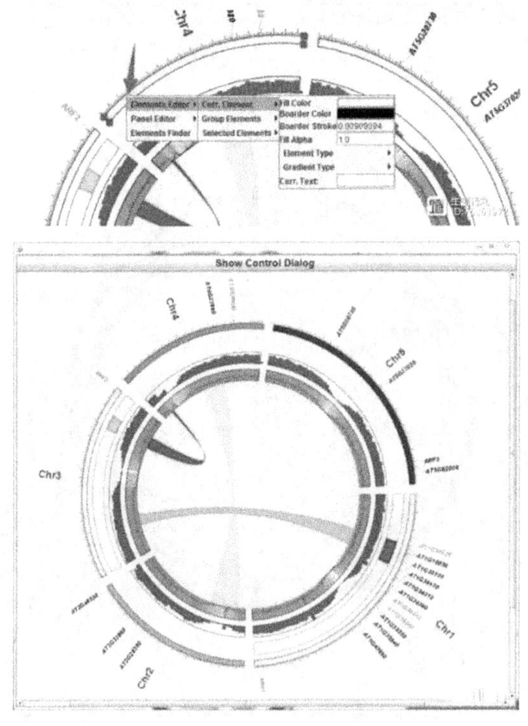

图 3－95　替换界面

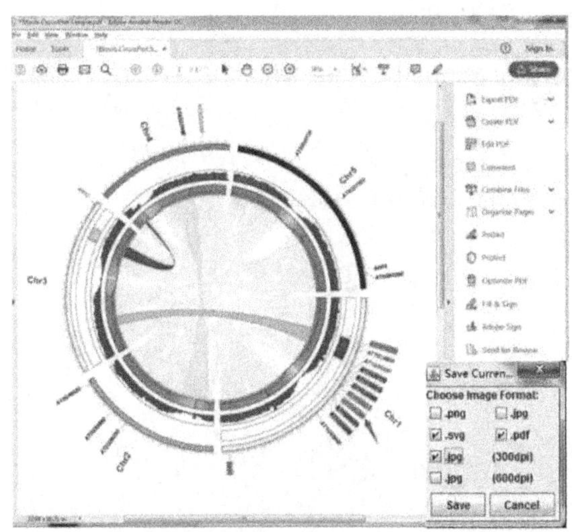

图 3 –96　图片导出界面

3.3　多基因组比对和共线性分析 Mauve 软件

基因组比对可以通过对齐序列的同源区域来识别 DNA 中的进化变化。Mauve 是一个软件包，通过局部和大规模变化的两个或多个基因组序列之间对齐同源和异种区域，进而识别 DNA 中的进化变化。由于重组可能导致基因组重排，一个基因组的同源区域可能相对于另一个基因组重新排序或倒置。在排列过程中，Mauve 识别了一些保守的片段，这些片段似乎在内部没有基因组重排。这些区域被称为局部共线块（LCBs）。具体操作过程如下：

双击 Mauve 桌面快捷方式，在菜单栏中选择 “Align” or “Align with progressive Mauve”（图 3 –97）。

弹出 the alignment dialog box 对话框（图 3 –98）。

在弹出的对话框中输入任何 Fasta、Multi – FastA、GenBank 或 raw formats 格式的基因组序列文件，无法识别的扩展名默认为（Multi – ）FastA 格式。一个文件包含多条序列时，必须整合成一个串联序列。

选择基因组序列比对时，顶部输入区域列出了包含将对齐的基因组的序列文件。若要添加序列文件，请单击 “添加序列” 按钮并选择要添加的文件。Mauve 的 Windows 版本支持拖放，允许通过从 Windows 资源管理器中拖动序列文件来添加它们（图 3 – 98）。

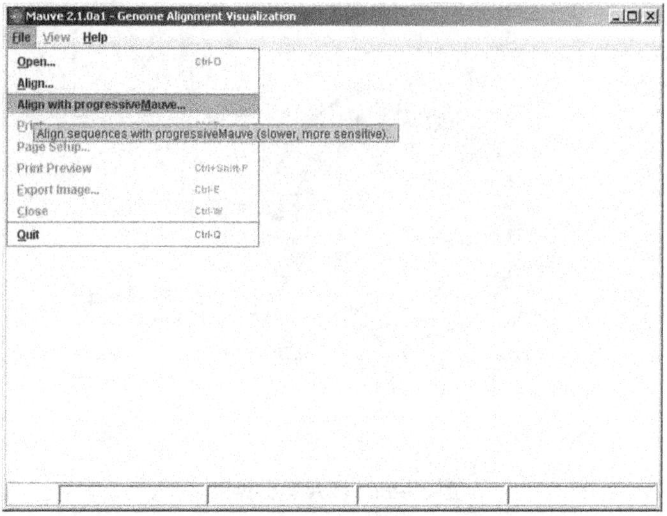

图 3 – 97　Mauve 桌面主菜单界面

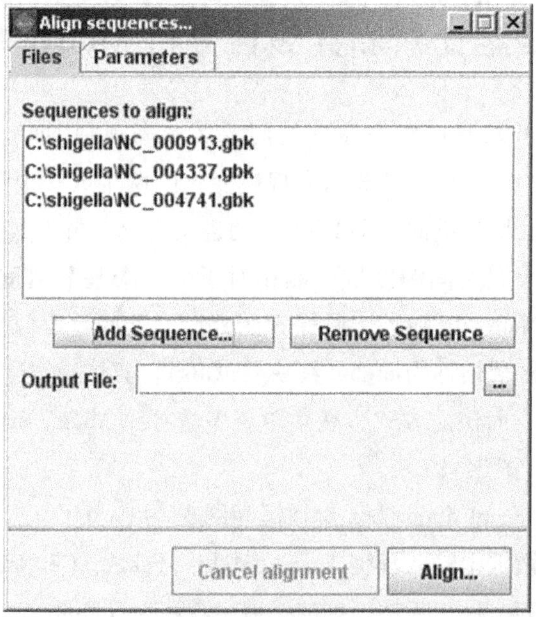

图 3 – 98　Mauve 选择目标文件界面

输出位置设置，可以使用“文件输出”文本输入字段设置 Mauve 存储其比对结果的位置。如果留空，Mauve 将提示输出文件位置。

设置自定义比对参数，比对参数在原始 Mauve（Mauvealigner）和渐进

Mauve 之间是不同的，并在后面的一节中进行了更详细的解释。

比对参数设置，默认情况下，Mauve 选择一组适合于将密切相关的基因组与中等到高等数量的基因组重排对齐的对齐参数。然而，一些对齐参数可以被调整，以适应 Mauve 的运行。例如，当对齐的时候，LCB 的默认值通常太低，应该用手动选择合适的值替换（图 3－99、图 3－100）。

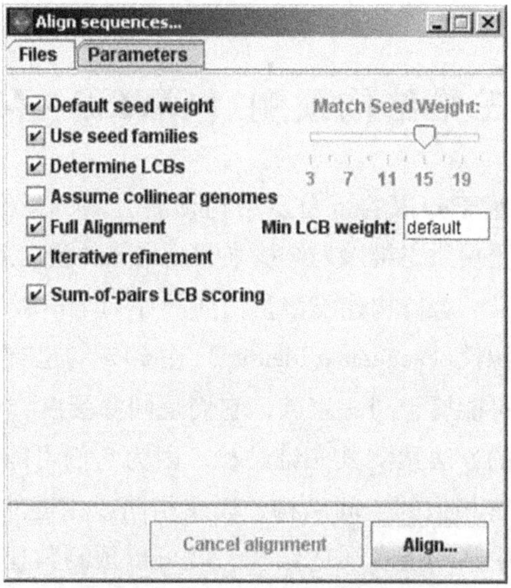

图 3－99 Mauve 参数选择界面

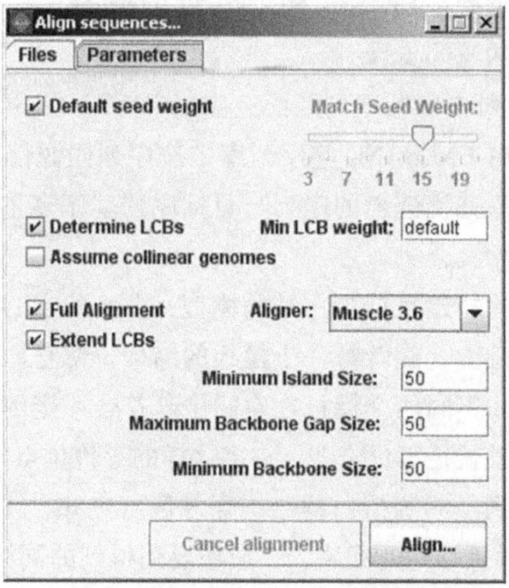

图 3－100 Mauve 参数替换界面

计算比对，一旦基因组序列被加载，单击“对齐”按钮开始对齐。控制台对话框将出现，并将显示在完成对齐方面取得的进度。控制台窗口显示正在进行基因组比对。

比对完毕，在 Tools 菜单栏里，Export 选项中选择“输出图片保存”，或者使用快捷键 Ctrl + E 输出保存图片。

3.4 蛋白质三维结构预测（SWISS - MODEL）

比较建模法是基于知识的蛋白质结构预测方法，又称为同源结构预测，是根据大量已知的蛋白质三维序列结构来预测未知的蛋白质结构。

按照目前的定义，若待构建模型蛋白质的序列与模板序列经比对（alignment）后的序列同源性（sequence identity）在 40%（也有人认为在 35%）以上，则它们的结构可能属于同一家族，它们是同源蛋白（homology），可以用同源蛋白模型构建的方法预测其三维结构。因为它们可能是由同一种蛋白质分化而来，它们具有相似的空间结构，以及相同或相近的功能。因此，若知道了同源蛋白家族中某些蛋白质的结构，就可以预测其他一些序列已知而结构未知的同源蛋白的结构，可以用同源模型构建的方法预测未知蛋白质的三维结构。常用的数据库是 SWISS - MODEL 和 Interproscan。

同源蛋白模型构建的步骤：

①目标蛋白序列与目标序列匹配：应用 FASTA 或 BLAST 搜索软件，在 PIR、WISSPROT 或 GENEBANK 等序列库中按序列同源性挑选出一些同源性比较高的序列，然后把挑选出的序列与目标序列基序多重匹配，得到模板结构等价位点套的初始集合。

②根据模板结构构建目标蛋白结构模型：在已确定的模板结构等价位点套的初始集合的基础上，旋转每一个模板的结构，使它们相互间的位置尽可能多地重叠在一起。不同两个模板在空间中若符合一定的重叠距离标准，那它们相互之间的关系就是等价位点。许多这样的等价位点构成了等价位点库。叠合结束后，即得到了同源蛋白的结构保守区（SCRs），以及相应的基架结构（framework）。模板结构匹配后，一般还要用得到的同源体 SCRs 的第一条序列与目标序列匹配，挑选出目标序列上的高相拟区，定义为目标蛋白的 SCRso Homology。有多种软件和方法 UQANTA/CHARM、COMPOSER、CON-

SENSUS、MODELLER 和 Collar extension 可以用于目标蛋白结构模型的构建。

③对建模结构基序优化和评估：同源结构建模（预测）得到的蛋白质结构模型，通常含有一些不合理的原子间接触，需要对模型进行分子力学和分子动力学优化，消除模型中不合理的接触。另外，模型中有些键长、键角和二面角也有可能不合理，也需要检查评估。PROCHECK 和 PROSA II 等软件常用于完成这类工作。

可以将上述的步骤简化为：

①找到与目标序列同源的已知结构作为模板（目标序列与模板序列的一致度要≥30）。

②为目标序列与模板序列（可以多条）创建序列比对。通常比对软件自动创建的序列比对还需要进一步人工校正。

③根据步骤②创建的序列比对，用同源建模软件预测结构模型。

④评估模型质量，并根据评估结果重复以上过程，直至模型质量合格。

SWISS - MODEL 是一款用同源建模法预测蛋白质三级结构的全自动在线软件。SWISS - MODEL 中一共有 3 个工作方式：First Approach Mode，Alignment Interface Mode，Project（Optimise）Mode。

如果目标序列与模板序列一致度极高，那么同源建模法是最准确的方法。需注意事项如下：

如果一致度能达到 30 %，那么模型的准确度就可以达到 80 %，模型可以用于寻找功能位点，以及推测功能关系等。

如果一致度能达到 50 %，那么模型的准确度就可以达到 95 %，可以根据模型设计定点突变实验，设计晶体结构自转，辅助完成真实结构的测定。

如果一致度能达到 70 % 以上，我们可以认为预测模型完全代表真实结果，可以用来分子筛选、分子对接、药物设计结构功能研究。

特殊情况，虽然序列一致度达到很高水平，但是结构却并不相同（这种情况比较少见，但需要注意）。同时，此方法适用于能找到相似度高的已知结构的序列。

实际操作过程如下：

①找到目标基因的氨基酸序列。

②打开 SWISS - MODEL 网站（https：//swissmodel. expasy. org/），创建一个新的 project 或者 modeling。

③粘贴氨基酸序列，填入 project 名字，留下自己的邮箱，运行 Search for

Templates（图 3 - 101）。一般耗时几分钟到半小时不等。运行成功后，可以直接在该网站查看结果或通过邮箱通知链接查看结果。

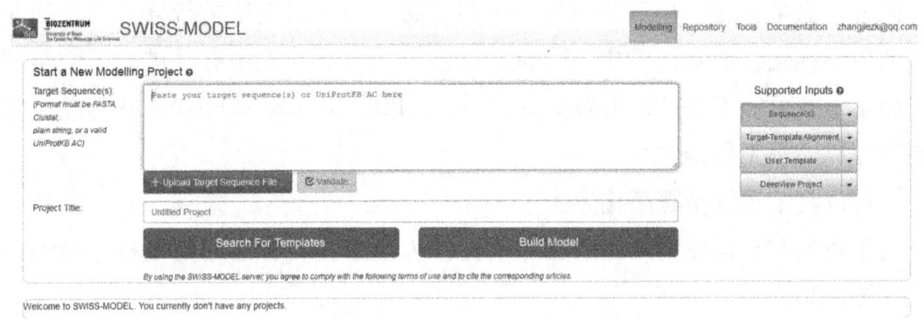

图 3 - 101　SWISS - MODEL 网站主界面

运行结果 Template Results 中，提供每个模板的以下信息：SMTL ID、结构标题、目标序列覆盖率、GMQE、QSQE、目标序列标识、用于获得结构的实验方法（以及分辨率，如果适用）、寡聚状态、配体（如果有）、与目标的序列相似性以及使用的模板搜索方法（图 3 - 102）。该项内容中 GMQE 的可信度范围为 0 ~ 1，值越大表明质量越好；QMEAN：区间 - 4 ~ 0，越接近 0，评估待测蛋白与模板蛋白的匹配度越好。或点击界面 Template Results 后的问号查看每一项的解释（图 3 - 102）。

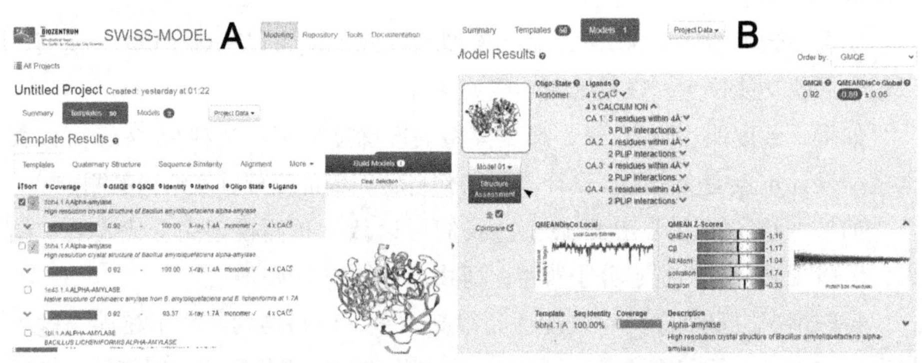

图 3 - 102　SWISS - MODEL 运行结果界面

根据建模标准选择结果最好的 Model。点击相应的结果查看建模参数。点击 Models 界面中的 Structure Assessment 则出现 Ramachandran Plots 图，该图是 Ramachandran 根据蛋白质中非键合原子间的最小接触距离，确定了哪些成对二面角（Φ、Ψ）所规定的两个相邻肽单位的构象是允许的，哪些是不允许的，并且以 Φ 为横坐标，以 Ψ 为纵坐标，在坐标图上标出，该坐标图称为拉氏构象图（The Ramachandran Diagram）。拉氏构象图可用来鉴定蛋白质构象是否合理。其意义有以下几个方面。

①实线封闭区域：一般允许区，非键合原子间的距离大于一般允许距离，此区域内任何二面角确定的构象都是允许的，且构象稳定。

②虚线封闭区域：是最大允许区，非键合原子间的距离介于最小允许距离和一般允许距离之间，立体化学允许，但构象不够稳定。

③虚线外区域：是不允许区，该区域内任何二面角确定的肽链构象，都是不允许的，此构象中非键合原子间距离小于最小允许距离，斥力大，构象极不稳定。Gly 的 Φ、Ψ 角允许范围很大。总之，由于原子基因之间不利的空间相互作用，肽链构象的范围是很有限的，对非 Gly 氨基酸残基一般允许区占全平面的 7.7%，最大允许区占全平面的 22.5%。红色（深色）、棕色（深色）和黄色（深色）区域分别代表偏好的、允许的和通常允许的区域。

根据需要修改三维结构图的格式或者下载图片。

结果评估如表 3－1 所示，其含义分别为：① GMQE（全球模型质量估计）是一种结合目标与模板对齐方式和模板搜索方法属性的质量估计。所得的 GMQE 分数表示为 0～1，反映了使用该对齐方式和模板构建模型的预期准确性以及目标的覆盖范围。数字越高表示可靠性越高。②QMEAN 模型的得分可与相似大小的实验结构所期望的得分相媲美。0 值附近的 QMEAN 得分表明模型结构与相似大小的实验结构之间具有良好的一致性。分数为 －4.0 或以下表示模型的质量较低。

表 3－1　蛋白三维建模评分标准

分值项	解释	理想值	模型分值
MolProbity Score	Combined protein quality score that reflects the crystallographic resolution at which such a quality would be expected	As low as possible	–
Clash Score	Clashes show ＞ 0.45Å non-H-bond	Zero	–
Ramachandran Favoured		＞ 98%	–
Ramachandran Outliers	At resolutions below 3.0Å, any outliers should be considered errors	＜ 0.2%	–

续表

分值项	解释	理想值	模型分值
Rotamer Outliers	At resolutions below 3. 0Å, any outliersshould be considered error	< 1%	0. 47%
C – Beta Deviations	Position deviates from ideal by > 0. 25Å	Zero	0. 06
Bad Bonds	> 4σ deviations from ideal	Zero	0/2003
Bad Angles	> 4σ deviations from ideal	Zero	17/2708
Cis/Twisted Prolines/NonProlines	< 30° from ideal defined as CIS; >150° from ideal defined as Twisted	Zero	–0. 78

3. 5 同源性分析—进化树构建

3. 5. 1 Mega 软件构建进化树

双击电脑桌面上 Mega 软件的快捷方式图标→Align→Edit/Alignment→选择“Retrieve sequence from a file”→OK→选择整理好建树的 FASTA 文件（. fasta）→打开→单击其中一个序列→ctrl + A→单击 Alignment →Align by clustalW →OK→Data→Export Alignment →MEGA format →保存→输入文件名→OK→核酸序列选择 No，即把序列转换成了建树文件 MEGA 格式→关闭窗口→MEGA 主程序中选择 phylogeny→选择 constuct/Test Neighbor – Joning（constuct/Test Neighbor – jioning tree，constuct/Test minimum – Evolution tree）→在 options summary 对话框中选择 test of phylogeny，再点击 bootstrp method（下框中值填入 1000）→点击 computer，即出现构建好的进化树→经过调整美化后选择菜单 Image→Save as TIFF file，然后命名保存即可。

3. 5. 2 clustalx 与 Mega 联合构建进化树

①先用 clustalx 程序：file→load sequence→打开序列（txt 格式）→alignment→output format options→将 clustalw sequence numbers 改为 on，关闭 options

后→alignment→Do complete alignment →选择 aln，dnd 两个格式的文件→align →关闭程序。

②再用 Mega5：File→convert to MEGA format →选择 aln 文件→OK，关闭时提醒保存为 Meg 格式→再用 file→open Data→选择 meg 文件→protein sequence→OK→Phylogeny→construct phylogeny→Neighbor - Joning→options summary→ phylogeny Test and options→test of phylogeny →点击 bootstrp→substitution model→pairwise deletion→compute。

3.5.3　在线比对与 Mega 联合构建进化树

①通过测序后，在 NCBI 中进行 BLAST 比对，看和哪个属中的种最近，从而确定进化树中需比较的菌种，然后可以在权威的 International Journal of Systematic and Evolutionary Microbiology 杂志中看最近是否有将要建进化树的菌图，从而更捷径地得到典型的建树对比菌株（一般上标为 T）。

②打开 MEGA 在 Alignment→Query Databanks→在空格处添加建树对比菌的登入号，然后直接点击上头的 Add to Alignment。

③添加完对比后，将自己测序菌株序列导入，如果返回的序列是文本文档，就需要将它转化成 fasta 格式，其实也就是在文本文档上方加个“>”号就可以，但是序列字母必须是大写的，如果是小写的，可以在 DNAman中转化成大写字母（或者在 EditSeq 中的全选择目标序列，后在 edit 的 reverse case 中转变，再如下操作：去掉每列中的数字，保存为 fasta 格式），在 MEGA 的 Edit→insert sequences to file 将保存的 fasta 文件导入 MEMA 中，如果导入的序列是互补链的话，直接在添加的里面，点击导入目的链，右击后点击互补就行，选中所有的序列后，在 Alignment 选项中选中 Align by clustalw 让其自动分析后，在 Date 选项中输出格式选择为 MEGA 格式并保存。

④再用 file→open Data→选择 meg 文件→protein sequence →OK →Phylogeny→construct phylogeny→Neighbor - Joning→options summary→ phylogeny Test and options→test of phylogeny →点击“bootstrp”（值设为 1000）→substitution model→pairwise deletion→compute。

⑤再一次启动软件，将上一步保存的文件打开，然后在如上操作就可以得出进化树，再在上面直接修改。

3.5.4 构建系统发育树需要注意的问题

①相似与同源的区别：只有当序列是从一个祖先进化分歧而来时，它们才是同源的。

②序列和片段可能会彼此相似，但是有些相似却不是因为进化关系或者生物学功能相近的缘故，序列组成特异或者含有片段重复也许是最明显的例子；再就是非特异性序列相似。

③系统发育树法：物种间的相似性和差异性可以被用来推断进化关系。

④自然界中的分类系统是武断的，也就是说，没有一个标准的差异衡量方法来定义种、属、科或目。

⑤枝长可以用来表示类之间的真实进化距离。

⑥重要的是理解系统发育分析中计算能力的限制。任何建树的实验目的基本上就是从许多不正确的树中挑选正确的树。

⑦没有一种方法能够保证一棵系统发育树一定代表了真实进化途径。然而，有些方法可以检测系统发育树的可靠性。第一，如果用不同方法构建树能得到同样的结果，这可以很好地证明该树是可信的；第二，数据可以被重新取样（bootstrap），以检测他们统计上的重要性。

⑧进化树分支上的数字表示这一分支的可靠程度，即是数字越大说明越靠谱，总之越大越好，长度就是进化树距离，如果两个序列物质间的头部几乎在一个竖线上，就是同源性越靠谱，如果很长，说明很远。

3.5.5 系统发育树的美化

系统发育树（Interaction Tree of Life，网址：http：//itol. embl. de/，简称TOL），它是一个集在线展示、注释和管理进化树的交互工具。绘图过程中可以随意调整树枝、标签的颜色、形状和字体。而TOL最大的特点是可以同时展示不同的数据集，并按照个性化的需求控制数据集的位置、大小和颜色，并允许导出高质量的位图和矢量图。具体操作过程如下。

输入文件准备。输入文件主要包含两个部分：原始进化树文件，只能识别Newick、Nexus、PhyloXML、Text和Jplace等格式的纯文本文件（plain text files），比如MEGA等软件输出的Newick文件（图3－103）。或者i－Sanger

云平台（www. i - sanger. com）系统进化树分析产生的 tre 文件。

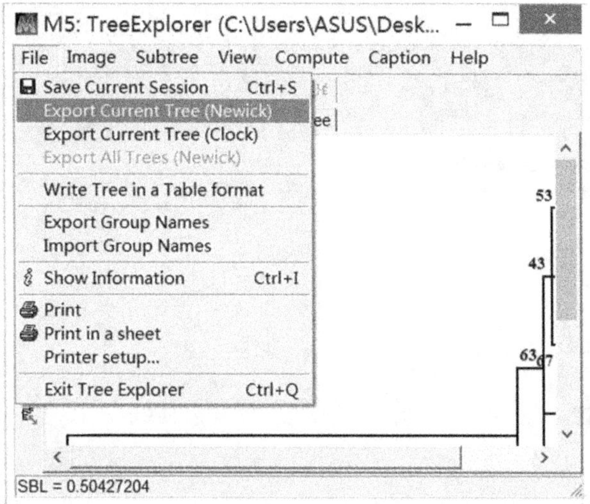

图 3 - 103　MEGA 软件输出 Newick 文件界面

进化树注释文件，通过下载 TOL 官网上提供的进化树不同数据集注释模板（网址：http：//itol. embl. de/help. cgi#annot，模板下载参考图 3 - 104 操作），将自己的数据按照模板修改从而获得注释文件。

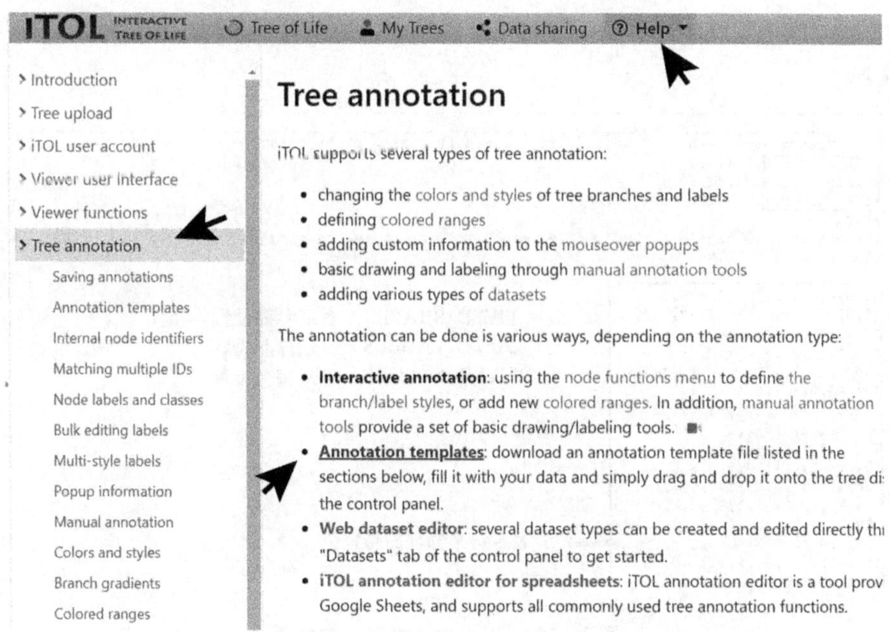

图 3 - 104　TOL 官网界面

下载的进化树数据集注释模板文件解压后如图 3 – 105 所示。

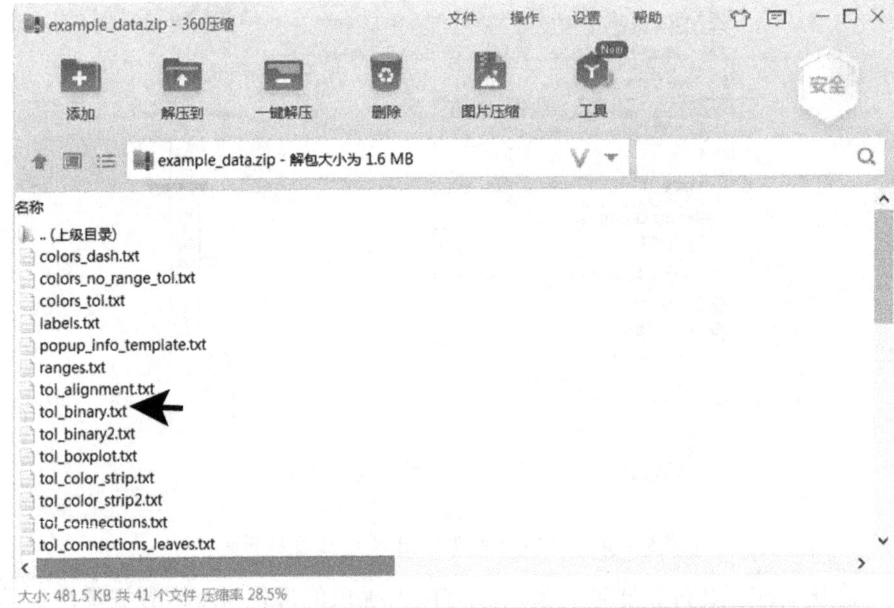

图 3 – 105　注释模板文件解压界面

以 tol_ binary. txt 文件为例：使用 Notepad + + 打开该文件，找到如图 3 – 106 所示界面，对图中的 4 个参数进行编辑，保存后即可直接用于进化树的注释。

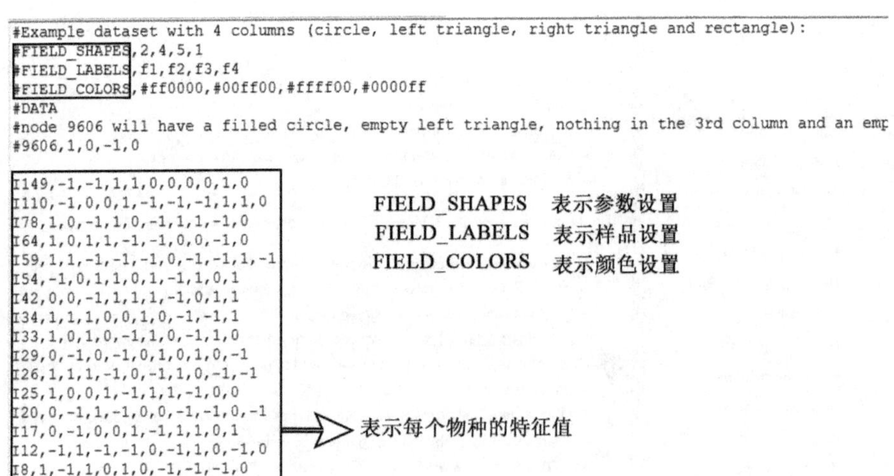

```
#Example dataset with 4 columns (circle, left triangle, right triangle and rectangle):
#FIELD_SHAPES,2,4,5,1
#FIELD_LABELS,f1,f2,f3,f4
#FIELD_COLORS,#ff0000,#00ff00,#ffff00,#0000ff
#DATA
#node 9606 will have a filled circle, empty left triangle, nothing in the 3rd column and an emp
#9606,1,0,-1,0

I149,-1,-1,1,1,0,0,0,0,1,0
I110,-1,0,0,1,-1,-1,-1,1,1,0
I78,1,0,-1,1,0,-1,1,1,-1,0
I64,1,0,1,1,-1,-1,0,0,-1,0
I59,1,1,-1,-1,-1,0,-1,-1,1,-1
I54,-1,0,1,1,0,1,-1,1,0,1
I42,0,0,-1,1,1,1,-1,0,1,1
I34,1,1,1,0,0,1,0,-1,-1,1
I33,1,0,1,0,-1,1,0,-1,1,0
I29,0,-1,0,-1,0,1,0,1,0,-1
I26,1,1,1,-1,0,-1,1,0,-1,-1
I25,1,0,0,1,-1,1,1,-1,0,0
I20,0,-1,1,-1,0,0,-1,-1,0,-1
I17,0,-1,0,0,1,-1,1,1,0,1
I12,-1,1,-1,-1,0,-1,1,0,-1,0
I8,1,-1,1,0,1,0,-1,-1,-1,0
```


图 3 – 106　Notepad 编辑参数界面

输入文件上传。将原始进化树文件按图 3 - 107 流程进行上传，需要注意的是进化树注释文件也可以直接拖动至进化树绘制面板。

iTOL INTERACTIVE TREE OF LIFE　Tree of Life　Upload　Data sharing　Help

Trees uploaded anonymously are deleted after 1 day. If you want to keep them private and protected, or have multiple trees to visualize, we recommend creating an iTOL account. If you already have an account, please login first.

Datasets and other annotation files should be dragged and dropped directly onto the interactive tree display. Please check the help pages for detailed instructions and dataset template files. Example tree and annotation files are available for download.

Upload a new tree

Tree name:

optional

Paste your tree into the box below, or select a file using the **Tree file** selector. You can also simply drag and drop the tree file onto the page (only a regular plain text file, not QIIME QZA files).

Tree text:

Tree file:

选择文件 未选择任何文件

Upload

图 3 - 107　TOL 官网上传进化树数据界面

进化树绘制面板。数据上传后，网页会跳转至进化树绘制面板界面（图 3 - 108）。

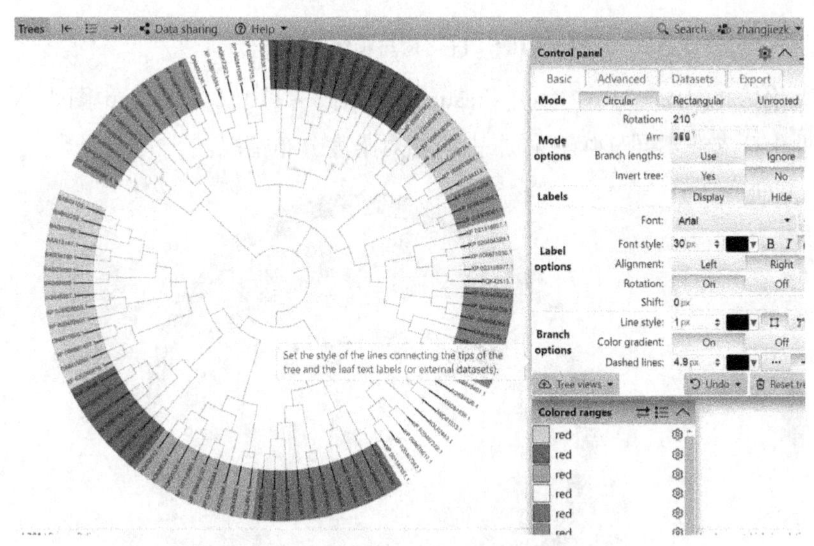

图 3 - 108　TOL 官网进化树绘制界面

通过调整控制面板（Controls）中的参数可对进化树进行简单编辑，如调整图形模式（Display mode），物种字体（Label font），树枝粗细，颜色

(Branch lines)，甚至可任意旋转进化树的方向（Parameters）等。图 3 - 108 左侧就是经过修改右侧的参数面板后生成的进化树图。

TOL 最具特色的功能是通过添加各种数据可形成各种各样的进化树。

进化树与箱线图（tol_ boxplot）（图 3 - 109），箱线图表示样本组不同物种进化分支的相对丰度分布情况。

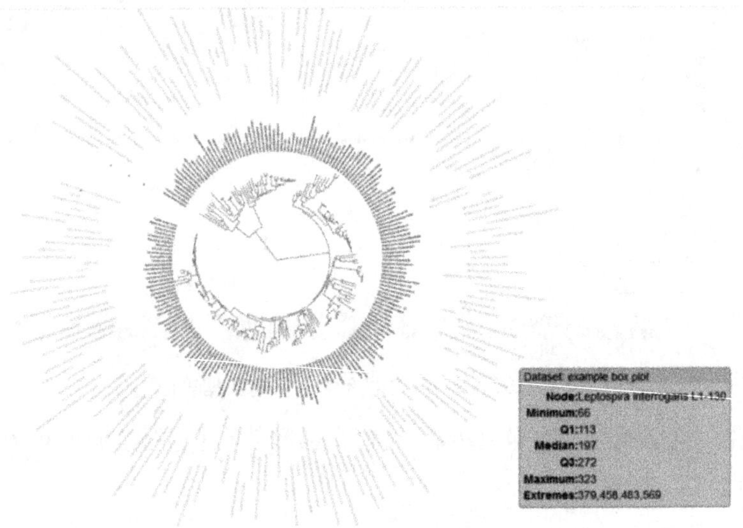

图 3 - 109　进化树与箱线图相结合

进化树与 Heatmap 图（tol_ heatmap）（图 3 - 110），Heatmap 图表示不同物种进化分支在不同（组）样本中的相对丰度分布情况。

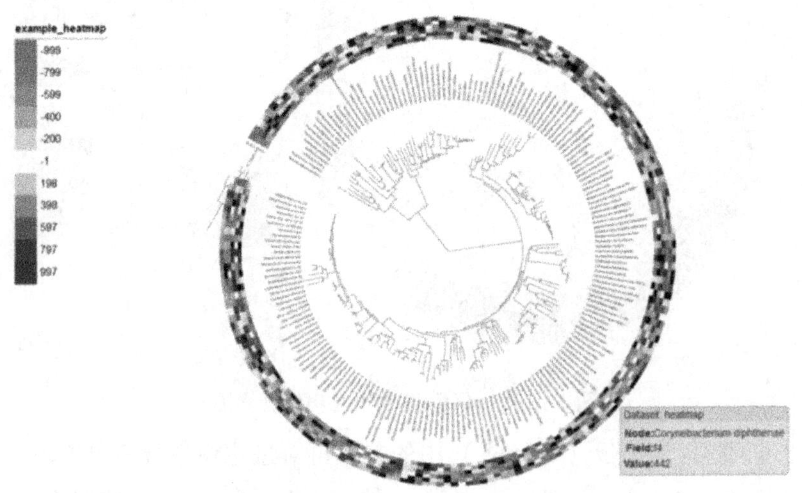

图 3 - 110　进化树与 Heat map 图结合

进化树与饼形图（tol_ pies）（图 3 - 111），饼形图表示不同物种进化分支在不同（组）样本中的占比信息。

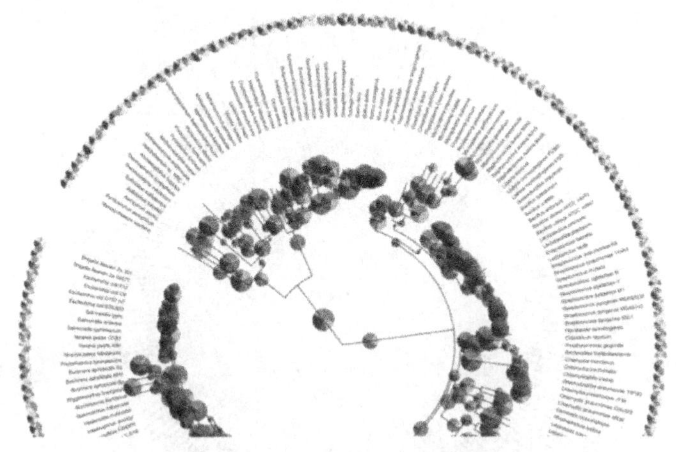

图 3 - 111　进化树与饼形图结合

进化树与物种分布特征图（tol_ binary）表示不同的形状代表不同的样品（图 3 - 112），实心形状赋值为 1，空心形状赋值为 0，空白位置赋值为 - 1，实际作图可根据需要进行赋值操作。

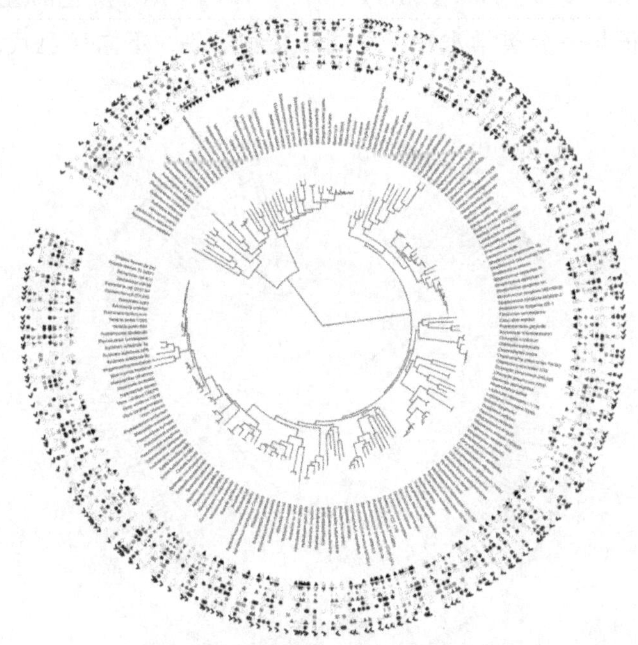

图 3 - 112　进化树与物种分布特征图结合

进化树与物种丰度堆叠柱状图（tol_ multibar）（图 3-113），柱状图中同一颜色代表同一样本（组），柱子的长短代表不同物种的相对丰度大小。

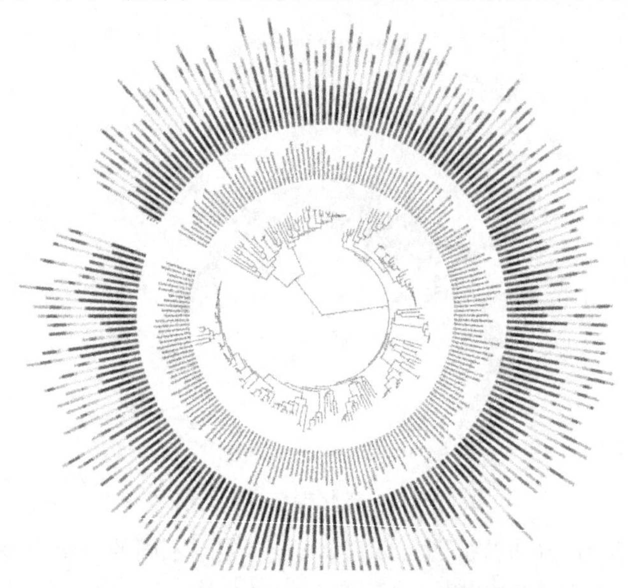

图 3-113　进化树与物种丰度堆叠柱状图结合

分类进化树（tol_ color_ strip）（图 3-114），同一颜色的进化树枝和最外圈彩带表征某一分类学水平下的同一物种类别，不同颜色代表不同物种类别。

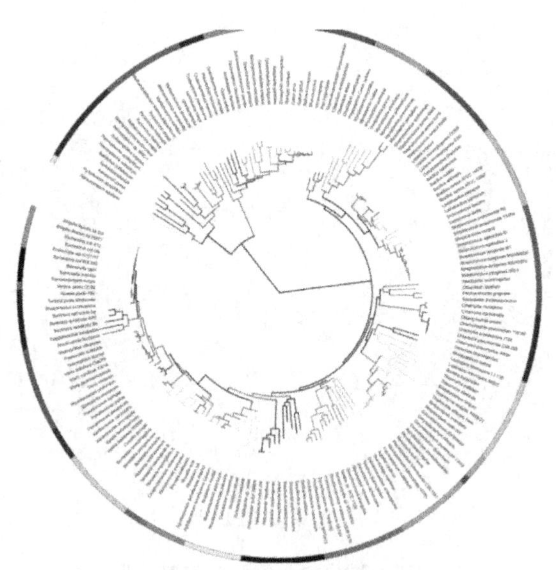

图 3-114　分类进化树

物种相关性进化树（tol_ connections_ leaves）（图 3－115），两端箭头连接的物种具有一定的相关性，线条的粗细可表征相关性数值的大小。

图 3－115　物种相关性进化树

图 3－116 为上述 7 种数据组合在一起绘制的进化树。

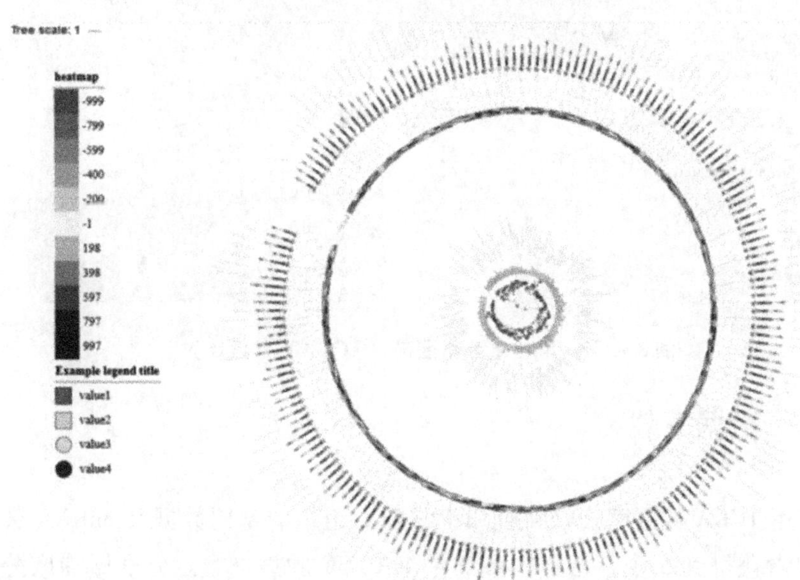

图 3－116　7 种数据组合进化树

进化树的导出，TOL 提供多种格式图形导出功能包括矢量图（Vector）、位图（Bitmap）和树文件（Text）。

3.6 小 RNA 分析方法

生物信息学是将分子生物学与信息处理技术结合，以计算机为工具对生物信息进行储存、检索和分析的交叉学科，其目的是利用各种数据库，分析整理其数据的意义而揭示大量复杂的生物数据所赋予的生物学奥秘。癌症基因组图谱（TCGA）数据库（https://portal.gdc.cancer.gov/，图 3－117）是由美国国家癌症研究所（NCI）及美国国家人类基因组研究所（NHGRI）联合建立，其中包括丰富的数据类型和肿瘤类型，不需要任何费用即可获得大量数据，其次在 TCGA 下载的数据已经经过了前期繁琐的标准化处理，节省了人工处理时间和资源。注意该网站需用 Microsoft Edge 浏览器打开。

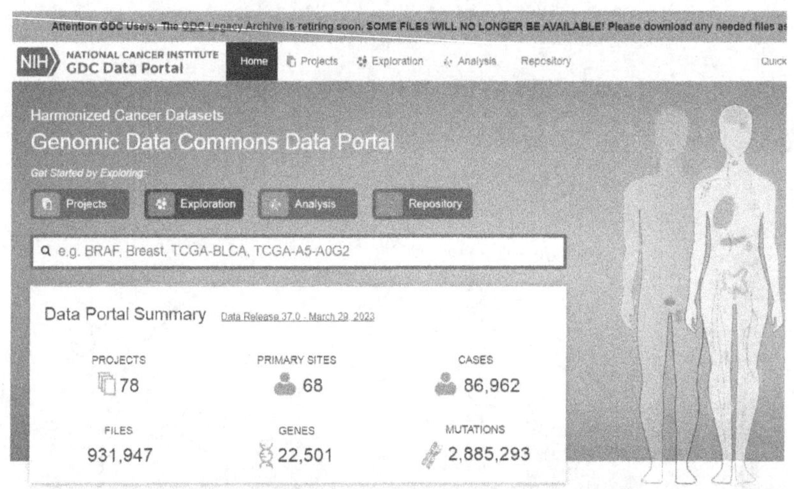

图 3－117 癌症基因组图谱（TCGA）数据库界面

3.6.1 数据下载

使用 TCGA 数据库获取肿瘤和正常配对组织的基因数据及 miRNA 数据，经过搜索获得到 3 个正常样本和 304 个 CESC 肿瘤样本。分别做临床分析、mRNA 差异分析、lncRNA 差异分析、miRNA 差异分析、生存分析、ceRNA 调控网络构建（图 3－118）。

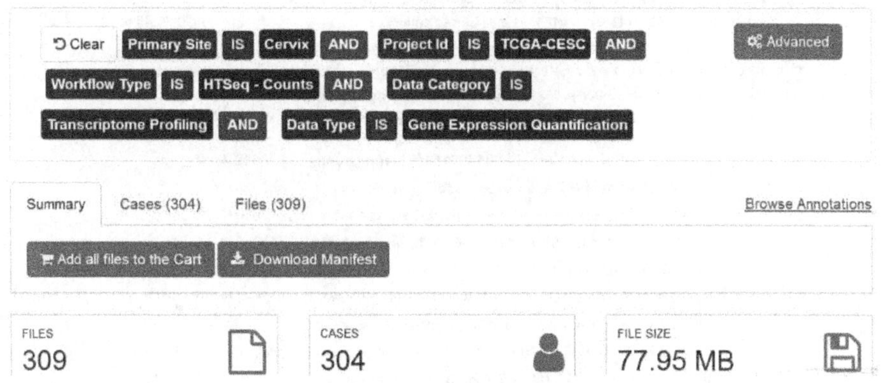

图 3－118 TCGA 数据库获取结果

3.6.2 mRNA 差异表达

（1）如何得到矩阵文件

下载文件为 counts 文件，每个样本的压缩包保存在单独的文件中。首先需要把所有的压缩包放在同一个文件夹内，统一解压，然后从几百个 counts 文件提取矩阵。得到 Ensembl 的矩阵，用 Homo_ sapiens. GRCh38. 87. chr. gtf 文件进行转换，得到 symbol 矩阵，包括 mRNA，和 lncRNA 及其他一起。分别提取 mRNA 矩阵和 lncRNA 矩阵（图 3－119）。

（2）使用 R 的 edgeR 包，筛选条件 | logFC | >2 & FDR <0. 01

得到 1933 个差异基因，1195 个下调，738 个上调，部分差异基因火山图和列表（图 3－120）。

（3）用 heatmap 程序包

得到前 100 上调差异基因和前 100 下调差异基因的热图（图 3－121）。

（4）GO 功能分析

DAVID 在线工具（https：//david. ncifcrf. gov/）分析所有差异基因的 GO 功能，筛选条件 PValue <0. 01，得到 223 个 GO。用 R 语言做柱状图得到 GO 功能分析图（图 3－122）。

（5）KEGG 分析

对差异基因做 KEGG 分析，使用的软件是 KOBAS 3. 0，这是一款简单容易操作的在线分析工具。需要注意的是，KOBAS（http：//kobas. cbi. pku. edu. cn/anno_ iden. php）在线工具需要输入 Entrez Gene ID，而

```
0bf9f161-3693-471b-bb5a-d5d8bddd807e.htseq.counts.gz   2017/4/5 17:10   好压 GZ 压缩
0bfc7c6b-a342-4446-bc0e-01256e13a8e4.htseq.counts.gz   2017/4/5 17:18   好压 GZ 压缩
0c7a2375-4d8d-4d51-b71d-52d25c0cfd51.htseq.counts.gz   2017/4/5 17:27   好压 GZ 压缩
0c32ae43-a5fc-4e59-b25e-bafb15ef96d3.htseq.counts.gz   2017/4/5 17:30   好压 GZ 压缩
0c165579-728c-453a-82f5-e6626c312c58.htseq.counts.gz   2017/4/5 17:25   好压 GZ 压缩
0cb67eb4-8c17-4e6e-8c8a-360dec6b25e8.htseq.counts.gz   2017/4/5 17:16   好压 GZ 压缩
```

```
0a32c5eb-d5df-4563-8eb8-e946499161f6.htseq.counts   2016/4/12 0:40
0a39c6d6-45dc-4487-aa35-a98ef183b529.htseq.counts   2016/4/13 0:13
0a66b543-fdfa-4aad-97d9-8e1e5e9b165f.htseq.counts   2016/4/13 21:49
0ab7a8af-1cee-430c-9b5e-d122266e043b.htseq.counts   2016/4/11 2:39
0ab93cce-69b2-4ef6-ba1e-954d8b93d239.htseq.counts   2016/4/9 3:01
0b4a20ee-0b9f-48fb-89ee-b0c0f3bfbd54.htseq.counts   2016/4/9 16:46
0bf9f161-3693-471b-bb5a-d5d8bddd807e.htseq.counts   2016/4/13 9:42
0bfc7c6b-a342-4446-bc0e-01256e13a8e4.htseq.counts   2016/4/12 19:01
0c7a2375-4d8d-4d51-b71d-52d25c0cfd51.htseq.counts   2016/4/10 13:44
0c32ae43-a5fc-4e59-b25e-bafb15ef96d3.htseq.counts   2016/4/16 9:09
0c165579-728c-453a-82f5-e6626c312c58.htseq.counts   2016/4/8 0:10
```

```
id  TCGA-FU-A3EO-11A-13R-A213-07  TCGA-HM-A3JJ-
01A-11R-A42T-07 TCGA-IR-A3LH-01A-21R-A213-07  T
CGA-2W-A8YY-01A-11R-A37O-07 TCGA-R2-A69V-01A-11
ENSG00000262902.1 34  43  78  75  23  41  16  1
ENSG00000261614.1 7 5 1 3 2 5 7 1 10  13  16  0
ENSG00000167468.15  10797 6805  9195  22966 486
ENSG00000267304.1 34  158 11  0 0 26  0 8 0 0 0
ENSG00000279964.1 2 0 0 1 4 1 5 0 3 0 2 1 0 1 0
ENSG00000238761.1 0 0 0 0 0 0 0 0 0 0 0 0 0 0 0
ENSG00000167244.16  24989 14427 12387 3001  840
ENSG00000273731.1 0 0 0 0 0 0 0 0 0 0 0 0 0 0 0
ENSG00000179833.4 3334  2439  1825  1116  2728
ENSG00000275296.1 0 0 0 0 0 0 0 0 0 0 0 0 0 0 0
ENSG00000236857.3 3 1 0 0 0 0 0 0 0 0 0 0 1 0 0
ENSG00000197587.9 0 1 3 25  486 30  26  7 17  7
ENSG00000222046.2 14  15  4 8 18  3 17  7 1 14
```

图 3-119　矩阵文件的获得界面

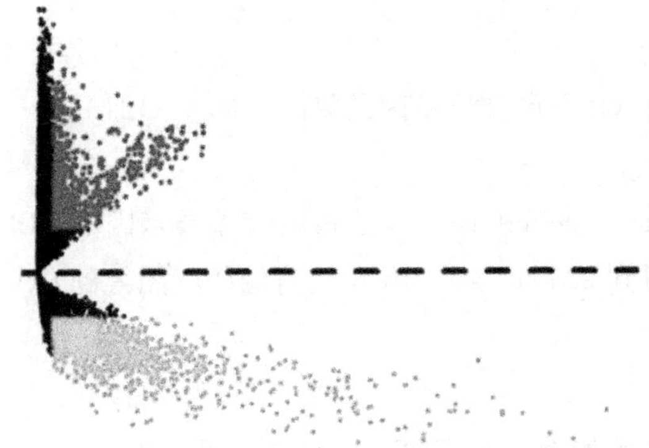

mRNA	logFC	logCPM	PValue	FDR
SGCA	-6.24869	-0.24906	3.89E-59	4.69E-56
KCNMB1	-5.54654	2.643921	1.71E-57	1.93E-54
MYH11	-6.84613	6.825829	1.92E-56	2.05E-53
JPH4	-6.24723	0.450018	3.42E-56	3.44E-53
ACTG2	-7.29887	5.839121	1.30E-55	1.24E-52
DES	-7.5182	6.080019	1.67E-55	1.51E-52
CACNB2	-4.76581	0.231967	1.71E-54	1.47E-51
PGM5	-6.9707	3.105014	3.87E-53	3.18E-50
LIMS2	-5.08318	3.832321	4.22E-53	3.32E-50
GPM6A	-7.04557	-0.63347	3.86E-52	2.91E-49
FAM110D	-4.59432	0.438104	1.18E-51	8.57E-49
PLN	-6.662	1.636736	4.37E-50	3.04E-47
PLCL1	-5.09622	1.267929	3.91E-49	2.62E-46
HSPB6	-6.03484	3.35086	1.27E-48	8.23E-46

图 3-120　差异基因火山图和列表

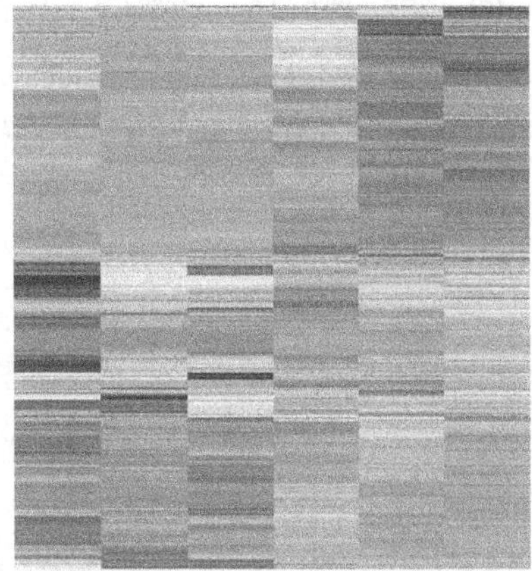

图 3－121　差异基因热图

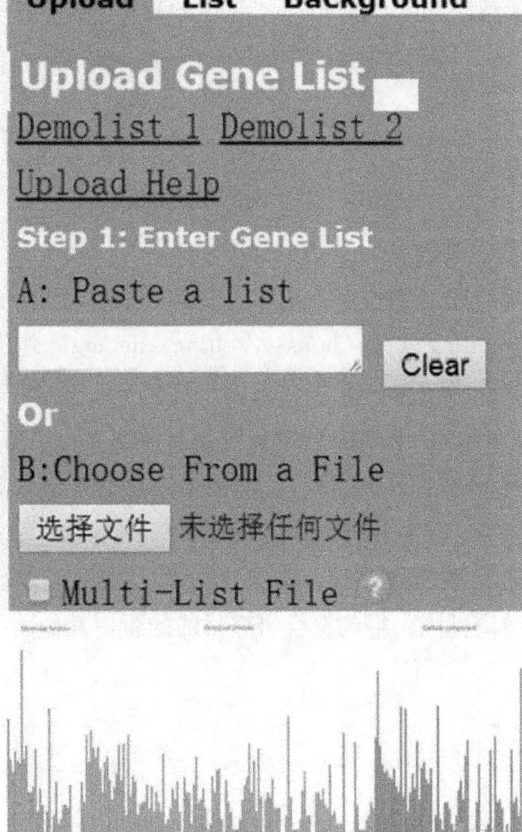

图 3－122　GO 功能分析图

得到的差异基因是 Gene ID。这需要转换，转换的工具有很多，可选择 DAVID（https：//david. ncifcrf. gov/）在线工具做转换。结果可以得到 KEGG 通路图和详细的表，筛选条件 P－Value＜0. 01，得到 67 个 KEGG 通路，其中一条通路如图 3－123 所示。

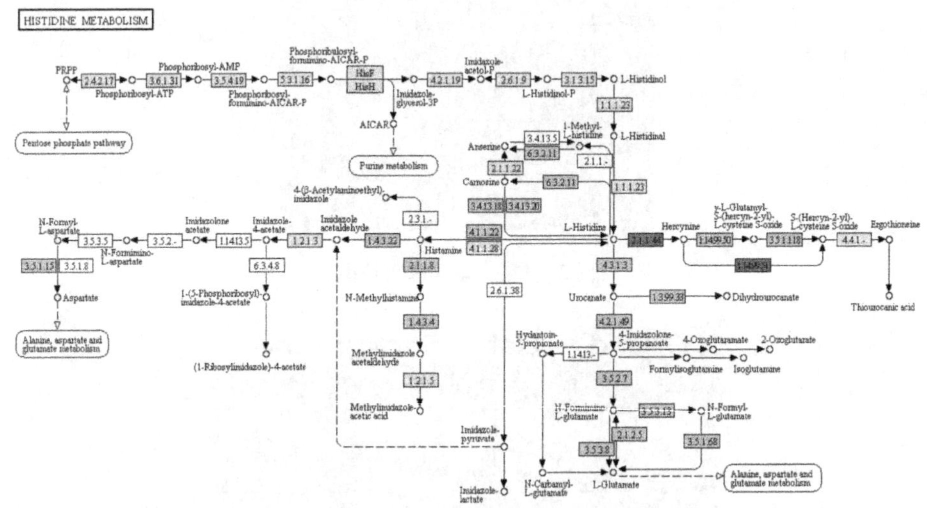

图 3－123　KEGG 通路图

（6）蛋白互作网络图

根据科研目标研究的重点和方向，往往需要蛋白互作网络图解释相关研究。一般选择在线 String 软件（https：//string－db. org）作为研究工具，这款可视在线工具使用非常简单，首先在搜索栏中输入目的蛋白的名称或编号或基因 ID（图 3－124），在结果中选中研究目标物种后，点击 Continue 按钮即可得到蛋白互作网络图（图 3－125）。但需要注意的是输入的 Gene ID 不能超过 2000 个，输出 PNG 时需要对图片进行调整，调整时有很多参数可以选择，比如相关性、是否出现游离基因，如果图片大而混乱，需要把相关性调大，一般情况下剔除游离基因，得到符合研究目的的蛋白互作网络图。

图 3－124　String 在线主界面

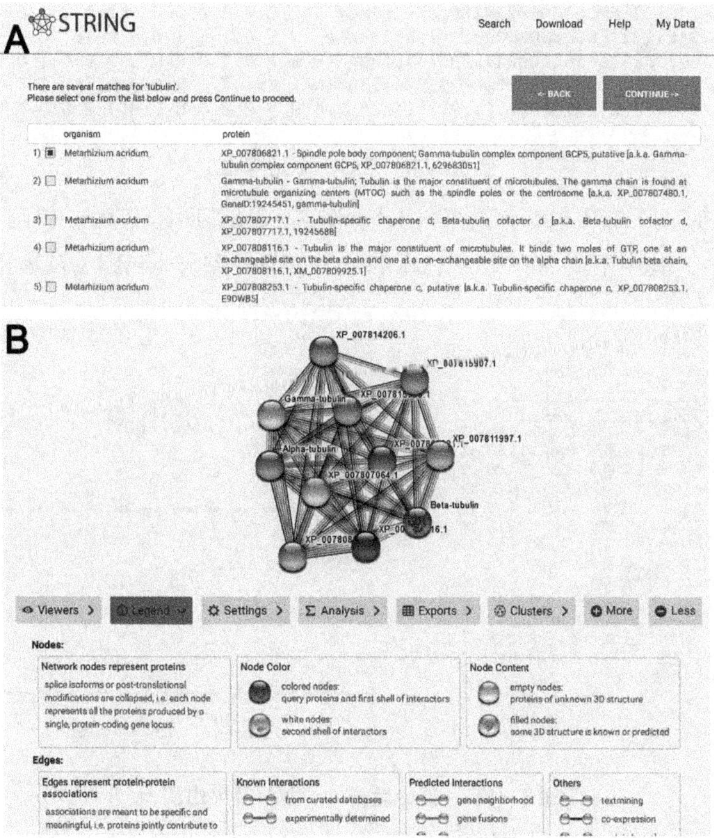

图 3－125　蛋白互作网络图

3.6.3 lncRNA 差异表达

（1）获得 lncRNA 矩阵。TCGA 数据库下载的转录数据，包含 mRNA 和 lncRNA，是在同一部分文件中，提取 lncRNA 矩阵选取 antisense、lincRNA、sense_ intronic 等（图 3－126）。

```
ID  TCGA-FU-A3EO-11A-13R-A213-07  TCGA-HM-A3JJ-11A-12R-A21T-07  TCGA-M
01A-21R-A213-07 TCGA-EX-A69L-01A-11R-A32P-07  TCGA-ZJ-AAX4-01A-11R-A42
CGA-R2-A69V-01A-11R-A32P-07 TCGA-EX-A69M-01A-11R-A32P-07  TCGA-C5-A7CO
AC004637.1|ENSG00000267304|antisense  34  158 11  0 0 26  0 8 0 0 0 5
LINC01333|ENSG00000249343|lincRNA 0 0 0 0 0 0 0 0 0 0 0 0 0 0 0 0 0 0
RP11-208N20.1|ENSG00000250141|lincRNA 0 1 0 0 0 0 0 0 0 0 1 0 2 0 0 0
RP3-446N13.1|ENSG00000256342|lincRNA  0 0 0 0 0 0 0 0 0 0 0 0 0 0 0 0
CTD-2270L9.4|ENSG00000260136|lincRNA  68  91  40  171 50  21  90  61
AC145123.2|ENSG00000277332|antisense  0 0 0 0 0 105 0 0 0 1 1 0 0 0 0
RP11-665C16.6|ENSG00000258413|lincRNA 3 1 0 0 2 2 7 3 3 2 5 3 7 0 0 8
RP11-430G17.3|ENSG00000271200|lincRNA 17  9 1 9 2 4 13  7 14  9 4 1 10
RP11-24C3.2|ENSG00000244380|antisense 1 2 0 0 0 0 0 0 0 1 1 0 1 0 0 0
RP4-724E13.2|ENSG00000228204|antisense  0 1 0 1 9 3 0 4 2 16  6 31  8
RP11-497D6.5|ENSG00000272397|lincRNA  0 0 0 0 0 0 0 0 1 0 0 0 1 0 0 0
XXbac-BPG55C20.7|ENSG00000225096|lincRNA  14  4 8 2 6 0 42  0 0 5 1 0
RP11-445P19.3|ENSG00000272827|lincRNA 0 0 0 0 0 0 0 0 0 3 0 0 0 0 0 2
```

图 3－126　lncRNA 矩阵图

（2）使用 edgrR 包，筛选条件 | logFC | >2 & FDR <0. 01，得到 494 个差异 lncRNA，其中下调 360 个，上调 134 个，部分差异 lncRNA 及火山图（图 3－127）。

lncRNA	logFC	logCPM	PValue	FDR
MEF2C-A	-5.12053	4.206852	3.03E-36	1.85E-33
RP11-106	-5.71152	5.135875	2.68E-35	1.52E-32
LINC0119	-4.49756	5.454606	1.92E-32	1.02E-29
AC005062	-4.78217	5.500266	6.62E-32	3.29E-29
CTC-510F	-3.88815	4.65546	1.17E-31	5.50E-29
RP11-475	-6.11316	2.727759	2.06E-31	9.12E-29
JAZF1-AS	-4.68928	3.679667	3.71E-31	1.55E-28
MRGPRF-	-5.44274	3.430677	1.45E-29	5.77E-27
NAV2-AS	-6.00366	3.192873	1.34E-28	5.07E-26
AC002398	-5.74957	3.071867	7.39E-28	2.67E-25
HP09025	-4.73608	2.925674	8.20E-28	2.84E-25
AC018647	-3.84579	3.809439	7.90E-27	2.62E-24
CLRN1-AS	-5.89129	3.01616	2.68E-26	8.52E-24
RP11-867	-5.38108	5.735203	5.53E-26	1.69E-23

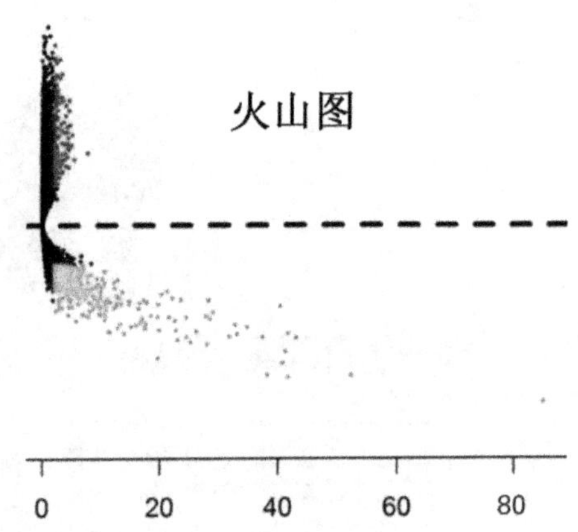

图 3－127　部分差异 lncRNA 及火山图

（3）上调前 100 个，下调前 100 个 lncRNA 聚类获得热图（图 3－128）。

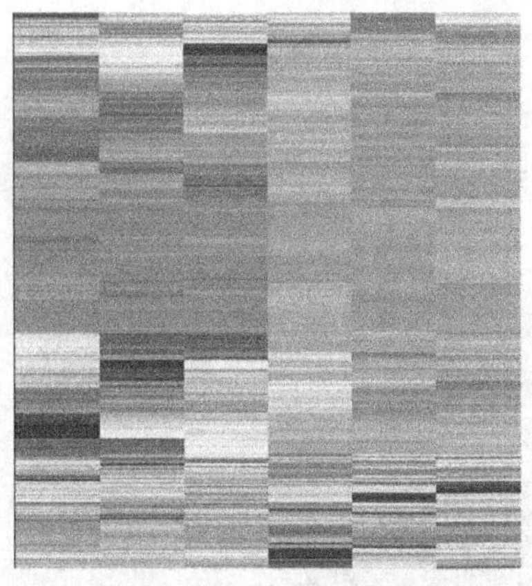

图 3-128 聚类热图

3.6.4 miRNA 差异表达

①首先需要获得 miRNA 的矩阵文件，从 TCGA 下载的是每个样本单独的矩阵文件，需要利用 perl 或者 python 脚本提取，提取得到需要进行分析的文本文件。

②使用 edgrR 包，筛选条件 | logFC | >2 & FDR < 0.01，得到 74 个差异 miRNA，其中下调 43 个，上调 31 个，部分差异 miRNA 列表和分布如图 3-129 所示。

miRNA	logFC	logCPM	PValue	FDR
hsa-mir-10b	-3.94653	15.12983	5.46E-38	3.59E-35
hsa-mir-145	-4.461	10.62508	2.11E-37	6.93E-35
hsa-mir-140	-2.93502	9.70045	1.69E-28	3.72E-26
hsa-mir-133a-	-4.7251	3.743222	1.79E-22	2.94E-20
hsa-mir-133a-	-4.76927	3.619383	8.08E-21	1.06E-18
hsa-mir-1-1	-4.26096	3.322742	1.74E-18	1.91E-16
hsa-mir-1-2	-4.25092	3.430678	3.31E-18	3.11E-16
hsa-mir-143	-3.33645	16.24204	1.74E-16	1.43E-14
hsa-mir-139	-2.87267	4.901688	3.74E-14	2.73E-12
hsa-mir-129-2	-4.06675	1.766228	1.85E-12	1.22E-10
hsa-mir-129-1	-4.0349	1.661023	7.28E-12	4.36E-10
hsa-mir-125a	-2.21933	9.124895	1.91E-11	9.25E-10
hsa-mir-100	-3.61072	12.17412	1.97E-11	9.25E-10
hsa-mir-133b	-4.00795	1.781556	1.64E-10	7.19E 09
hsa-mir-320a	-2.00549	10.34087	1.99E-10	8.20E 09

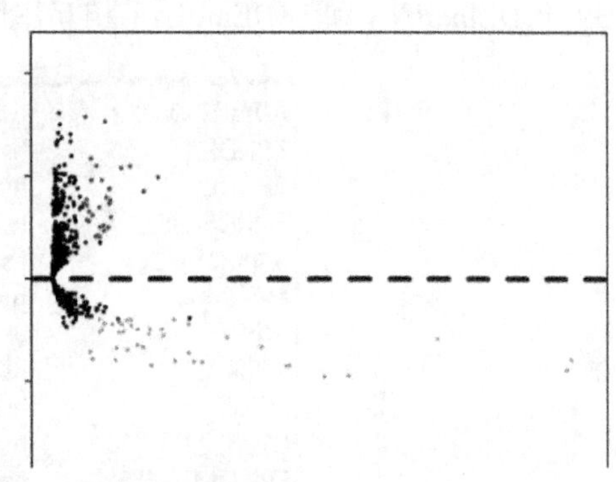

图 3-129 差异 miRNA 列表和分布

③使用 edgrR 语言包聚类进行热图分析（图 3-130），分析过程与前 mRNA 相似。

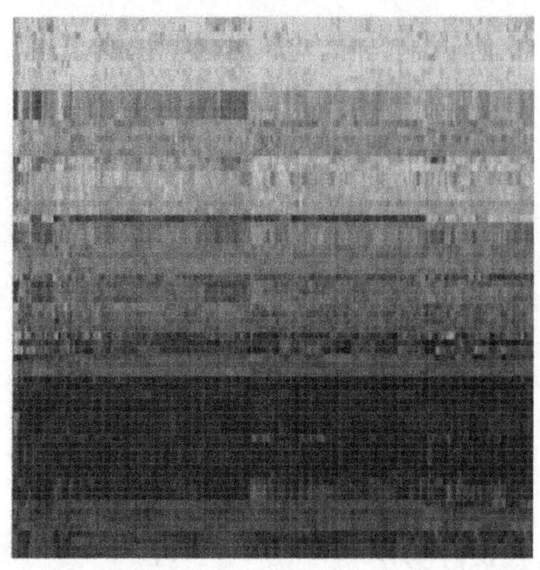

图 3－130　聚类热图

3.6.5　ceRNA 网络构建

（1）IncRNA 和 miRNA 比对

用在线工具，比如 StarBase，做 lncRNA 和 miRNA 的比对，这一步是构建 ceRNA 的关键。这里 494 个差异 lncRNA 和 74 个差异 miRNA 进行比对。得到 39 个 DElncRNA 和 18DEmiRNA 相互作用（图 3－131）。

ADAMTS9-AS2	hsa-miR-143
CRNDE	hsa-miR-143
CRNDE	hsa-miR-143
FRMD6-AS2	hsa-miR-143
SAPCD1-AS1	hsa-miR-100
KIAA0087	hsa-miR-141
WDFY3-AS2	hsa-miR-141
WT1-AS	hsa-miR-141
MEG3	hsa-miR-141
C1orf229	hsa-miR-141
EPB41L4A-AS1	hsa-miR-141
MAGI2-AS3	hsa-miR-141
MAGI2-AS3	hsa-miR-141

图 3－131　ceRNA 网络相互作用

（2）miRNA 靶基因预测

利用 TargetScan、miRDB、miRanda、miRTarBase 在线工具对 18 个 miRNA 进行靶基因预测，得到的靶基因再与差异基因比较，除去非靶基因，得到 69 个靶基因也就是 DEmRNA（图 3－132）。

hsa-miR-…	NTRK2	1	1	1	1	4
hsa-miR-…	COL5A3	1	1	1	1	4
hsa-miR-…	FOXD4L1	1	1	1	1	4
hsa-miR-…	ZNF17	1	1	1	1	4
hsa-miR-…	ANKRD28	1	1	1	1	4
hsa-miR-…	ZEB1	1	1	1	1	4
hsa-miR-…	UBR7	1	1	1	1	4
hsa-miR-…	IGFBP5	1	1	1	1	4
hsa-miR-…	STK40	1	1	1	1	4
hsa-miR-…	ARIH1	1	1	1	1	4
hsa-miR-…	PHLPP2	1	1	1	1	4
hsa-miR-…	RECK	1	1	1	1	4

图 3－132　miRNA 靶基因预测结果

（3）构建 ceRNA 网络

经过一次比对，一次预测，最终得到 39 个 DElncRNA、18 个 DEmiRNA 和 69 个 DEmRNA，以及它们之间的相互关系。使用 cytoscape 对具有相关性的 lncRNA、miRNA、miRNA 靶基因进行可视化处理。就可得到 ceRNA 网络（图 3－133）。cytoscape 的使用有很多学问，如何做出漂亮的图取决于花时间进行精细和自己的科学审美观。

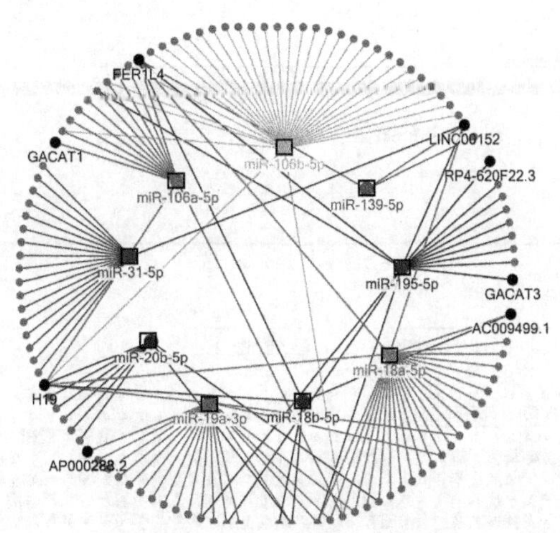

图 3－133　ceRNA 网络图

备注：圆形代表 **DERAN**，方块代表 **DEmiRNA**，外边圆形代表**DElncRNA**。

3.7 基因编码蛋白的二级结构预测

3.7.1 PSIPRED Workbench 在线预测

登录 PSIPRED Workbench（http://bioinf.cs.ucl.ac.uk/psipred/）主界面（图 3-134 上）。

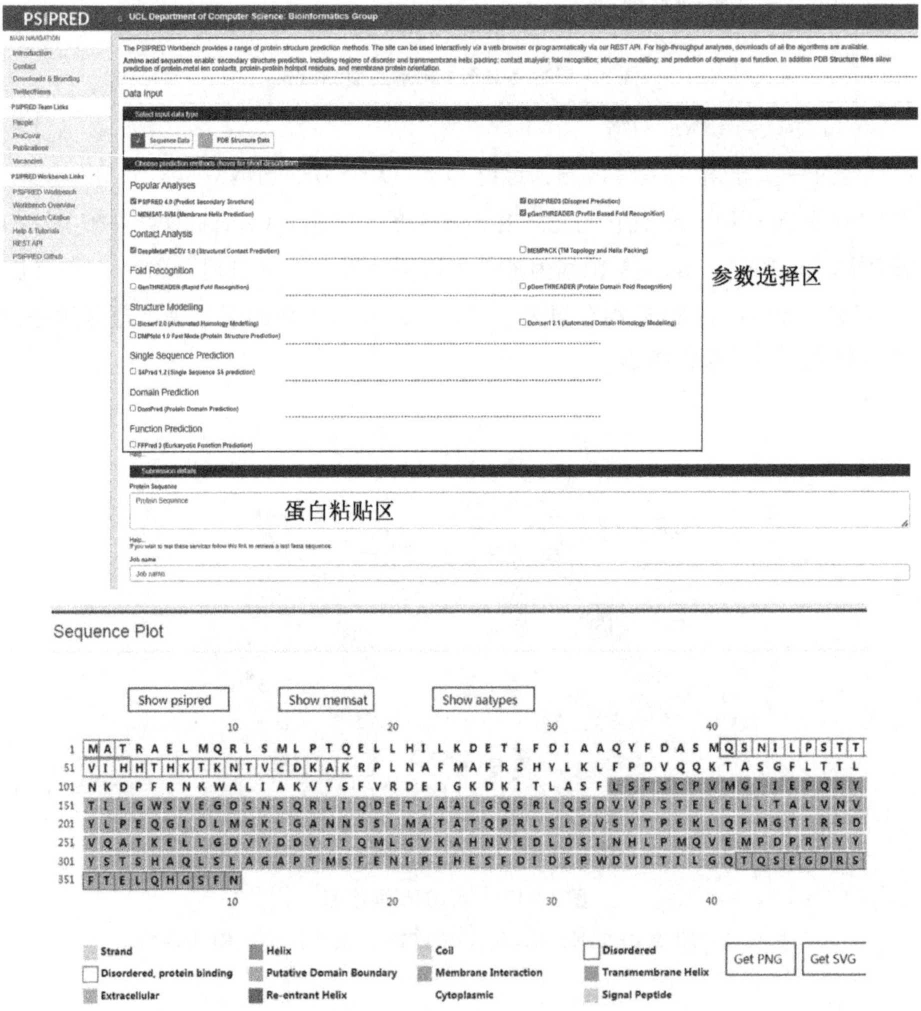

图 3-134 PSIPRED Workbench 主界面与结果界面

点击 Sumit 提交按钮即可运行程序，程序结束后，预测结果连接发送到邮箱。打开链接即可查看下载预测结果（图 3－134 下）。

3.7.2　COILS 在线预测卷曲结构

登录 COILS（https：//embnet. vital－it. ch/software/COILS_ form. html）主界面，在主界面中填入相应的参数和目标蛋白序列。点击 Run Coils 按钮即可运行（图 3－135）。运行结束则显示为预测结果界面。

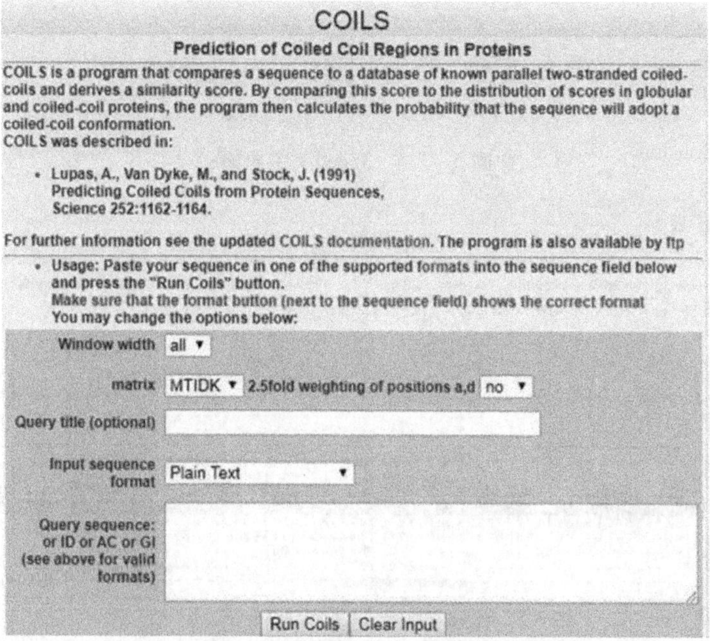

图 3－135　在线 COILS 主界面

3.7.3　Jpred4 在线预测

登 录 Jpred4（http：//www. compbio. dundee. ac. uk/jpred4/index _ up. html）主页，主页的 Input sequence 窗口中粘贴目标蛋白序列，双击 Make Prediction 即可运行程序（图 3－136）。然后再弹出的对话框中点击 Continue 按钮即可。运行完毕后即显示预测结果界面（图 3－137），该界面中的参数 H＝ alpha－helix，E ＝beta－sheet，L＝loop（coil）。

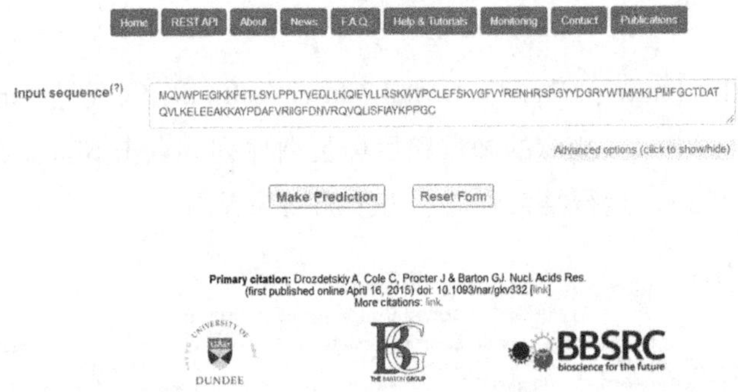

图 3－136　Jpred 4 主界面

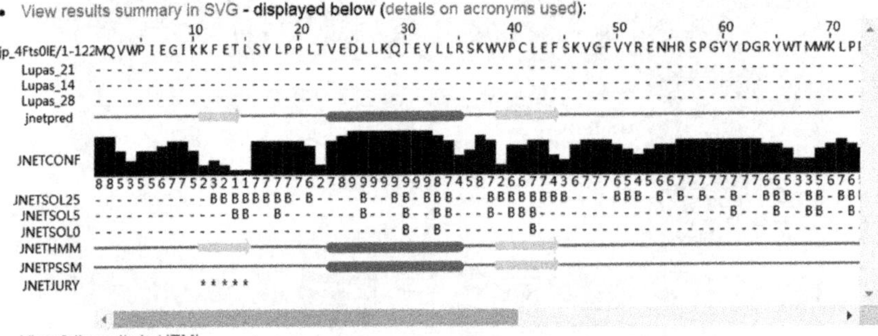

图 3－137　预测结果主界面

3.7.4　scratch. proteomics 在线预测

登录主界面（http：//scratch. proteomics. ics. uci. edu/），填入邮箱、名称、选择预测目标，然后提交即可，运算完成后，结果被自动发到所填邮箱中(图 3－138)。结果的字母含义为 H：alpha－helix，G：3－10－helix，I：pi－helix（extremely rare），E：extended strand，B：beta－bridge，T：turn，S：bend，C：the rest。

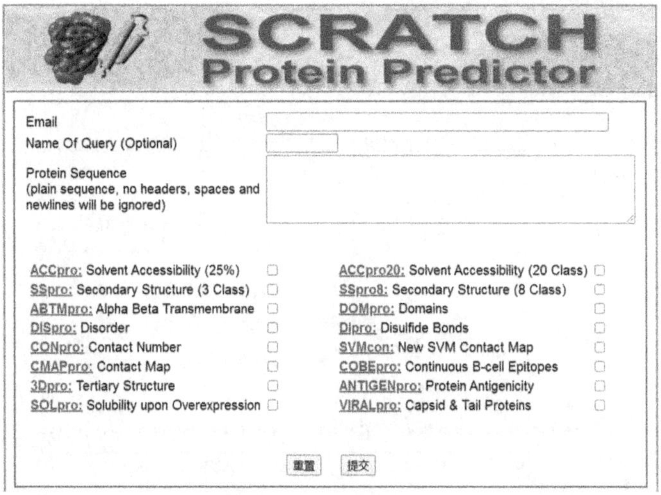

SCRATCH
Protein Predictor

Email
Name Of Query (Optional)
Protein Sequence
(plain sequence, no headers, spaces and newlines will be ignored)

ACCpro: Solvent Accessibility (25%)
SSpro: Secondary Structure (3 Class)
ABTMpro: Alpha Beta Transmembrane
DISpro: Disorder
CONpro: Contact Number
CMAPpro: Contact Map
3Dpro: Tertiary Structure
SOLpro: Solubility upon Overexpression
ACCpro20: Solvent Accessibility (20 Class)
SSpro8: Secondary Structure (8 Class)
DOMpro: Domains
DIpro: Disulfide Bonds
SVMcon: New SVM Contact Map
COBEpro: Continuous B-cell Epitopes
ANTIGENpro: Protein Antigenicity
VIRALpro: Capsid & Tail Proteins

重置 提交

图 3-138 在线 scratch proteomics 预测主界面

3.7.5 Predict Protein 在线预测

打开网站主界面（https：//www. predictprotein. org/），注册后登录，输入目标蛋白序列，点击 Predict Protein 按钮，经过运算后则呈现结果窗口或点击邮箱中的链接，点击结果窗口中的 Collapse + 按钮，即可详细查看多种形式展示的结果（图 3-139）。

结果名称	说明
Secondary Structure	蛋白质二级结构预测
Transmembrane	典型跨膜螺旋区预测
Coiled Coils	卷曲螺旋预测
Low complexity segments	低复杂区域识别
Non-Ordinary Secondary Structure	非典型二级结构预测
Localization	蛋白质定位预测
Disulphide Bonds	二硫键位置预测
Trans-Membrane Beta-Barrel	β-桶状跨膜区预测（细菌）
Protein Disorder	蛋白质结果无序性分析
Ambivalent Switches	识别构象变化的氨基酸
Protein-Protein binding	蛋白质-蛋白质结合位点识别
Protein-DNA binding	蛋白质-DNA结合位点识别
Globular	球状蛋白预测结果
Prosite	基序（Motif）识别和分类
Alignmnet	PSI-BLAST分析

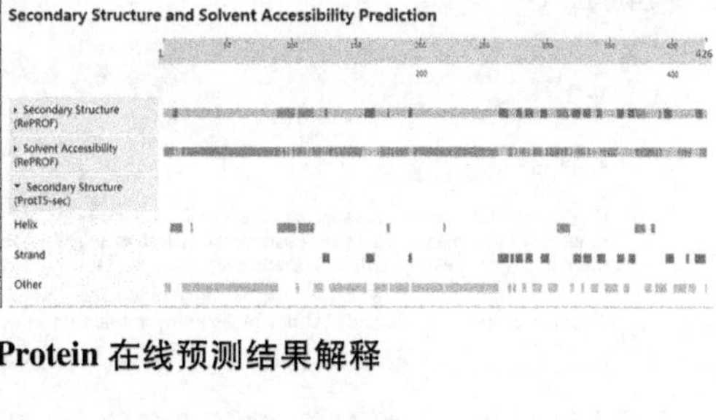

Secondary Structure and Solvent Accessibility Prediction
Secondary Structure (RePROF)
Solvent Accessibility (RePROF)
Secondary Structure (ProtTS-sec)
Helix
Strand
Other

图 3-139 PredictProtein 在线预测结果解释

3.7.6 信号肽的在线预测

登录信号肽网站（http：//www. cbs. dtu. dk/services/SignalP/），粘贴目标蛋白序列，选择物种和输出方式，然后点击 Sumit 按钮即可。运算结果各项的含义如图 3 - 140 所示。

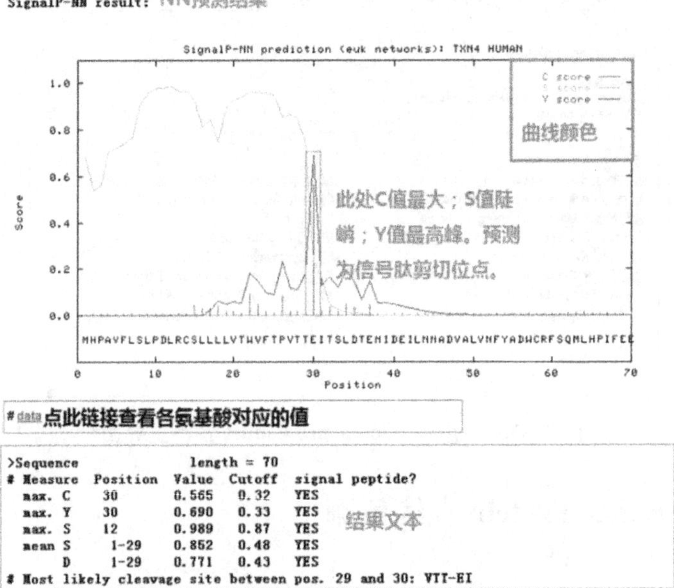

图 3 - 140　COILS 主界面

3.8　蛋白质的物理化学性质预测

登录 ProtParam tool（https：//web. expasy. org/protparam/）主界面（图 3 - 141）。

Expasy　　ProtParam

ProtParam tool

ProtParam (References / Documentation) is a tool which allows the computation of various physical and chemical parameters for a giver sequence. The computed parameters include the molecular weight, theoretical pI, amino acid composition, atomic composition, extinction average of hydropathicity (GRAVY) (Disclaimer).

Please note that you may only fill out **one** of the following fields at a time.

Enter a Swiss-Prot/TrEMBL accession number (AC) (for example **P05130**) or a sequence identifier (ID) (for example **KPC1_DROME**):

Or you can paste your own amino acid sequence (in one-letter code) in the box below:

◄ 输入目标序列ID或粘入蛋白序列

RESET　Compute parameters

图 3 - 141　ProtParam tool 主界面

点击 Computer parameters 按钮即可显示出该蛋白的 the molecular weight, theoretical pI, amino acid composition, atomic composition, extinction coefficient, estimated half - life, instability index, aliphatic index 和 grand average of hydropathicity 等参数界面。

3.9　基因的模体识别与解析

Sart 在线分析，登录（http：//smart. embl - heidelberg. de/）的主界面，输入蛋白序列，选择所要预测的参数，点击 Sequence Smart 按钮即可进行运算（图 3 - 142 左），运算结果见图 3 - 142 右。

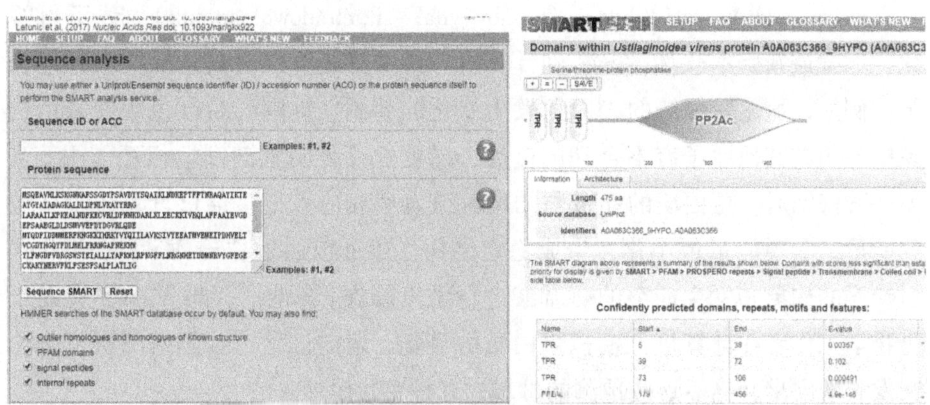

图 3 - 142　Smart 主界面与预测结果

HMMER 在线分析，登录（https：//www. ebi. ac. uk/Tools/hmmer/）主界面，输入蛋白序列，点击 Sumit 按钮，运算结束后即呈现结果（图 3 - 143）。

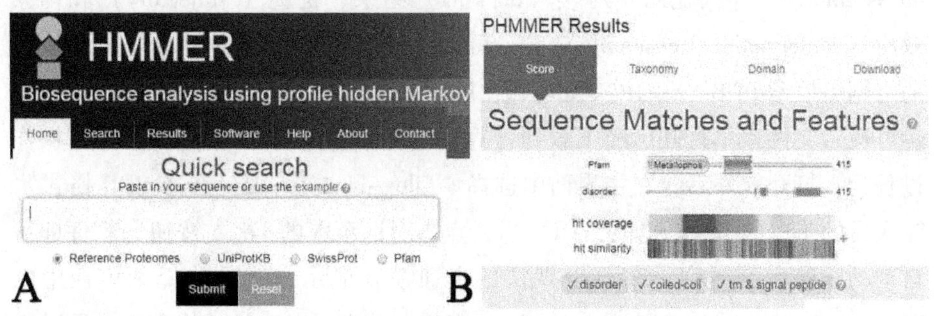

图 3 - 143　Smart 预测结果

3.10 蛋白结构的可视化

Robetta（https：//robetta. bakerlab. org/home. php）从头预测蛋白结构，登录主界面完成注册后，在主界面中点击 Structure Prediction→Sumit 按钮然后→输入名称和粘贴目标蛋白序列后点击 Sumit 按钮即可完成操作。点击上方序列查看链接“Queue”，可获悉提交项目的运行状态，“Active”表示正在运行，“Complete”表示项目已完成，此时点击“Job ID”可查看结果。返回的结果主要包含蛋白质二级结构和结构域信息，若需对全蛋白进行 3D 结果预测，则点击“Run Full3 – D structure Prediction”。

Swiss – PdbViewer（http：//spdbv. vital – it. ch/download. html）线下可视化，下载最新版本软件，安装到计算机。该工具还可以对氨基酸构象加以修饰。例如，氨基酸侧链的二面角发生变化的基团，周围的粉红色虚线表示构象中基团与其他原子有不合理的碰撞，绿色虚线表明氢键发生相互作用。当氨基酸修饰后，蛋白质的能量与结构都会发生相应改变。通过计算各个区域的能量，实现能量最小化，生成稳定结构，还可以通过“aa Making Clashe”对错误的构象和发生冲突的氨基酸进行手工修饰。Swiss – Pdb Viewer 有助于生物学工作者在计算机上模拟蛋白质的突变、定向进化，制作的图形符合论文发表的要求，当然这些预测的可靠性有待实验验证。

Chimer（http：//plato. cgl. ucsf. edu/chimera/）蛋白质结构综合分析。Chimer 为免费蛋白质结构综合分析软件，适用多个操作平台。Chimer 可提供分子结构及相关数据可视化和分析，包括密度图、超分子拼接（supramolecular assembly）、序列比对、对接（docking）结果、轨迹（trajectory）和构象效应（conformational ensemble）等。可以生成高质量的图像和动画。Chimera 通过网络搜索 PDB，SCOP，PubMed，Modbase 等数据库获得蛋白的结构信息，也可通过文件菜单打开已经下载到计算机上 PDB 格式的目的蛋白。具体操作过程为：打开软件后，在主界面中选择“File→Fech by ID→选择 PDB 格式”，输入目的蛋白的 ID（例如：1yti）后，点击对话菜单的 Fetch 按钮，软件即可自动动获取目的蛋白，结果以默认的卡通模式显示，然后选择菜单栏中的“Preset – Interactive 1 – Puhlication 3”，程序自动为蛋白二级结构着色。再进入“Select”菜单，选择“Residue”的 PHB 分子，突出该蛋白质结合的配体。进入“Actians”菜单，选择“Atoms/Bonds”下的“Sphere”模型。选择合适的观察角度，最后用“File”菜单下的“Save image”选项保存图片，即可得到该蛋白质与配体的结合示意图（图 3 – 144）。

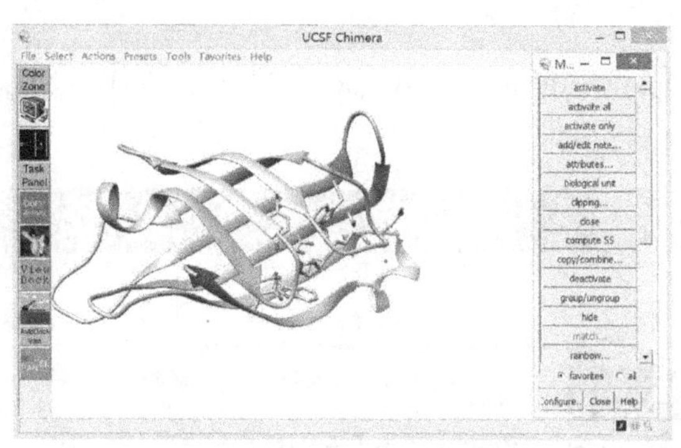

图 3 – 144　Chimer 软件主界面

PyMOL（http：//pymol. org）蛋白质结构可视化分析。PyMOL 是由 Warren Lyford DeLano 创建的开源分子可视化免费软件，适用多个操作平台。该程序可以生成小分子和生物大分子的高质量 3D 图像，是结构生物学的开源模型可视化工具之一。打开软件主界面后，通过文件菜单打开已经下载到计算机上 PDB 格式的靶蛋白，也可通过菜单栏中依次操作：File→Get PDB→PDB ID 框填入靶蛋白 ID，并框选 PDB 结构，点击对话框底部的 Download 按钮，软件进行自动下载靶蛋白并打开。在 Display 菜单的子菜单和颜色面板可对靶蛋白的显示样式进行选择（图 3 – 145）。

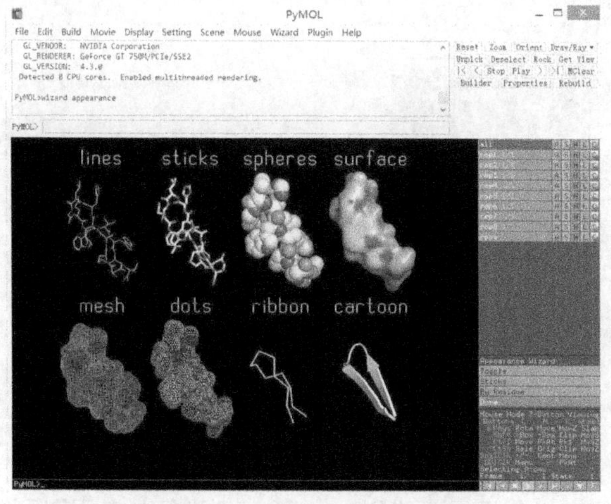

图 3 – 145　PyMOL 软件主界面

3.11 基因的富集信号通路分析

打开网站 https：//david. ncifcrf. gov/，进入 DAVID 首页，然后点击 Start Analysis（图 3 – 146）。

图 3 – 146 DAVID 首页

输入所需要富集的显著差异的基因名，并在 select identifier 中选择 official gene symbol，然后在 gene type 中选择 type list，最后点击 submit list（图3 – 147A）。

根据分析的对象，在 list 和 background 中可根据自己研究物种的类型进行选择（图 3 – 147B）。

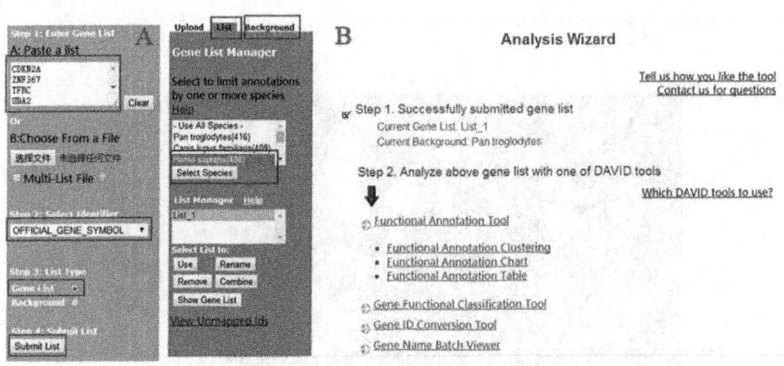

图 3 – 147 富集选择界面

由于下游的富集分析需要使用 gene ID，则进行从基因名到基因 ID 的转换

（图 3－148）。

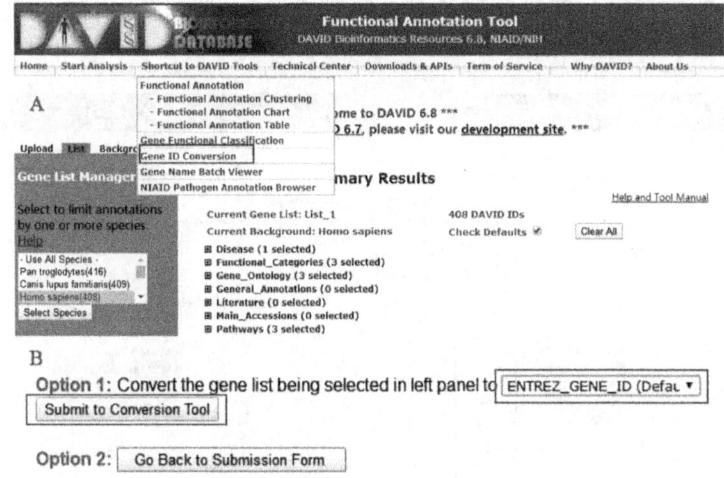

图 3－148　基因 ID 的转换

下载转换后的结果如图 3－149 所示。

Gene Accession Conversion Tool　　Help

Gene Accession Conversion Statistics

Conversion Summary		
ID Count	In DAVID DB	Conversion
408	Yes	Successful
0	Yes	None
0	No	None
0	Ambiguous	Pending
Total Unique User IDs: 408		
Summary of Ambiguous Gene IDs		
ID Count	Possible Source	Convert All
All Possible Sources For Ambiguous IDs		
Ambiguous ID	Possiblity	Convert

Download File

Submit Converted List to DAVID as a Gene List　　Submit Converted List to DAVID as a Background

From	To	Species	David Gene Name
PDP1	54704	Homo sapiens	pyruvate dehyrogenase phosphatase catalytic subunit 1(PDP1)
CTHRC1	115908	Homo sapiens	collagen triple helix repeat containing 1(CTHRC1)
RPLP2	6181	Homo sapiens	ribosomal protein lateral stalk subunit P2(RPLP2)
ANKLE2	23141	Homo sapiens	ankyrin repeat and LEM domain containing 2(ANKLE2)
ACBD3	64746	Homo sapiens	acyl-CoA binding domain containing 3(ACBD3)
PIK3CA	5290	Homo sapiens	phosphatidylinositol-4,5-bisphosphate 3-kinase catalytic subunit alpha(PIK3CA)

图 3－149　基因 ID 转换结果

复制转换后的 ID 号，为富集做准备（图 3－150）。

From	To	Species	Gene Name
PDP1	54704	Homo sapiens	pyruvate dehyrogenase phosphatase catalytic subunit 1(PDP1)
CTHRC1	115908	Homo sapiens	collagen triple helix repeat containing 1(CTHRC1)
RPLP2	6181	Homo sapiens	ribosomal protein lateral stalk subunit P2(RPLP2)
ANKLE2	23141	Homo sapiens	ankyrin repeat and LEM domain containing 2(ANKLE2)
ACBD3	64746	Homo sapiens	acyl-CoA binding domain containing 3(ACBD3)
PIK3CA	5290	Homo sapiens	phosphatidylinositol-4,5-bisphosphate 3-kinase catalytic subunit alpha(PIK3CA)
ADAM9	8754	Homo sapiens	ADAM metallopeptidase domain 9(ADAM9)
TIMMDC1	51300	Homo sapiens	translocase of inner mitochondrial membrane domain containing 1(TIMMDC1)
ZNF644	84146	Homo sapiens	zinc finger protein 644(ZNF644)
MAPK1	5594	Homo sapiens	mitogen-activated protein kinase 1(MAPK1)
NPC1	4864	Homo sapiens	NPC intracellular cholesterol transporter 1(NPC1)
EIF2AK1	27102	Homo sapiens	eukaryotic translation initiation factor 2 alpha kinase 1(EIF2AK1)
MAPK6	5597	Homo sapiens	mitogen-activated protein kinase 6(MAPK6)
ZWINT	11130	Homo sapiens	ZW10 interacting kinetochore protein(ZWINT)
RPS11	6205	Homo sapiens	ribosomal protein S11(RPS11)
ARL8B	55207	Homo sapiens	ADP ribosylation factor like GTPase 8B(ARL8B)
DCBLD1	285761	Homo sapiens	discoidin, CUB and LCCL domain containing 1(DCBLD1)
ADSS	159	Homo sapiens	adenylosuccinate synthase(ADSS)
RAD23B	5887	Homo sapiens	RAD23 homolog B, nucleotide excision repair protein(RAD23B)
KIF4A	24137	Homo sapiens	kinesin family member 4A(KIF4A)
MTX2	10651	Homo sapiens	metaxin 2(MTX2)
UBA6	55236	Homo sapiens	ubiquitin like modifier activating enzyme 6(UBA6)
PRRC1	133619	Homo sapiens	proline rich coiled-coil 1(PRRC1)
ZNF227	7770	Homo sapiens	zinc finger protein 227(ZNF227)
NCAPG2	54892	Homo sapiens	non-SMC condensin II complex subunit G2(NCAPG2)

图 3－150　ID 复制

把转换后的 ID 输入网站 http://kobas.cbi.pku.edu.cn/anno_iden.php，根据研究对象类型，进行相应选择；选择 KEGG Pathway 与 GO，点击 Run（图 3－151）；得到富集结果如图 3－152 所示。

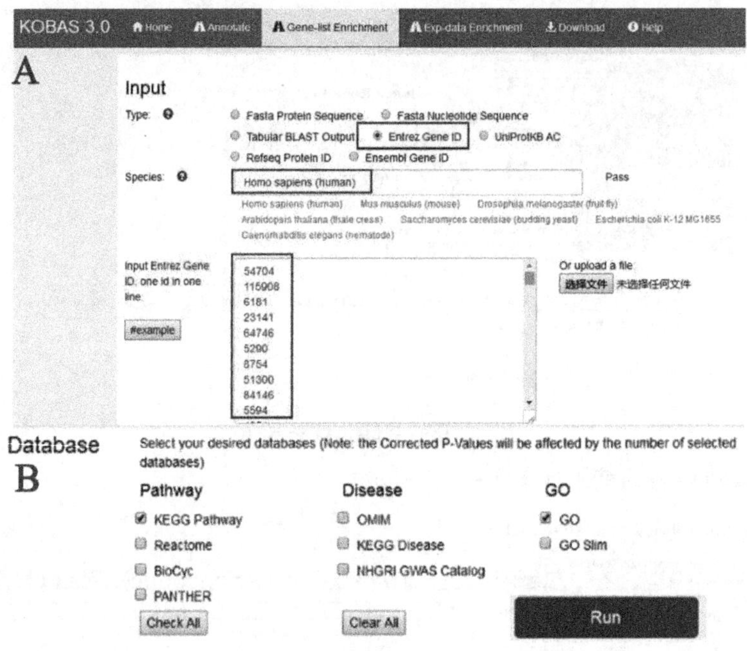

图 3－151　对话框选择

Show 25 entries　　Search:

Term	Database	ID	Input number	Background number	P-Value	Corrected P-Value
Cell cycle	KEGG PATHWAY	hsa04110	25	124	3.44020765763e-23	1.43641506302e-21
DNA replication	KEGG PATHWAY	hsa03030	12	36	4.99825651203e-14	1.24844844575e-12
Oocyte meiosis	KEGG PATHWAY	hsa04114	12	123	1.50356394777e-08	2.15417044248e-07
Viral carcinogenesis	KEGG PATHWAY	hsa05203	13	205	4.22481251165e-07	4.89395983493e-06
Pathways in cancer	KEGG PATHWAY	hsa05200	17	397	1.44182500937e-06	1.47747452884e-05
Chronic myeloid leukemia	KEGG PATHWAY	hsa05220	8	73	1.75035238561e-06	1.74256612055e-05
Epstein-Barr virus infection	KEGG PATHWAY	hsa05169	12	204	2.46121835111e-06	2.36200972117e-05

图 3－152　富集结果

点击任意 Term，便可得到相应的 pathway，图 3－153 所示为 CELL CYCLE 的信号通路图。

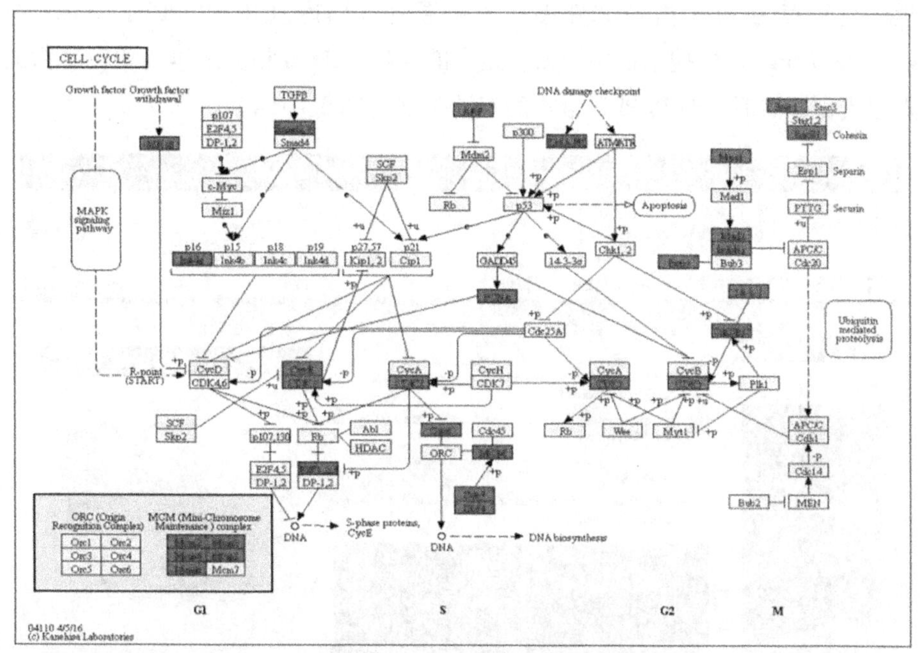

图 3－153　CELL CYCLE 的信号通路

GO 与 KEGG 富集分析，往往同时出现在不同场合，DAVID 其实就可以做 GO 与 KEGG 富集分析，但相比之下，KOBAS 画出的结果图比较美观，但 KOBAS 不支持直接输入 gene symbol，所以我们常常联合使用 DAVID 和 KOBAS。

3.12　分子对接分析

3.12.1　分子对接的基础

完成分子对接的前提是具备 PDB 格式的靶蛋白和相应的配体。获取靶蛋白的方法有 3 种：① 根据靶蛋白的氨基酸序列，利用 SWISS－MODEL 进行在线（https：//swissmodel. expasy. org/）搜索或建模获得靶蛋白，进而下载该蛋白 PDB 格式的三维模型，然后通过菜单选项将其另存为 PDB 格式文件夹。②根据参考文献，寻找与靶蛋白相似的蛋白，查找靶蛋白的 ID，然后在 Chimer 或 PyMOL 软件中输入靶蛋白 ID，下载其 PDB 格式的三维模型，然后通过菜单选项将其另存为 PDB 格式文件夹。③在蛋白数据库（RCSB PDB，https：//www. rcsb. org/）的搜索框中输入靶蛋白的名称、ID 或相关术语查找靶蛋白或近似蛋白，然后下载其 PDB 格式的三维模型（图 3 – 154）。

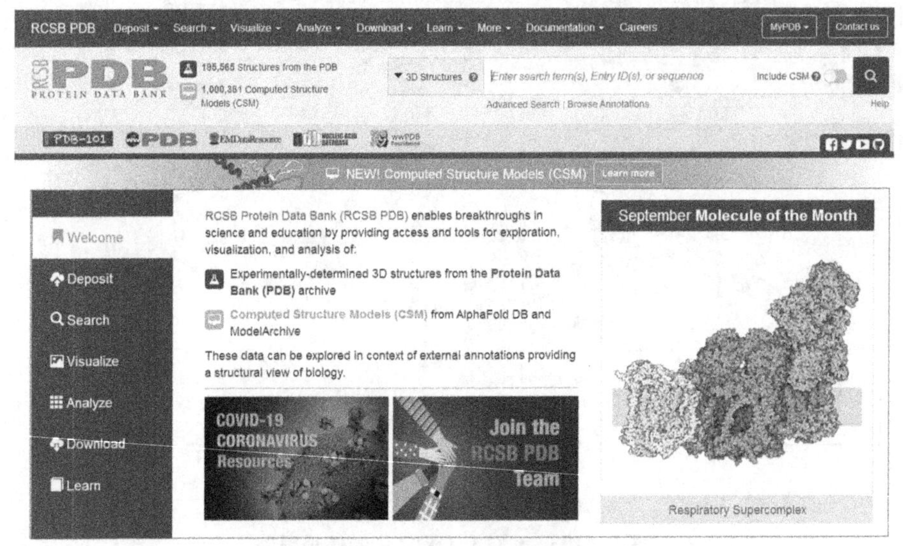

图 3 – 154　PDB 数据库主界面

靶蛋白配体的获得有 5 种方法：①根据靶蛋白的氨基酸序列，利用 SWISS – MODEL 进行在线（https：//swissmodel. expasy. org/）搜索或建模获得靶蛋白，进而下载该蛋白 PDB 格式的三维模型，在该网站的三维模型后一般标注其相应配体，可以下载 PDB 格式的该配体，删除蛋白只保留配体，另存为 PDB 格式。②根据参考文献，寻找与靶蛋白相似的蛋白，查找靶蛋白的 ID，然后在 Chimer 或 PyMOL 软件中输入靶蛋白 ID，下载其 PDB 格式的三维模型（包含配体），删除蛋白只保留配体，另存为 PDB 格式。③在蛋白数据库（RCSB PDB，https：//www. rcsb. org/）的搜索框中输入靶蛋白的名称、ID 或相关术语查找靶蛋白或近似蛋白，然后在结果处查找相应的配体，并下载该配体的 PDB 格式。④根据配体的分子式，用软件 ChemOffice 2017 中的 ChemDraw Professional 17. 0 画出配体，然后另存为 SDF 格式，最后用 openbabel 软件打开后转化成 mol2 格式；或者通过 pubchem 化学数据库（https：//pubchem. ncbi. nlm. nih. gov/）搜索配体，下载其 3D Conformer 的 SDF 格式配体，用 openbabel 软件打开后转化成 mol2 格式。⑤在 SwissDock 网站分别上传靶蛋白和小分子的结构文件，输入该工作的命名，点击 submit 即可。

3.12.2　Chimera 软件分子对接过程

①选取对接对象，以 1STP 为靶蛋白（受体），选择其晶体结构：1STP（图 3－155A）；用于对接的配体是 BTH（图 3－155B）。

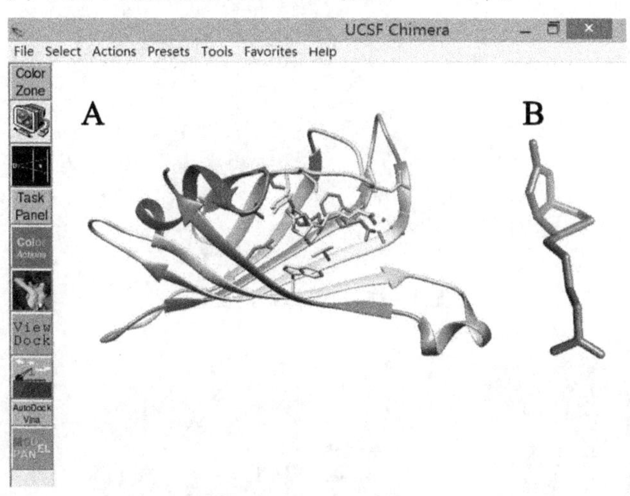

图 3－155　受体与配体

②在靶蛋白和配体都准备好之后，共同放入一个新建文夹中，把新建文件夹重新用英文格式命名，然后进行如下操作。准备受体文件（UCSF Chimera）：打开受体蛋白（ID：1STP），删除多余的链和所有非蛋白结构（此处保留 A 链和其结合配体保存为 receptor. pdb）。首先选择 A 链（图 3－156），然后执行 select 菜单下 Invert（ all models）（图 3－157），紧接着是删除多余的链和所有非蛋白结构（此处只保留 A 链）（图 3－158）。

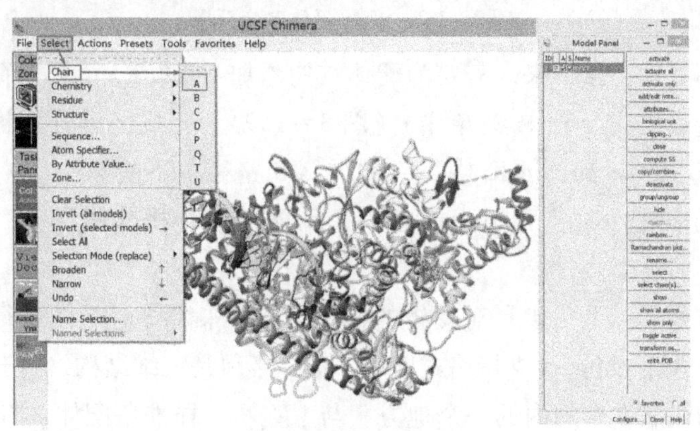

图 3－156　受体 A 链的选择

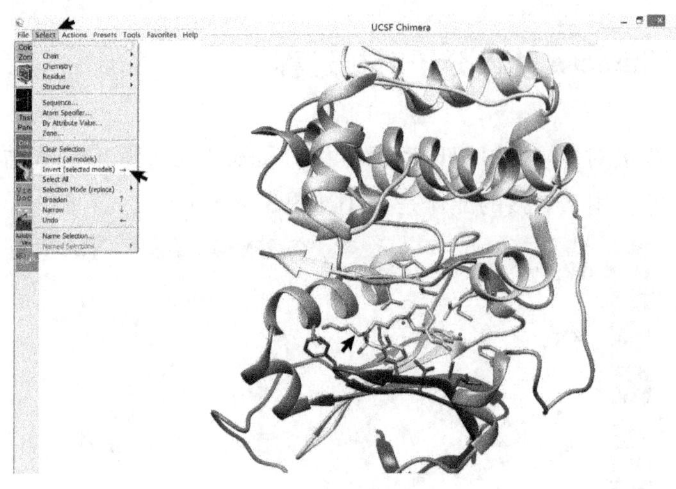

图 3 – 157 受体链的反选

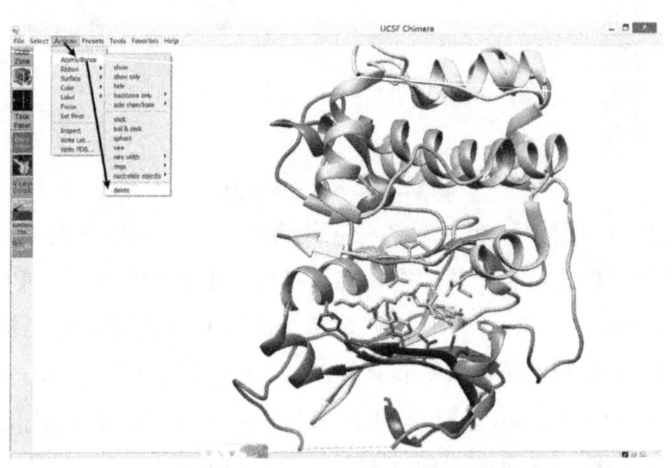

图 3 – 158 删除受体多余分子

③受体处理：接下来，需要为配体结构添加 H 原子，计算电荷、添加电荷以及能量最小化（Tools 菜单中）（图 3 – 159）。完成之后分别将其保存为 receptor. pdb 和 receptor. mol2 格式（文件名和路径中不能有中文）的受体文件。注意保存文件时，后缀不能省略，受体的保存操作见图3 – 160，然后退出。

④配体处理：上一步是对受体的操作，接下来需要对配体进行同样的操作，配体格式是 chimera 支持格式即可，但是必须是三维结构，打开以后配体小分子会随机放在空间内的一个地方。与上一步一样准备配体，打开 PDB 格式的配体文件，为结构添加 H 原子，并且还要计算电荷、添加电荷、能量最

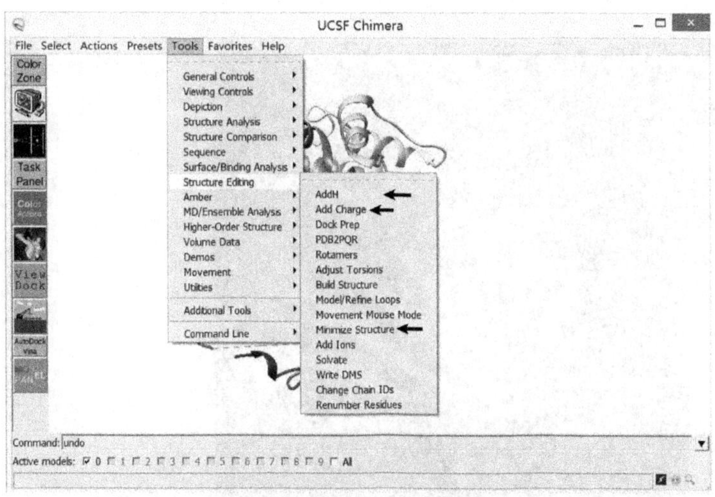

图 3－159　受体加 H、电荷和结构最小化

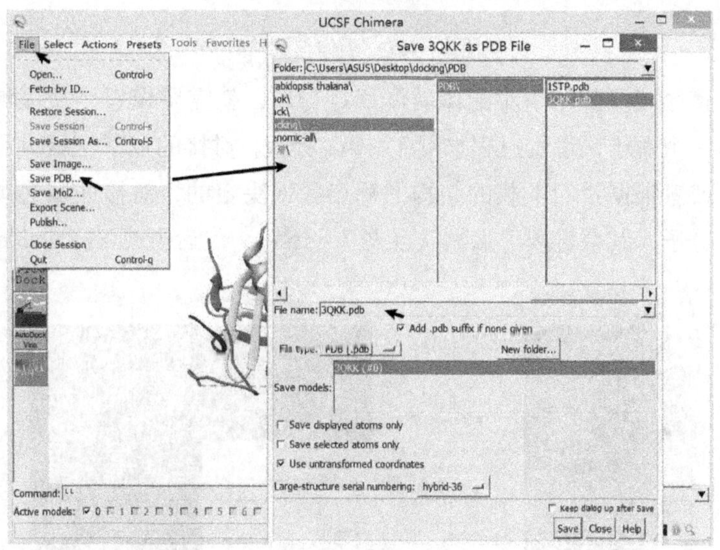

图 3－160　受体保存

小化。完成之后将其保存为 ligand. pdb 和 ligand. mol2 格式（文件名和路径中不能有中文）。即完成对配体小分子进行对接之前相同的预处理—加 H（Add H），加 charge（Add Charge），能量最小化（Minimize Structure）。

⑤对接开始：当我们对配体受体都完成预处理之后，即可开始对接，在 chimera 文件窗口中先后依次打开刚才保存的受体 pdb 文件和配体 pdb 文件，使其处于同一窗口中（图 3－161）。

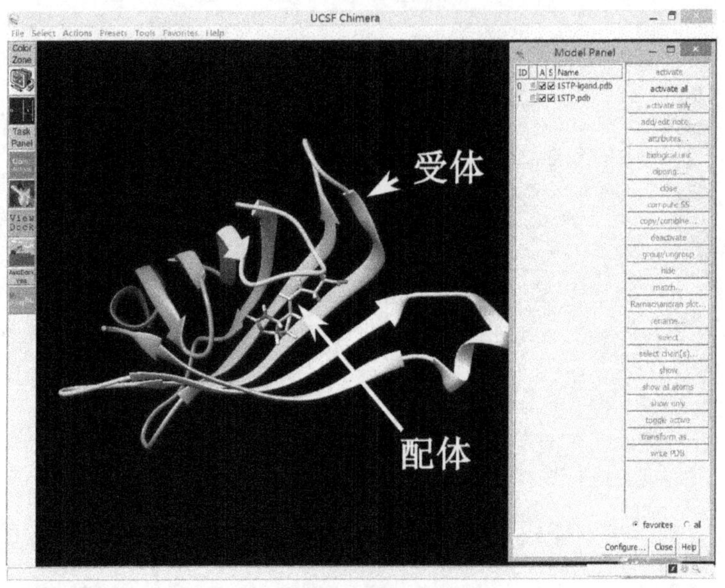

图 3－161　受体与配体

⑥对接区域设置：当对配体受体都打开后，就需要设置对接区域了，对接区域是一个盒子，设置过程如图 3－162 所示。对接的盒子区域大小是根据文献调查或者根据我们下载的结构的靶点区域决定的，对接区域必须要包含整个对接分子，其余选项可以默认（图 3－163），然后更改 Executable location

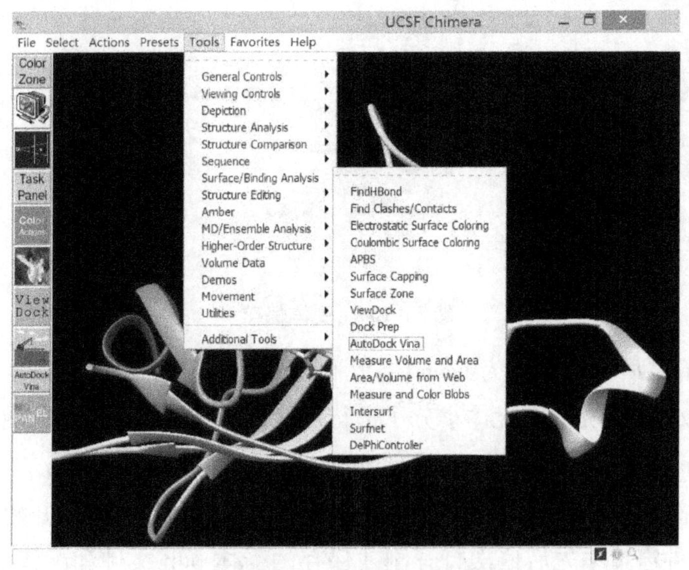

图 3－162　对接操作界面

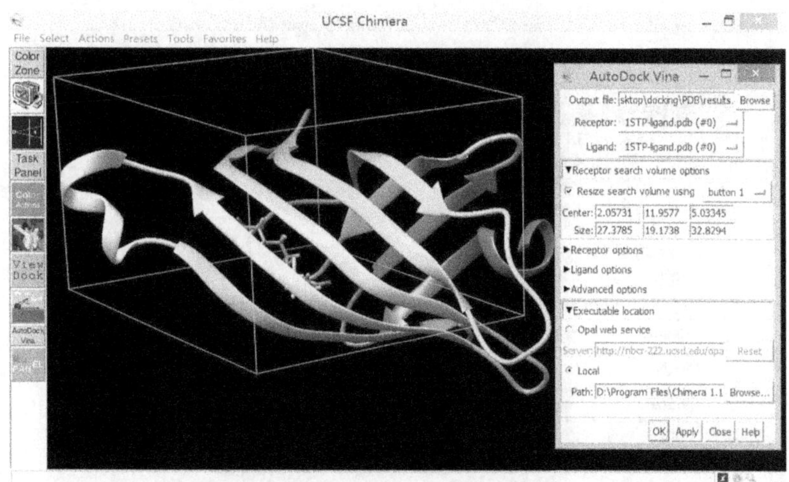

图 3－163　对接区域设置界面

为下载的 AUTODOCK Vina 的本地地址（如果没有安装本地 AutoDock Vina，需要下载并安装 AutoDock Vina，安装路径要使其处于 chimera 安装目录的 bin 文件夹中），设置好以后，点 OK，就会自动运行对接，在界面右下角，闪电符号旁边的感叹号，点击感叹号显示 running 正在对接，对接完成以后，会显示 finish（在主界面，配体位置会多出一个配体的对接构象），最后的结果如图 3－164 所示。另外，也会弹出对接结果窗口（也可以在快捷工具栏或菜单的 ViewDock 来打开对接结果文件）。注意：在 AutoDock Vina 弹出的对话框中，Output file 框中路径及文件夹名称不能用中文；Receptor 框中只能选择已处理过的受体文件（PDB 格式）；Ligand 框中只能选择已处理过的配体文件（PDB 格式）；在 Receptor search volume options 对话框中的“Resize search volume options”选项打钩后，用鼠标在受体处拖出一个长方体，该长方体必须包含受体的活性区域即对接口袋，也可全部包含受体。在 Executable location 框中选择 Local 本地路径，即 AutoDock Vina 的安装路径和目录（图 3－163）。

⑦对接结果分析：在对接结果界面中，点击不同的模型还可以看受体配体不同的结合模式（图 3－164～图 3－165），对接分数值越低代表结合越稳定。对接结果框中主要看 Score 一列，单位是 kcal/mol，得分越低越好，然后看构象的拟合程度，即后面两项是 RMSDl. b. 是对接构象和第一个构象的 RMSD 值（结构变化差异），参考意义不大。最后将对接结果保存为 PDB 文件格式即可。以上就是单个分子配体与受体的对接，如果需要对多个配体分子进行虚拟，就会更复杂一点。

ViewDock - C:\Users\Chris\Desktop\Youjin Thesis\6...

File Compounds Column Selection Chimera HBonds Movie

S	Score	RMSD l.b.	RMSD u.b.
V	-6.4	0.0	0.0
V	-6.0	3.708	5.594
V	-5.8	4.504	6.475
V	-5.8	1.705	2.14
V	-5.8	2.486	3.187
V	-5.7	3.726	6.148
V	-5.6	3.81	5.824

Chimera Model #3.1

```
REMARK VINA RESULT:      -6.4      0.000      0.000
REMARK  7 active torsions:
REMARK  status: ('A' for Active; 'I' for Inactive)
REMARK    1  A    between atoms: C1_1  and  C5_6
REMARK    2  A    between atoms: C2_2  and  O2_7
REMARK    3  A    between atoms: C3_3  and  O3_8
```

Change Compound State

Viable　　Deleted　　Purged

Hide　Quit　Help

图 3-164　对接结果框

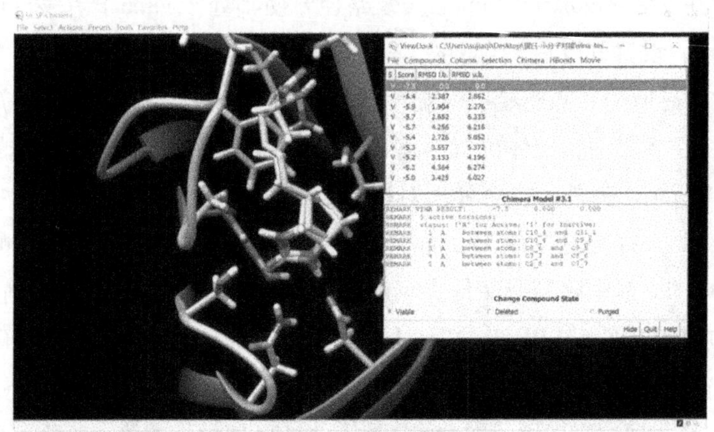

图 3-165　对接结果界面

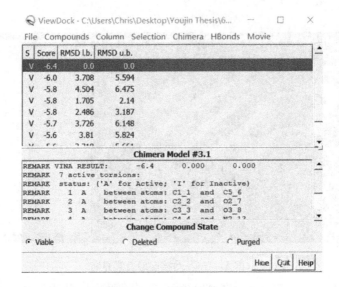

小结：关于分子对接的操作首先从材料准备入手，包括在蛋白数据库或分子建模数据库中下载目标蛋白和配体；然后准备配体文件（用 UCSF Chimera 软件），打开配体 3D 结构（pdb 格式），删除所有 H 和配体以外的所有物质，再如下操作：

①打开受体蛋白 select→ structure→residue→select→invert（selected models）；再执行 Actions→Atoms/Bonds→delete；然后执行 Tools→Structure Editing→Add H；紧接着执行 Tools→Structure Editing→Add Charge；最后执行 Tools→Structure Editing→Minimize Structure→保存为 ligand. mol2，再一次保存为 ligand. pdb 文件。

②准备受体文件（UCSF Chimera）：首先打开受体蛋白 select→ structure→ protein→ select→invert （selected models）；再执行 Actions→Atoms/Bonds→delete；然后执行 Tools→Structure Editing→AddH，Tools→Structure Editing→Add Charge，Tools→Structure Editing→Minimize Structure→保存 ligand. mol2，再一次保存为 ligand. pdb 文件。

③打开配体 3D 结构，删除所有 H 和受体以外的所有物质，然后如下操作：Tools→Structure Editing→Add H；再执行 Tools→Structure Editing→Add Charge；紧接着执行 Tools→Structure Editing→Minimize Structure→保存为 receptor. mol2，再一次保存为 receptor. pdb 文件。

④对接操作，打开配体和受体 PDB 文件，Tools→Surface/bingding analysis → Autodock vina→ 修改相应参数即可。对接完成，保存对接结果为 PDB 格式方便以后查看。

3. 12. 3　分子对接细节展示

3. 12. 3. 1　PyMOL 软件展示分子对接

（1）下载与安装开源 PyMOL 软件

安装软件的准备：首先下载 Miniconda 软件（https：//docs. conda. io/en/latest/miniconda. html）和 python 软件（https：//www. python. org/downloads/）及 PyMOL 的五个扩展包（https：//www. lfd. uci. edu/ ~ gohlke/pythonlibs/），即五个文件：numpy - 1. 21. 5 + mkl - cp37 - cp37m - win_ amd64. whl，Pmw - 2. 0. 1 - py3 - none - any. whl，pymol - 2. 6. 0a0 - cp37 - cp37m - win_ amd64. whl，pymol_ launcher - 2. 1 - cp37 - cp37m - win_ amd64. whl，pip - 20. 0. 2 - py2. py3 - none - any. whl。

软件的安装，首先安装 Python 软件，安装过程中注意选择写入系统变量；然后安装 miniconda（注意要与 Python 软件版本一致，否则安装出现报错）到 C 盘，记住安装目录，把 PyMOL 的 5 个扩展安装包（whl 文件）复制到 miniconda 的安装目录下（C：\ ProgramData \ Miniconda3 \ Scripts）；在 scripts 目录栏输入 cmd，打开 cmd 窗口，依次输入扩增安装包的安装指令：一定要按顺序执行以下安装命令：

pip install pip - 20. 0. 2 - py2. py3 - none - any. whl;

pip install numpy - 1. 21. 5 + mkl - cp37 - cp37m - win_ amd64. whl;

pip install Pmw - 2. 0. 1 - py3 - none - any. whl;

pip install pymol - 2. 6. 0a0 - cp37 - cp37m - win_ amd64. whl;

pip install pymol_ launcher - 2. 1 - cp37 - cp37m - win_ amd64. whl;

pip install - - no - index - - find - links = "% CD%" pymol_ launcher - 2. 1 - cp37 - cp37m - win_ amd64. whl;

pip install - upgrade - no - deps pymol_ launcher - 2. 1 - cp37 - cp37m - win _ amd64. whl;

pip install pyqt5（PyQt5 界面库安装，这样 PyMOL 的界面更加美观，需要比较快的网速，网速较慢时，则要用国内镜像安装整合界面，即输入命令 C：\ Miniconda3 \ Scripts > pip install PyQt5 - i https：//pypi. douban. com/simple 即可)。安装成功之后，在 scripts 上一级的文件夹 PyMOL 图标发送到桌面快捷方式，即可重启计算机后应用。

备注：PyMOL 简洁安装时，可采用在 Windows 命令提示符（cmd. exe）中通过输入命令 python - V 查看电脑中安装的 python 版本；根据 python 版本到网站（https：//www. lfd. uci. edu/ ~ gohlke/pythonlibs/#pymol）中下载相应版本的开源 PyMOL 轮子文件；然后在 Windows 命令提示符窗口中切换到该轮子文件路径，输入命令 pip install pymol - 2. 6. 0a0 - cp37 - cp37m - win_ amd64. whl（即 pip install 轮子文件名 + 后缀），根据提示出现即可完成安装；最后再输入命令 pip install PyQt5 - i https：//pypi. douban. com/simple 即完成 PyQt5 界面库安装，在 Windows 命令提示符窗口输入 PyMOL 命令就可打开 PyMOL 软件，或找到 PyMOL. exe 文件，发送到桌面快捷方式即可使用。

(2) 配体结合位点

用 PyMOL 软件打开 PDB 文件后，在 internal GUL 界面选中配体后，在 A（Action）按钮中选择 find→polar contact→to other atoms in object 即可显示配体结合位点（图 3 - 166、图 3 - 167），可进一步通过 Wizard 菜单中 measurement 中的 Distance 测量出两个相互作用的原子间的距离并标注（图 3 - 167 中配体与受体之间的虚线）。

(3) PyMOL 拆分配体和受体

在 PyMOL 主界面的右下方，鼠标点击会出现 Residue，Chain，Molecular，Atom 等（图 3 - 167），选择 chain or Molecular 然后点击蛋白，就选中了，选

图 3－166　对接结果展示界面

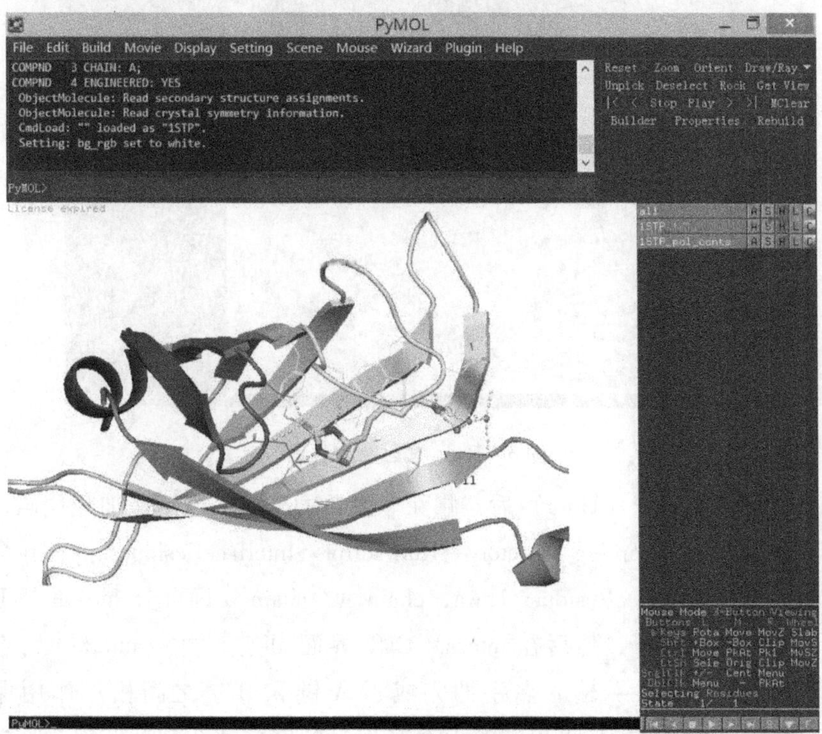

图 3－167　受体配体结合位点

择配体或者残基 Residue，用 PyMOL 分开，首先选中蛋白，然后保存 sele，然后选中配体保存 sele，详情查看 PyMOL 主页的帮助内容。

（4）PyMOL 展示受体和配体的静电势

在 PyMOL 的 internal GUL 界面中 A 项中选择 Generate→vacuum electrostatics→protein contact potential（local）即可生成受体蛋白的静电势图。

（5）PyMOL 分析蛋白 - 蛋白相互作用界面

根据 PyMOLwiki（https：//pymolwiki. org/index. php/InterfaceResidues）主页的 InterfaceResidues 说明，首先找到 InterfaceResidues 的 The code 代码框，复制该框中所有代码到文本文档，然后另存为 InterfaceResidues. py，注意后缀不能省略。打开 PyMOL 软件后，鼠标选择菜单栏 File→ Working Dierctory→ Change→ 选择 InterfaceResidues. py 所保存的文件夹（图 3 - 168）。

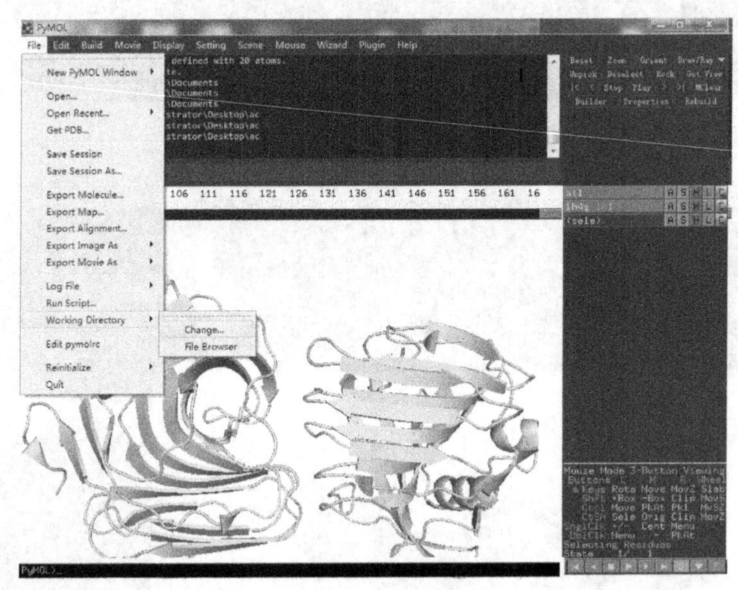

图 3 - 168　加载脚本界面

选择靶蛋白分子（1hwg）后，删除非必要的分子，紧接着加载代码，即选择菜单栏 File→Working Dierctory→Run script→InterfaceResidues. py；在命令框中输入命令 interfaceResidues 1hwg，chain A，chain B 即可分析出 A 链和 B 链之间相互作用分子，然后在 internal GUL 界面 all 选项中（interface）选择 A→ rename selection→ 输入名字即完成了 A 链和 B 链之间相互作用保存（图 3 - 169），类似的操作可以继续保存其他目的链之间的相互作用。紧接着在 internal GUL 界面 all 选项中（命名的 interface）选择 A 项→ Find→ pola contacts → between chains，即可显示出相应的极性作用键（图 3－170）。

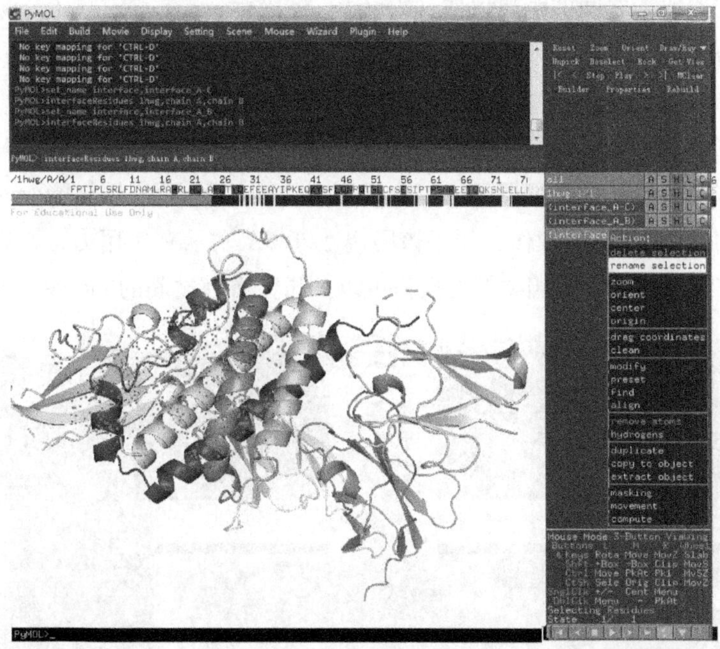

图 3－169 保存相互作用界面

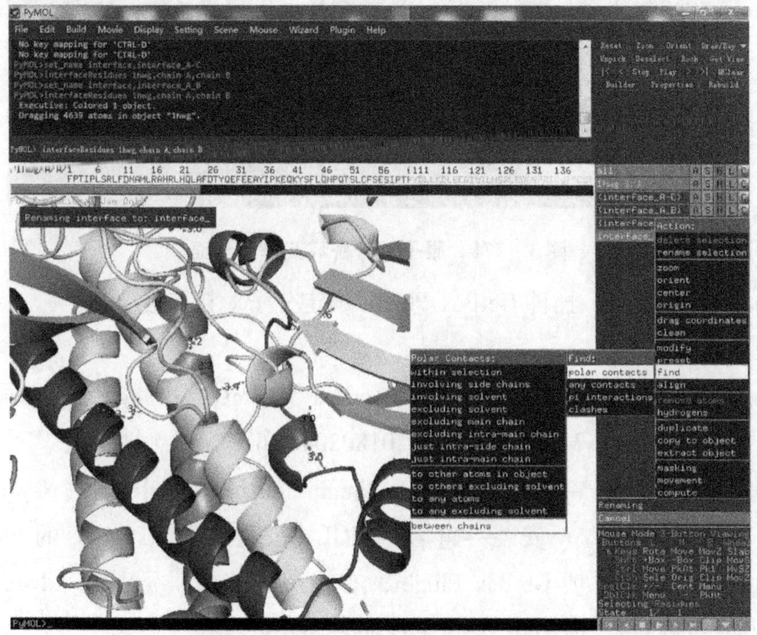

图 3－170 链之间相互作用的氢键

链之间还有 pi - pi 和 pi - cation 之间的 interaction，采用目标原子和芳香环之间的假原子之间的距离评估（d <6）。将鼠标选择模式中 selecting 选项切换为 Atoms 后，鼠标选中目标芳香环的原子，命令框中输入 pseudoatom center _ ring，sele 命令后回车，即在芳香环中出现一个假原子（图 3 - 171）。再执行 Wizard→ Measurement→ 选择 Internal GUI 窗口下部的 Distances→ 用鼠标先后分别点击假原子和目标原子，即出现两者之间的距离→ 点击 Internal GUI 窗口下部的 Done 即完成操作，如果该距离小于 6Å 表示有作用力，否则就是无作用力（图 3 - 171）。相类似的操作可以分析芳香环之间的 interaction。

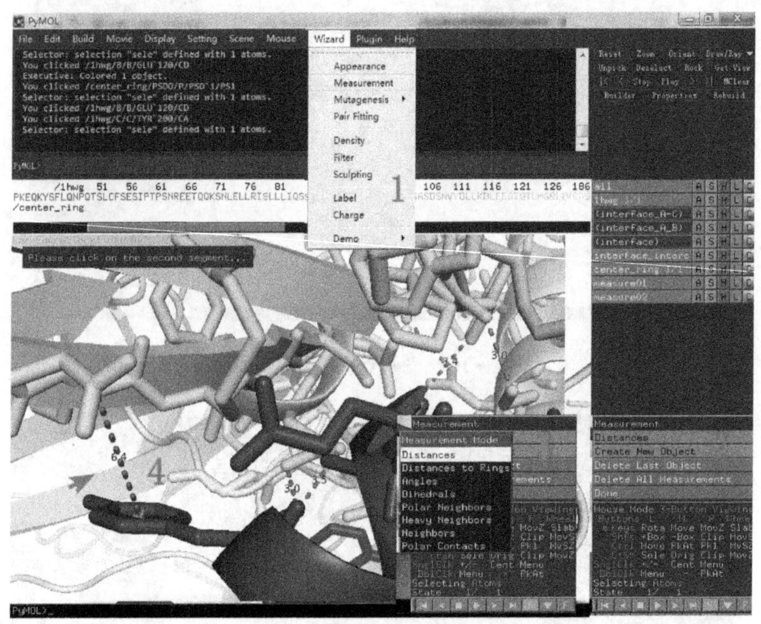

图 3 - 171　原子 - 芳香环互作用界面

（6）利用 pyMOL 插件 GetBox Plugin 确定分子对接口袋

①下载插件网址：

https：//github. com/MengwuXiao/GetBox - PyMOL - Plugin/releases/download/v1. 1/GetBox - PyMOL - Plugin. v20180204. zip

②安装：打开 PyMOL→ Plugin→ （Plugin Manager）→ Install（New）Plugin →找到 GetBox Plugin. py 安装→重启 PyMOL→安装成功。PyMOL 的 Plugin 工具栏会多出一个菜单项 GetBox Plugin，有三个子菜单，分别为 Advanced usage、Autodetect box、Get box from selection（sele）。

③Autodetect box 的功能是打开蛋白后一键自动获取盒子，相应代码为 autobox 5.0，适用于 A 链中只有一个配体的蛋白分析。Get box from selection (sele) 的功能是在选定了配体或氨基酸后一键获取盒子，相应代码为 getbox (sele), 5.0，适用于含有配体的蛋白分析，也适用于没有配体但有文献报道的蛋白。Advanced usage 是"高级用法"的介绍，是针对以上两种方法参数固定的缺陷而设计的，使用者可以用 GetBox Plugin 自带的函数灵活地进行盒子分析。

④点击 Plugin→Lrgacy Plugins →GetBox Plugin →Get box from selection (sele) 或者 Autodetect box（自动检测对接口袋），出现对接口袋的信息。

（7）利用 PyMOL 插件 Caver3.0.3 研究蛋白通道

①下载与安装插件：首先到 PyMOLWiKi 上搜索 Caver 3.0.3 找到其下载地址（https://github.com/loschmidt/caver-pymol-plugin/archive/master.zip），下载该插件并安装；或者复制该链接地址，打开 PyMOL 后，点击 Plugin→ Plugin Manager→Install New Plugin→ URL 框中粘贴地址→ Fetch→ OK，即可完成安装。

②载入目的蛋白，选择通道开口的原子或残基，点击 Plugin→Lrgacy Plugins →Caver 3.0.3 →Convert to x, y, z →Computer tunnels 即出现球形填充的通道。然后利用菜单栏中的 Wizard→Measurement→Distance 测量蛋白通道的直径。

3.12.3.2 Chimera 展示分子对接

打开对接好的靶蛋白和配体分子，选中配体分子后，选择菜单栏中的 Tools →Structure Analysis →Find HBond→弹出的对话框中选择相应参数即可→ OK（图 3-172），即可显示出相应的对接氢键。

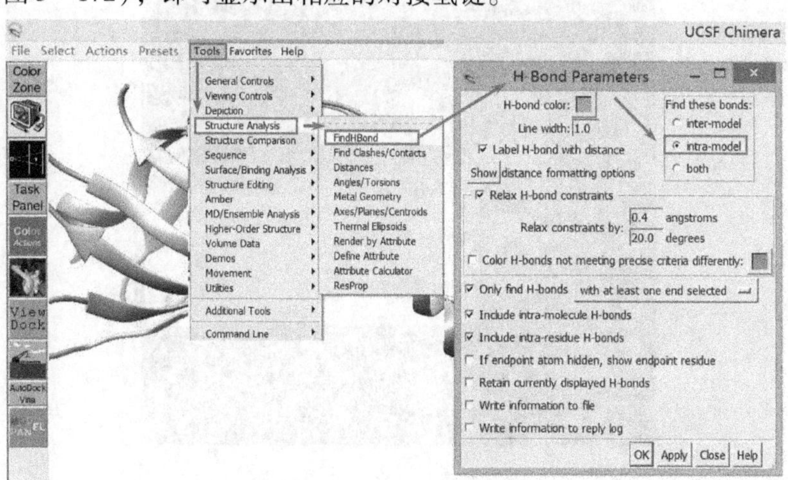

图 3-172 对接文件的导入

（1）计算表面静电势

打开对应的对接文件，如图 3 - 173 所示，点击 Tools→Structure Editing→Add H，为蛋白质结构进行加氢处理，这步也可以通过 PDB2PQR 网站进行加氢处理。

然后为蛋白质结构加电荷，点击 Tool→Structure Edit→Add Charge，可以选择应用蛋白质氨基酸力场，点击 OK 即可（图 3 - 173）。

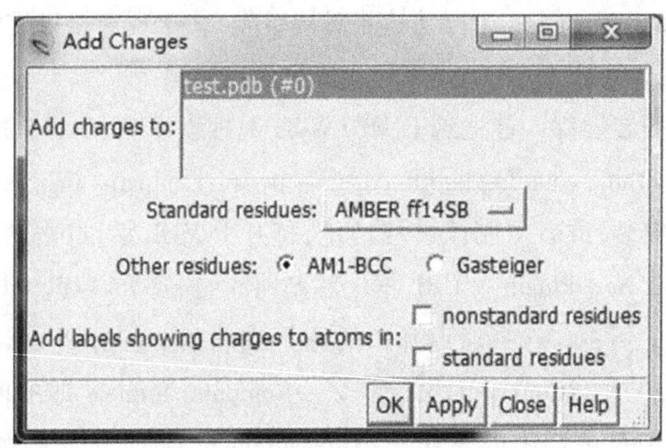

图 3 - 173　为对接靶蛋白加电荷

进行 APBS 计算，点击 Tool→Surface/Binding Analysis→APBS，设置输出路径以及文件名，点击 OK（图 3 - 174）开始计算。根据体系大小的不同，计算时间不等，该体系在笔记本上计算时间约为 20 min。

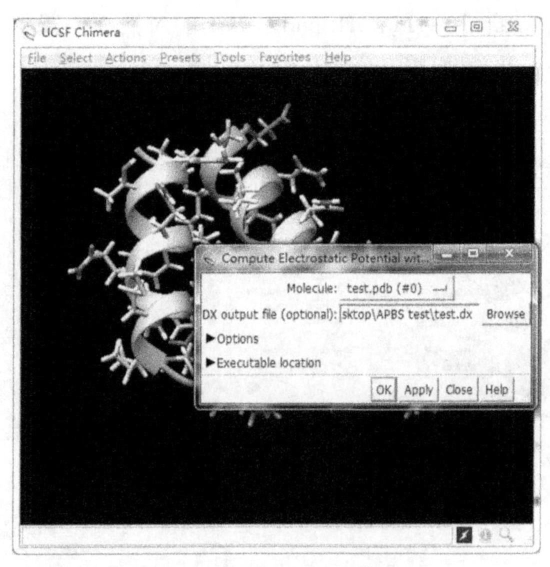

图 3 - 174　APBS 计算界面

计算完成之后,会弹出如下的对话框,同时需要点击 Actions→Surface→show,显示出 surface 模式,在图中 Color Surface 对话框中选择 MSMS main surface of test,再点击 color 按钮,即可将计算得到的 . dx 文件应用到 surface(图 3 - 175)。

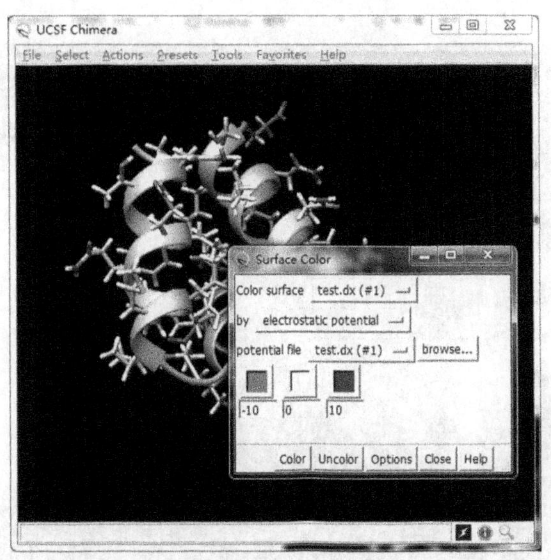

图 3 - 175　APBS 计算完成界面

对得到的图进行修饰：点击 color 后得到的表面静电势图区分可能并不明显，如图 3 - 176 所示，需要手动调节色彩范围，默认的是红色为 - 10，白色为 0，蓝色为 + 10（图 3 - 176）。

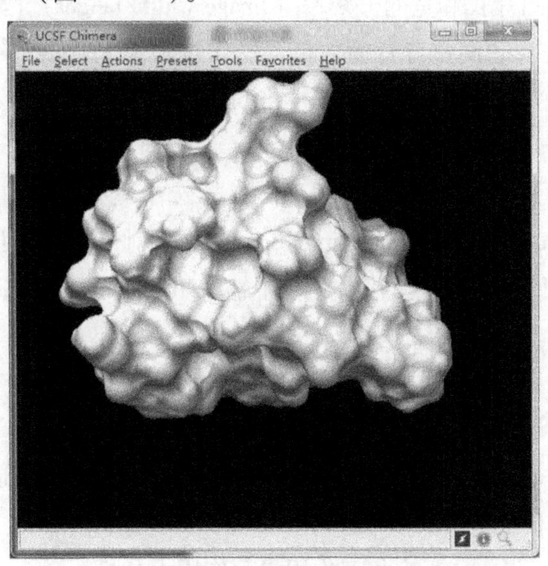

图 3 - 176　静电势图界面

点击对话框中的 Options，可以选择色彩的个数，本例中选择 5 个，并手动调节静电势数值对应的颜色，就可以做出漂亮的表面静电势图了，红色表示负，白色表示中性，蓝色表示正静电势（图 3 - 177）。

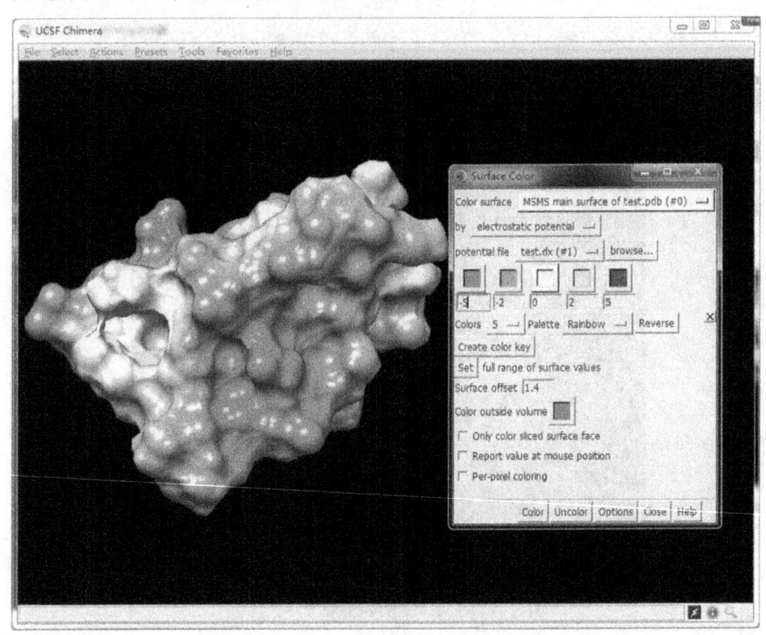

图 3 - 177　静电势数值调整界面

做完之后保存，即点击 File→Save Image，选择路径，即可保存漂亮的图片，还可以修改图片长和宽的分辨率（Image width/height）。如果觉得黑色背景不好看，可以手动调整背景为白色，操作步骤为 Presets→Add Custom Preset，在 category 中选择 background，再将 background color 改为白色即可。

（2）Chimera 展示对接极性共价键

打开对接的靶蛋白和配体文件后，鼠标选中配体后，在工具栏中选择 Tools→Find→Structure Analysis→FindHBond→弹出对话框中选择相应的参数→点击 OK 即可（图 3 - 178）。在命令行中输入 Ribbackbone 后，则会显示受体端氢键的原子。

（3）Chimera 展示靶蛋白疏水性表面

打开对接的靶蛋白和配体文件后，在工具栏中选择 Presets→Interactive3（hydrophobicity surface）→即可显示疏水性表面，从最亲水的道奇蓝色到最疏水的白色，再到橙红色（图 3 - 179）。

（4）Chimera 蛋白 - 蛋白相互作用界面作用力分析

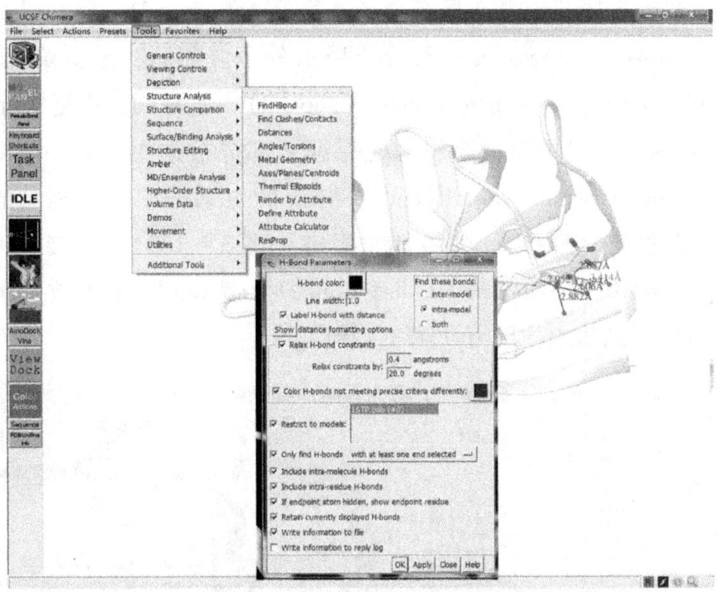

图 3－178　受体配体极性共价键

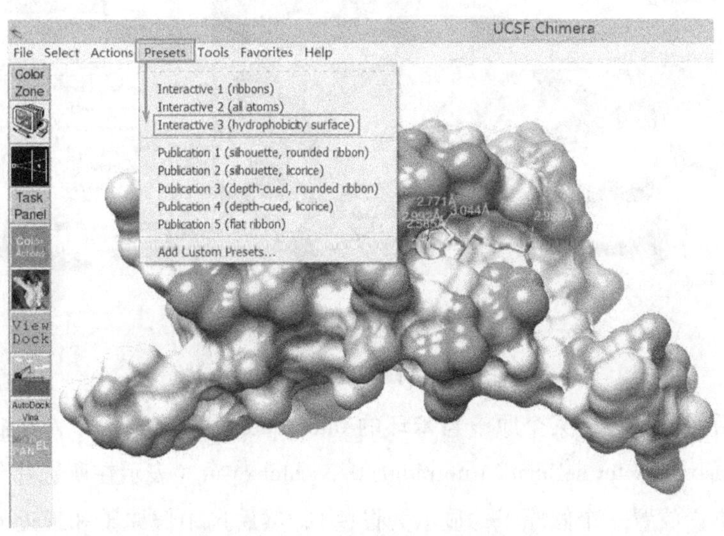

图 3－179　受体疏水性表面

例如，打开相互作用蛋白文件（1hwg）后，在命令行中输入 select：. c &：. azr <5，表示选择 C 链上距离 A 链 5Å 范围内的所有原子，保存到 select 中，然后反过来，找出选择 A 链上距离 C 链 5Å 范围内的所有原子，分别命名即执行 Select→name selection；然后将选到的原子以棒状结构显示，即执行菜

单 Select→name selections→选择新命名→菜单 Actions→Atoms/Bonds，再执行 Actions→color→by heteroatom，而后选择水分子并删除；重新执行 Select→name selection，Select→Selection Model（append）→append，重复执行 Select→name selections→另一个新命名链，既保证两部分被选中，下一步即可执行 Tools→Structure Analysis→FindHbonds→弹出的对话框中选择相应的参数→OK，即可得到两个蛋白之间的极性作用键（图 3－180）。紧接着可以执行 Tools→Structure Analysis→Find Clashes/Contacts→选择相应的参数→OK，即可分析出二者之间的疏水作用力（图 3－181）。

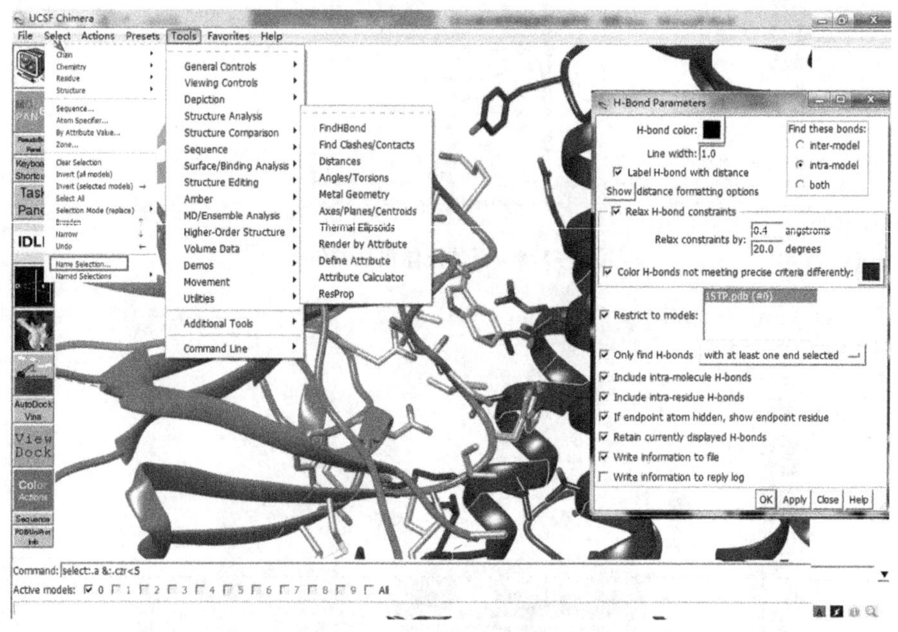

图 3－180　蛋白与蛋白相互作用分析

最后一步是分析某个原子与苯环的 interaction，即范德华力，在命令行中输入 measure center sel mark true radius 0.3 color cyan（表示在所选择苯环原子的中心位置放置一个假原子，显示为青色），然后选中假原子和最近的另一链上的碳原子，执行 Tools→Structure Analysis→Distances→选择相应参数→Save，即可显示距离（距离小于 6Å 符合要求）（图 3－182）。同样可以分析 π－π 之间的 interaction。

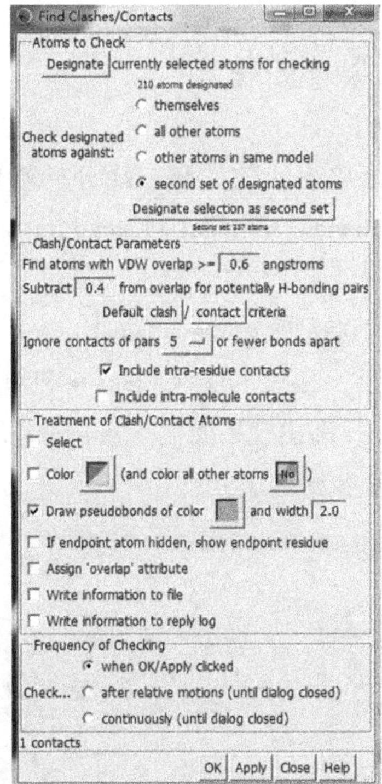

图 3－181　蛋白与蛋白的疏水作用分析参数

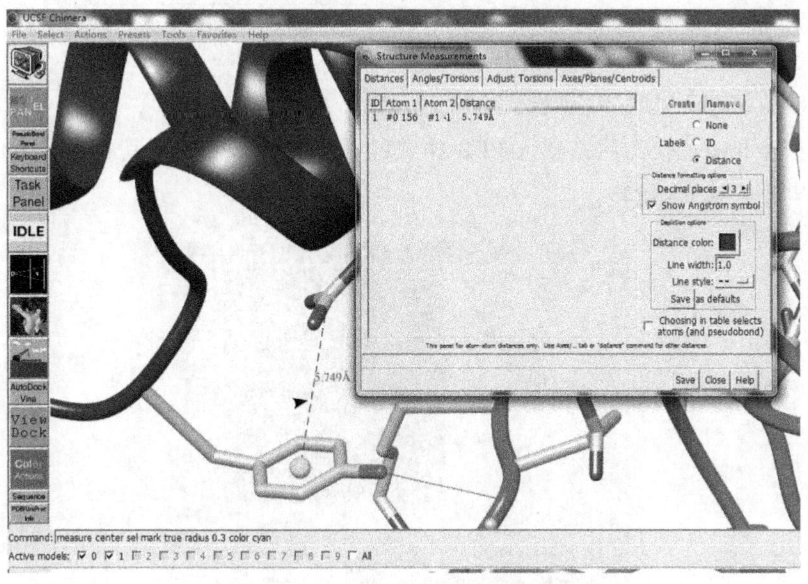

图 3－182　原子与苯环作用力分析

3.12.4 分子对接结果平面化

分子对接结果平面化常用的软件和在线分析软件为：Maestro/Discovery Studio Visualize，LigPlot，leview，Protein - Ligand interaction Profiler（PLIP）在线，Protein Plus 在线分析。

（1）LigPlot2.2 生成 2D 平面化 interaction

打开 LigPlot2.2 软件后，通过 File→ Open→ PDB file→ 选择目标蛋白→选择参数→ 鼠标点击 Run，即出现平面化 interaction（图 3 - 183A，B）。参考 help 的 Manual 即可查看各参数的意义。

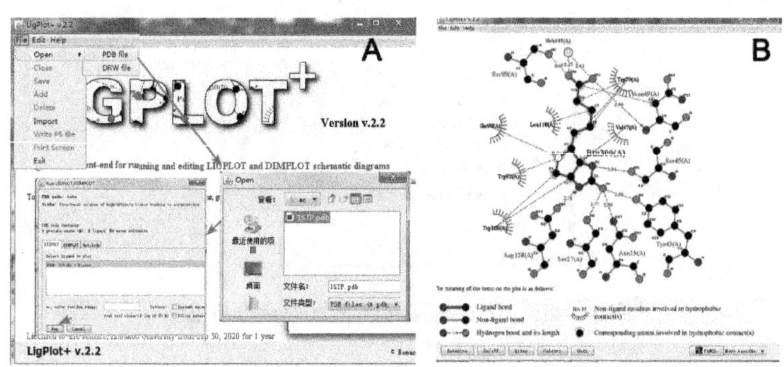

图 3 - 183 LigPlot2.2 生成 2D 平面化

（2）leview 生成 2D 平面化 interaction

打开 leview 软件后，载入 PDB 格式的目标蛋白即可得到其相应的 interaction 界面（图 3 - 184）。

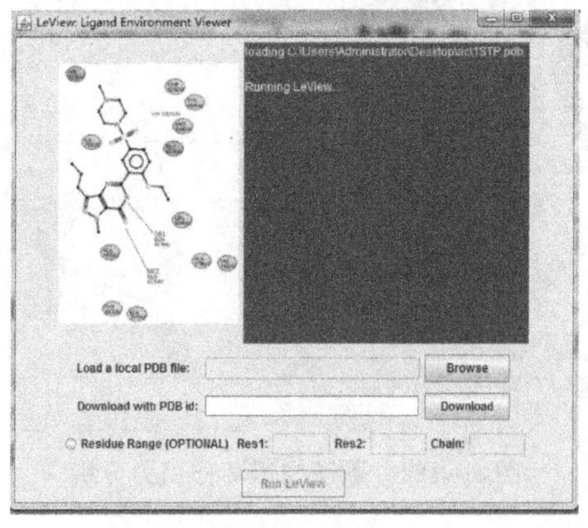

图 3 - 184 leview 生成 2D 平面化

（3）PLIP 在线平面化 interaction

打开 PLIP（https：//plip - tool. biotec. tu - dresden. de/plip - web/plip/index /）网站，上传靶蛋白后，点击 Analysis 即可得到平面化的 interaction 界面和相关参数的意义（图 3 - 185）。

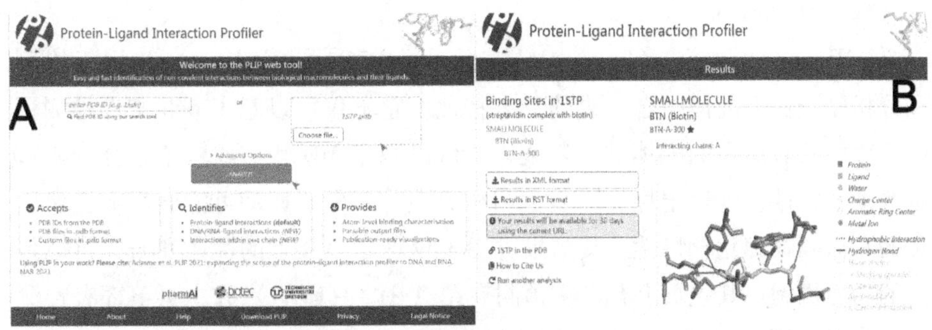

图 3 - 185　PLIP 生成 2D 平面化

（4）Proteins Plus 在线平面化 interaction

打开 Proteins Plus（https：//proteins. plus/）网站，载入靶蛋白后，点击 Go 即可进入分析界面（图 3 - 186），在分析界面中点击 PoseView 2D interaction diagrams，填入相应的配体代码，点击 Calculate 即可得到其 Result。

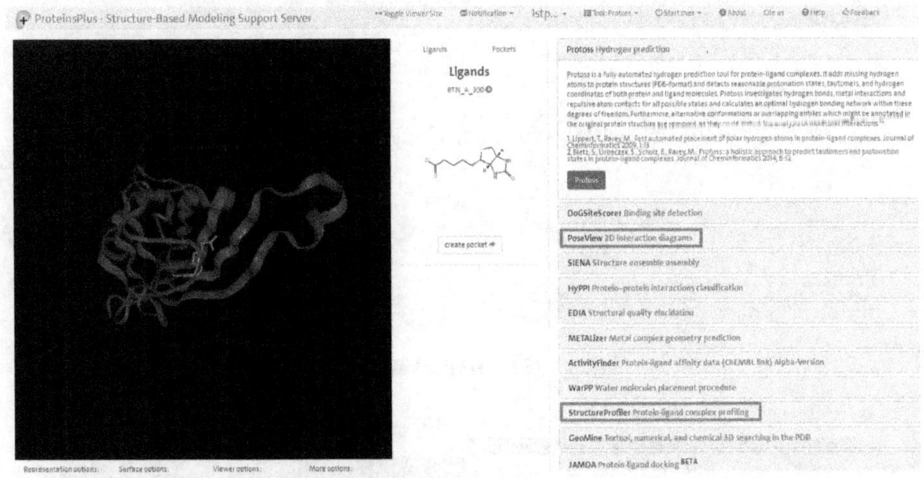

图 3 - 186　Proteins Plus 生成 2D 平面化

3.13 蛋白活性口袋的预测

（1）D3Pockets

D3Pockets（https：//www. d3pharma. com/D3Pocket/index. php）用于检测和分析靶蛋白上配体结合口袋的动态特性。它不仅可以基于 pdb 文件检测蛋白质表面所有潜在的配体结合口袋，还可以基于 MD 轨迹或构象集合分析口袋的动态特性，即稳定性、连续性和相关性。蛋白质运动可能会影响蛋白质袋的几何和物理化学特性。其结果可用于设计新口袋上的配体和研究目标蛋白的功能机制。其主页上有口袋预测介绍（图 3 - 187A）和主页下部有预测结果分析（图 3 - 187B），即口袋的稳定、连续性和相关性的解释。

在 D3Pockets 主页上点击 upload 即可弹出工作界面（图 3 - 188A），在工作界面上填入工作题目，上传 PDB 格式的靶蛋白，点击 Sumit 按钮，然后在主页中点击 Results 即可查看进度，如果运行完成，则点击 result 可下载结果（图 3 - 188B），用 PyMOL 查看口袋。

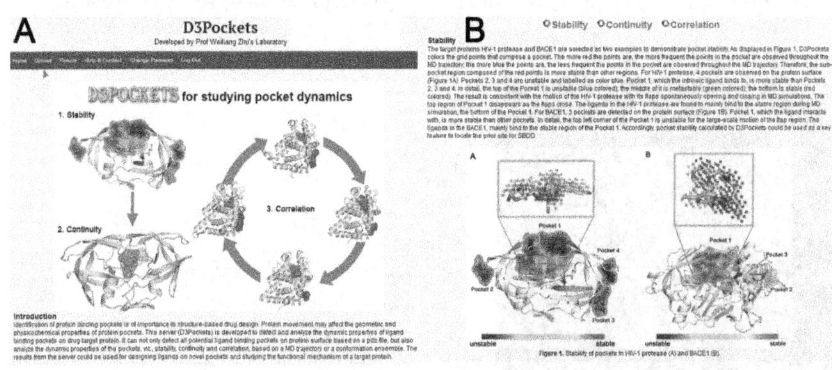

图 3 - 187　D3Pockets 主页

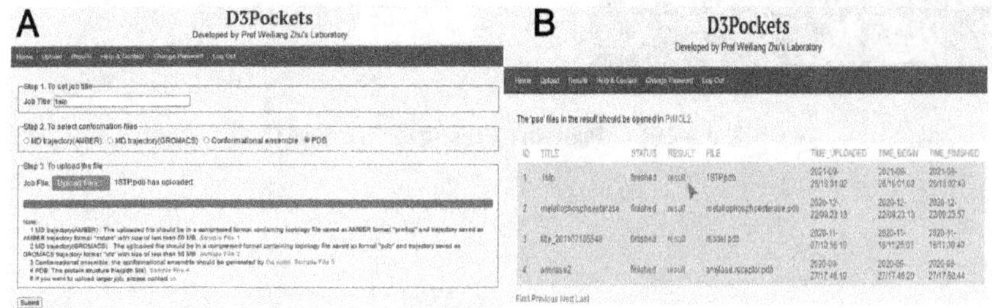

图 3 - 188　D3Pockets 工作和结果界面

（2）POCASA

POCASA（http：//g6altair. sci. hokudai. ac. jp/g6/service/pocasa/）是一个用于预测蛋白质配体结合位点的程序，输入半径的经验范围从 1Å 到 4Å 的非负整数。半径为 2Å 的探针球适用于大多数情况。POCASA 1. 1 主页中有 manual 指导如何运用及结果解释，在主页操作界面中（图 3 - 189A），用 file 框选择靶蛋白（或蛋白 ID），依次填入相应的参数，最后点击 Get Pockets Cavities 即可转入到结果界面（图 3 - 189B），下载 Output files 框中运行的结果后，最后通过可视化软件 PyMOL 查看口袋。

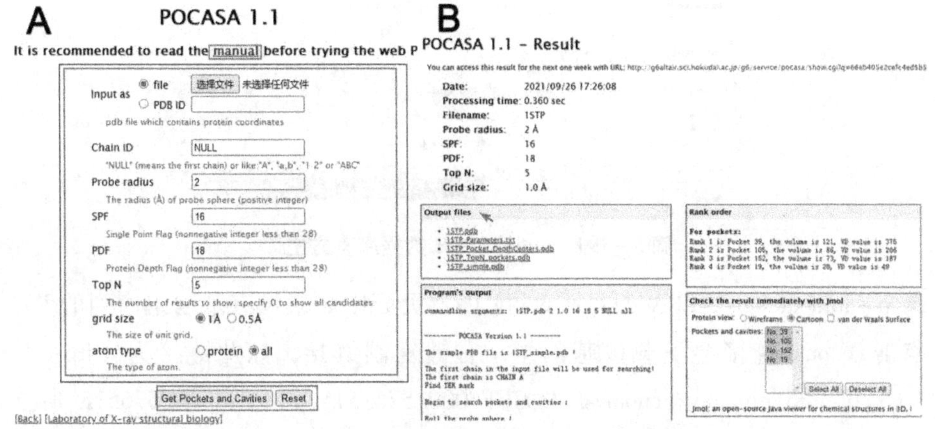

图 3 - 189　POCASA 1. 1 主页与结果界面

3. 14　antiSMASH 数据库—微生物次生代谢物合成基因簇查询和预测

antiSMASH 数据库（http：//antismash. secondarymetabolites. org/，图 3 - 190）能为研究者提供一个使用方便、注释了的生物合成基因簇最新集合，可以让研究者在提供复杂的问题之后轻松地进行基因组之间的分析。主要操作过程如下：

①直接分析 NCBI 的基因组编号：a. 访问 NCBI 主页（https：//www. ncbi. nlm. nih. gov/）。b. 检查某微生物：类型选择“Genome”，例如：检索根癌农杆菌“Agrobacterium tumefaciens LBA4213”，可以找到唯一结果会自己打开的页面（https：//www. ncbi. nlm. nih. gov/genome/? term = Agrobacte-

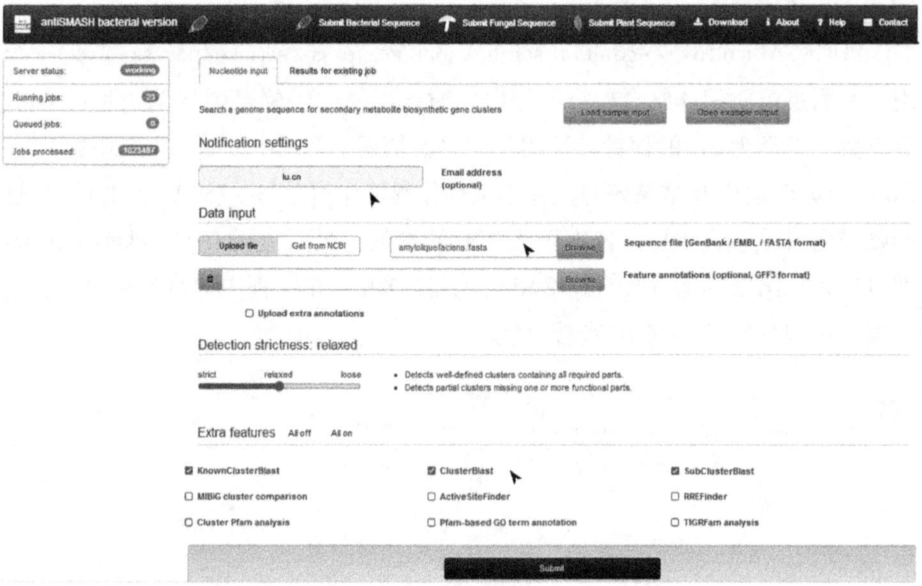

图 3－190　antiSMASH 数据库官方主页

rium + tumefaciens + LBA4213）。c. 找 ID，页面中如果没有基因组序列的 ID，点击 genome 链接会下载该基因组，右键复制链接，如此链接为（ftp：//ftp. ncbi. nlm. nih. gov/genomes/all/GCF/000/576/515/GCF _ 000576515. 1 _ ASM57651v1/GCF_ 000576515. 1 _ ASM57651v1 _ genomic. fna. gz），其中的“CF_ 000576515. 1”即为 NCBI ID。

②在 Antismach 主页中找 NCBI acc #处，填写 NCBI ID 和其他项目，并选择所要分析的内容，点 Submit 提交即可开始运行（图 3－190）。

如果要上传某个新细菌基因组则按如下操作：a. 访问 http：//www. at - sphere. com/，这里有新测序的细菌基因组；b. 点击左侧 assemblies 链接，会出现细菌列表；c. 例如下载 Leaf1；d. 解压后为 . fna 的 fasta 文件；e- . AntiSmach 页面选择 Upload file；f. 直接选择上传文件，并 submit 即可。注意：全基因组注释，运行时间会很久，任务也可能被排除，需要等很久。也可以自己安装软件的本地版，在本地计算结果。

运行结束后，在弹出的界面中点击 results，即可得到 antiSMASH 运行结果界面（图 3－191）。分析的 AT－Sphere 中 Root107 编号菌基因组结果表明：a. Select Gene Cluster 为找到的基因簇的列表，共有 93 个，其中高亮的有次级代谢产物相关，灰度一般为基础代谢物，如糖、脂等。b. Identified 下面为详细的列表。c. 点击上方簇编号可看到每个簇的详细结构和基因注释。有基因结果图，每个基因注释，可以鼠标悬停显示，下面还有相近的细菌基因结构。点击基因簇中的基因则进一步显示每个基因的信息（图 3－191）。

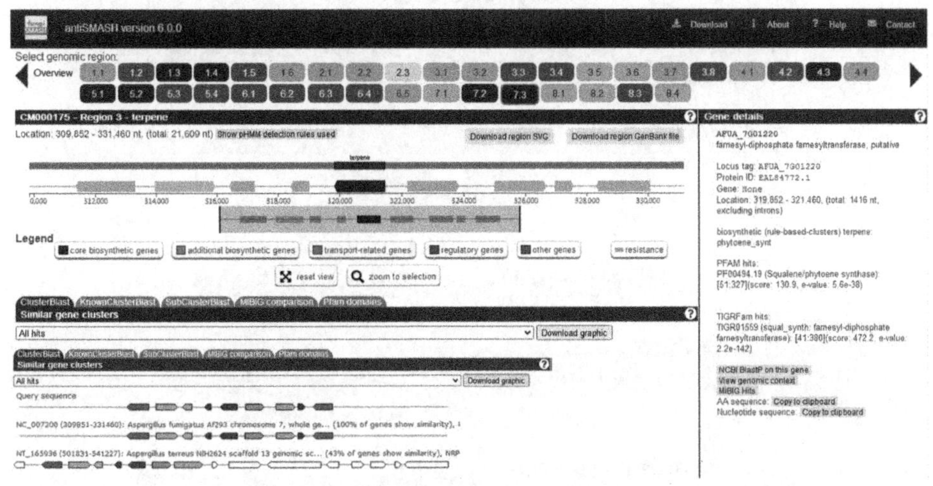

图 3－191　antiSMASH 结果界面

3.15　蛋白的多级构比对分析

ESPript/ENDscript（https：//espript. ibcp. fr/ESPript/cgi－bin/ESPript. cgi）是在线对蛋白序列和结构进行比对的软件。其使用方法如下：

①目的蛋白的序列和 PDB 文件的下载。在蛋白质数据、Genbank、Uniprot 等数据库搜索得到蛋白质序列，可下载得到序列比对文件和靶蛋白的 PDB 格式文件。

②打开 ClustalW 网站，采用 Clustal 算法进行序列比对，输入格式如下，点击 Execute Multiple Alignment 进行序列比对。

③比对完成后，会自动弹出结果页面，点击 clustalw. aln 下载该序列比对文件，该文件即包含了两个序列的比对结果，或者用其他软件对蛋白的序列进行比对，输出比对后的 clustalw. aln 文件。

④打开 ENDscript/ESPript 网站对序列比对结果进行作图，点击选择文件上传得到 clustalw. aln 文件和 PDB 文件，选择好各对话框中的参数后，再点击页面顶部的 SUBMIT 按钮即可，注意在该页面的底部可以选择输出的文件类

型以及图片格式（图 3－192），主要有 . png 和. tif 格式的图片，两种格式的图片都可以经过图片处理软件加工后在论文或出版物上使用。

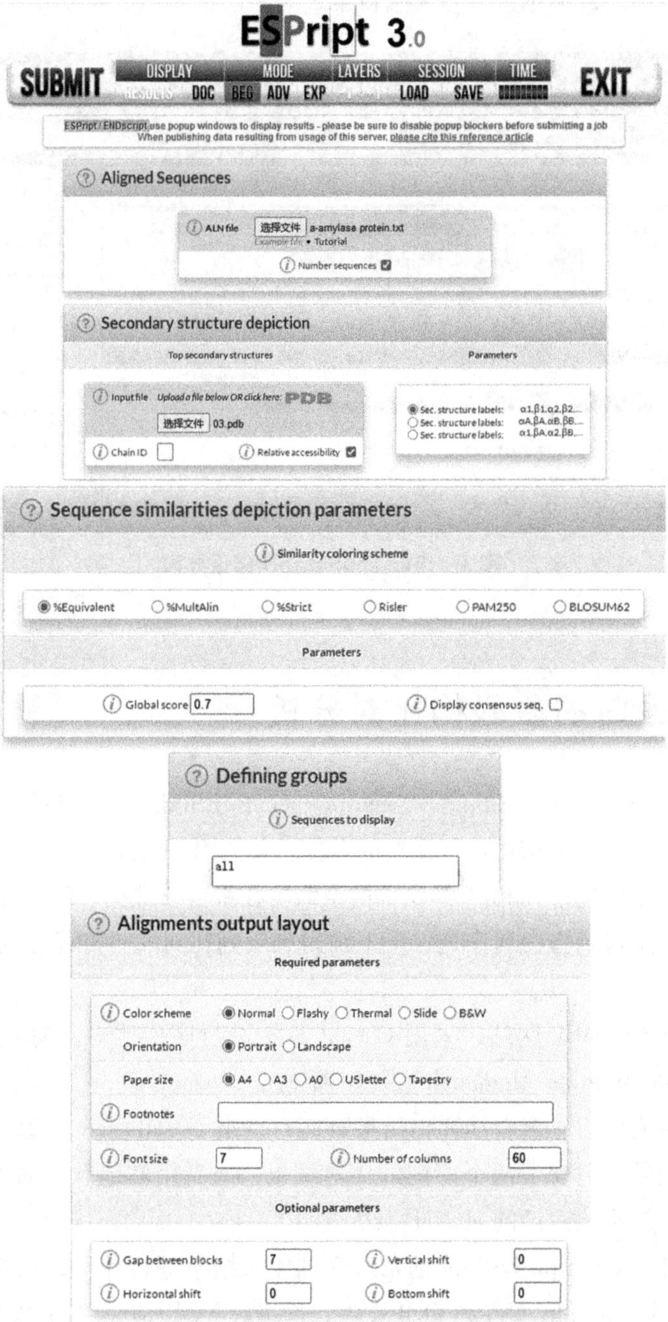

图 3－192　ENDscript/ESPript 网站主界面

3.16　Circos 在线绘图

Circos 图在测序行业、医药行业、经济行业等都应用广泛，在测序行业主要用于展示基因组特征，对于比较难以实现的数据展示可以采用 Circos 在线绘制（http：//mkweb. bcgsc. ca/tableviewer/），相对简单便利。Circos 图很能直观地反映各样品中不同物种所占的比例，以及物种在不同分组或者样品中的分布、不同物种间或同一物种内的基因关系。它改变了科学界对基因组变化（基因组随时间的变化，或两个或多个基因组之间的差异）进行可视化的方式。Circos 圈图最外圈一般是染色体的示意图，上面的刻度表示染色体的坐标位置。每一圈都是以最外圈为坐标，展示相应位置发生的信息。也可以展示基因在样本中共突变（共出现），此时最外圈是基因，中心连线是共突变的基因。具体操作流程如下。

（1）需要准备的文件和工具

Excel，Notepad + +，在线 circos，数据文件 example. txt。

在 circos 官网（http：//circos. ca/）的最右方有个“CIRCOS ONLINE”选项，最初设计用于可视化基因组数据，这里可以实现在线绘制部分 circos 图（图 3 – 193）。以微生物多样性分析样品与物种丰度为例绘制 circos 圈图。

图 3 – 193　circos 官网主页

（2）数据准备

首先要做的就是整理画图所用到的数据，所用数据为物种在各样品中的量化值，数据如下（列名 A、B、C、D 为样品，第一列是某科水平的物种分类名称）。网站要求的数据格式均为非负整数，如果有小数和负数需要将数据进行转化，例如，将所有的数据乘 1000（系统会自动截掉小数点后的数据）。具体的数据格式要求为：上传的文件必须是纯文本表格数据。该文件可以是空格或制表符分隔的。相邻的空格将被折叠，因此不要使用它们来表示缺少的字段（而是使用连字符 -，见下文）。行名称应在第一列中，列名称应在第一行中。任何两行都不能具有相同的名称。任何两列都不能具有相同的名称。每行必须具有相同数量的字段。此限制要求填充标题行中的所有前导单元格。表值必须是非负整数。如果您的数据值是［0，1］范围内的浮点值，请将每个表格单元格乘以一个大值，例如 1000。系统将截断所有小数部分，确保输出中没有千位分隔符（1525，而不是 1,525），并且数字周围没有引号（1525，而不是“1 525”）。任何以#开头的行都被视为注释而不被解析。空行也会被忽略。在线软件只会解析数据的前 75 行和 75 列。最好的办法是下载网上的 sample 数据，然后用 excel（Excel，Notepad + +）将其内的数据替换成自己的数据（图 3 - 194），另存为文本文件，左侧是用文本工具打开的原始数据，右侧是用 Excel 打开后的数据样式。

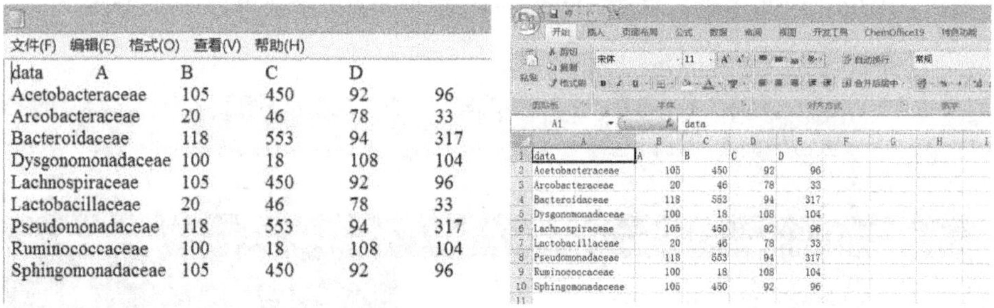

文件(F) 编辑(E) 格式(O) 查看(V) 帮助(H)

data	A	B	C	D
Acetobacteraceae	105	450	92	96
Arcobacteraceae	20	46	78	33
Bacteroidaceae	118	553	94	317
Dysgonomonadaceae	100	18	108	104
Lachnospiraceae	105	450	92	96
Lactobacillaceae	20	46	78	33
Pseudomonadaceae	118	553	94	317
Ruminococcaceae	100	18	108	104
Sphingomonadaceae	105	450	92	96

图 3 - 194　circos 数据准备

（3）绘图

数据准备好后，就可以在线绘制 circos 图了，只需要在 UPLOAD YOUR FILE 选项中，点击选择文件按钮即可导入数据，然后点击 Visualize Table 按钮即可生成图片（图 3 - 195）。可以看到，图中的物种和样品完全是按照字母顺序排列的，如果希望物种和样品分别位列两边，这里可以人为地对其指定顺序。方法很简单，就是在数据的第一行和第一列用数字来指定顺序。例如，第一行指定了样品的顺序，而第一列按丰度指定物种的顺序。生成图片时要勾选选择文件按钮下的框中（排序所用），不然会报错，则新生成的图片。图中由于部分物种丰度数据较小，导致物种名重叠，解决这个问题可以用改变文字的布局进行纠正，这时就需要点击图片界面中的设置（settings）选项进行设置。

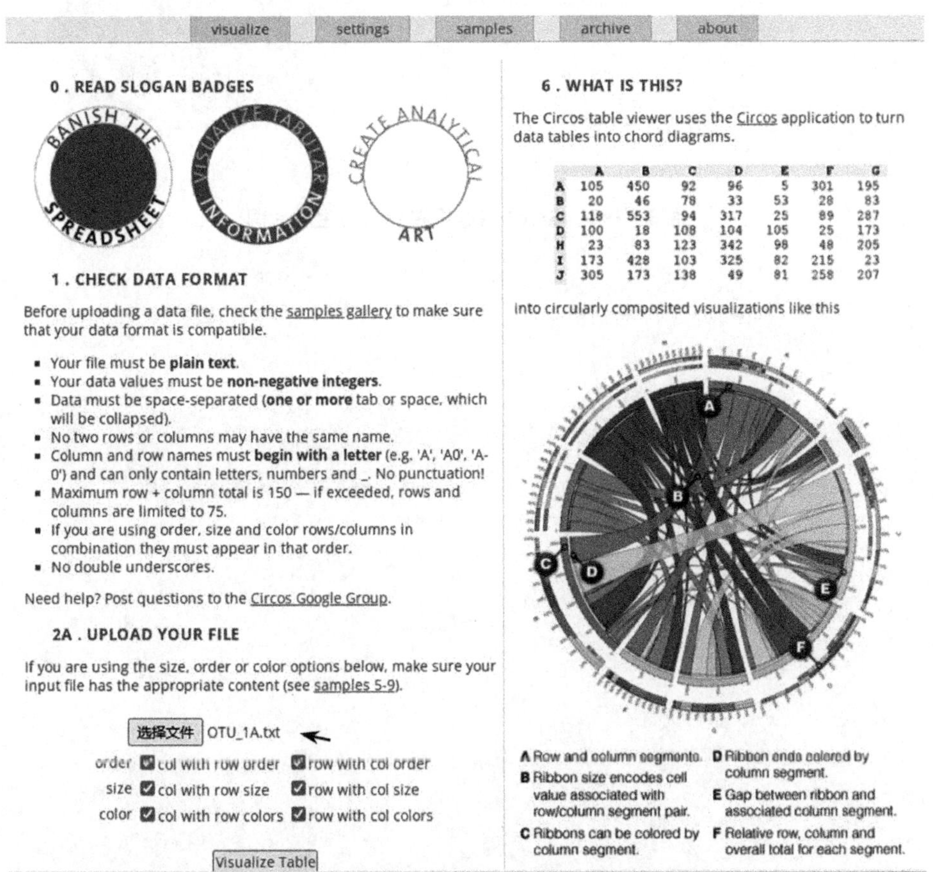

	A	B	C	D	E	F	G
A	105	450	92	96	5	301	195
B	20	46	78	33	53	28	83
C	118	553	94	317	25	89	287
D	100	18	108	104	105	25	173
H	23	83	123	342	98	48	205
I	173	428	103	325	82	215	23
J	305	173	138	49	81	258	207

图 3-195 circos 数据导入界面

（4）图片设置

点击 settings 按钮，进入设置界面，根据设置选项和自己的数据，可以对图片进行调节。一般只需要修改两个地方即可，将下图第一个框改为“no”，可以调整文字为垂直布局，避免重叠；但是如果物种名太长，又可能会超出图片范围，所以要缩小圆圈的半径，即将第二个框改为“small”。点击“save”保存设置，则会重新生成图片（图 3-196）。

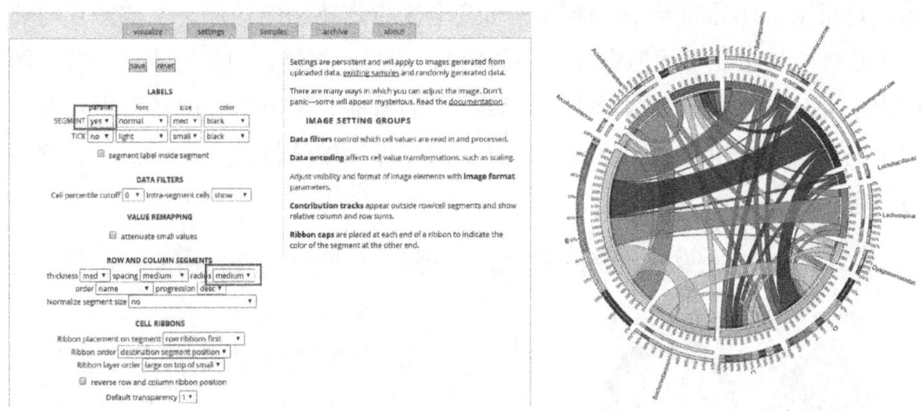

图 3-196　circos 图像设置界面与生成新图

第四章　蝗绿僵菌微管蛋白（β - *tubulin*）基因的功能

4.1　研究背景

绿僵菌是对一大类害虫最经济和重要的生物防治制剂[151]。关于绿僵菌的研究大多数集中在它的致病机制和提高其对环境的适应性方面[154]。有许多参与致病的基因相继被报道[27,155-158]。参与毒力的关键基因的研究将更有利于农业害虫防治。

β - *tubulin* 基因在真核细胞中具有重要的功能，它是微管的基本亚单元成分和细胞骨架的主要成分[159]。β - *tubulin* 基因负责很多功能，其中包括细胞物质运输、细胞的运动性及有丝分裂过程。β - *tubulin* 在子细胞形成过程中会形成一个环状的隔，它是细胞膜压缩和纺锤体膜所必需的，这样有利于两个子细胞的形成[160,161]。另外，在病原菌侵染宿主时，促使宿主细胞骨架的重排，为病原菌侵染宿主细胞内提供了合适的条件[162]。微管蛋白具有高尔基体、信使 RNA、分泌性小泡、功能涉及过氧化物酶体等运输车的作用。再者，β - *tubulin*也是抗真菌药物的绑定靶标，所以真菌抑制剂和真菌杀虫剂不能同步应用[163-166]。故昆虫病原真菌在致病的过程中，昆虫病原真菌自身的β - *tubulin*如何影响毒力的是一个非常重要的问题。

Hatzipapas 等采用反向遗传学的方法研究蝗绿僵菌在侵染东亚飞蝗的过程中 β - *tubulin* 基因的功能。探究了真菌致病过程中所必需的产孢、附着胞、虫菌体和细胞核事件[167]。Hatzipapas 等比较了已报道过从哺乳动物到真菌的 β - *tubulin* 基因的序列，结果显示其具有较强的保守性。实验结果表明野生型菌株、回复菌株和敲除菌株具有不同的菌落表型和菌丝形态，同时表明绿僵菌的β - *tubulin*基因通过参与细胞核事件影响产孢、附着胞的形成和虫菌体的发生，进而影响毒力。Δβ - *tubulin* 菌株异常的运输轨道降低了毒力，以及产孢、附着胞和虫菌体数量。β - *tubulin* 基因在蝗绿僵菌致病过程中的功能在于分化和穿透过程。另外，敲除 β - *tubulin*

基因后，蝗绿僵菌丢失了真菌制剂苯莱特的结合基因位点，从而赋予它具有抗苯莱特的能力。上述研究表明 β - *tubulin* 基因在病原真菌侵染相关的过程中具有重要的功能。

4.2 研究的内容

基于反向遗传学的方法，采用基因敲除的技术构建敲除载体和回复载体，利用农杆菌侵染的方法，经过抗性标记筛选，获得蝗绿僵菌突变菌株。以野生型菌株为对照，用所获得的突变菌株进行下一步的基因功能研究，从而探究候选基因的功能定位。主要研究内容包括以下几个方面：

①候选基因的生物信息学分析。

②候选基因敲除载体和回复载体的构建。

③候选基因转化子的培养和筛选。

④敲除转化子与野生型和回复转化子的菌落表型的分析。

⑤敲除转化子与野生型和回复转化子的产孢量的分析。

⑥敲除转化子与野生型和回复转化子的抗性分析。

⑦敲除转化子与野生型和回复转化子的毒力分析。

4.3 实验材料

4.3.1 主要仪器设备

控温摇床（Thermo Forma）；恒温培养箱（常州冠军仪器制造有限公司）；超净工作台（苏州中志净化工程有限公司）；荧光显微镜（日本奥林帕斯）；XB - K - 25 型血球计数板（上海安信光学仪器制造有限公司）；电子天平（上海精密仪器有限公司）；恒温电热水浴锅（上海启前电子科技有限公司）；多样品冷冻研磨仪 PS - 24（上海万柏生物科技有限公司）；微量移液器（上海荣泰生化工程有限公司）；MilliQ Plus 超纯水仪（法国 Minipore 公司）；-80 ℃超低温冰箱（海尔公司）；低温冰箱（4 ℃、-20 ℃，海尔公司）；

MP511 实验室 pH 计（上海三信仪表厂）；其林贝尔 TS - 1/2/100/200 水平脱色摇床实验室回旋往复式转移摇床。

4.3.2　主要试剂和培养基

试剂类：荧光增白剂（Fluorescent Brightener）（上海酶联生物科技有限公司）；刚果红（上海酶联生物科技有限公司）；Rhodamine phalloidin 罗丹明标记的鬼笔环肽（上海前尘生物科技有限公司）；Sigma DAPI（西安沃尔森生物技术有限公司）；基因组 DNA 提取试剂盒；DIG DNA 标记试剂盒 II（深圳依诺金生物科技有限公司）；E. Z. N. A. Fungal RNA Kit Cat. No：R6840（Omega）；E. Z. N. A. MicroElute® DNA Clean - Up Kit（Omega）；E. Z. N. A. Fungal DNA Midi Kit（50）Cat. No：D3390 - 01（Omega）；其余常用试剂均为国产分析纯。

培养基类：

①1/4 萨氏葡萄糖酵母培养基（1/4 SDA）：10.0 g/L 葡萄糖，5.0 g/L 酵母浸膏，2.5 g/L 蛋白胨，18.0 g/L 琼脂，pH 6.0。

②LB 培养基：5.0 g/L 酵母浸膏，10.0 g/L 蛋白胨，5.0 g/L 氯化钠，1.5% 的琼脂，将 pH 调节至 7.0。

③PDA 培养基：马铃薯 200 g，葡萄糖 20 g，琼脂 20 g，自来水 1 L，pH 值自然。

④微循环产孢培养基（SYA）：30.0 g/L 蔗糖，5.0 g/L 酵母浸膏，3.0 g/L 硝酸钠，0.5 g/L 硫酸镁，0.50 g/L 氯化钾，1.0 g/L 磷酸氢二钾，0.01 g/L 硫酸亚铁，0.01 g/L 硫酸锰，18.0 g/L 琼脂。

⑤查氏培养基：3.0 g/L 硝酸钠，0.5 g/L 氯化钾，0.01 g/L 硫酸亚铁，0.5 g/L 七水硫酸镁，30.0 g/L 蔗糖，1.0 g/L 磷酸氢二钾。

⑥NIM 培养基：2.28 g 磷酸氢二钾（$K_2HPO_4 \cdot 3H_2O$），1.36 g 磷酸二氢钾（KH_2PO_4），0.15 g 氯化钠（NaCl），0.24 g 硫酸镁（$MgSO_4$），0.08 g 氯化钙（$CaCl_2$），3.6 g 硫酸铁［$Fe_2(SO_4)_3$］，0.53 g 硫酸铵［$(NH_4)_2SO_4$］，1.8 g 葡萄糖（Glucose），8.5 g 吗啉乙磺酸（$C_6H_{13}NO_4S$），0.5%（*W/V*）丙三醇（$C_3H_8O_3$），pH = 5.3，加蒸馏水至 1L［15 g 琼脂糖（Agar）］。

适用范围：脓杆菌的侵染转化实验。

4.4 实验方法

4.4.1 菌株和培养条件

实验所用绿僵菌菌株为金龟子绿僵菌蝗变种 *Metarhizium acridum* CQMa102，该菌株由重庆大学生物科学学院基因工程研究中心贮藏。菌株保存于中国普通微生物保藏管理中心（China General Microbiological Culture Collection Center），菌株号 CGMCC No. 1877。载体菌株大肠杆菌 *Escherichia coli* XL - blue 均购于北京鼎国公司。

CQMa102 菌株接种于 1/4 SDA 培养基上，在（28 ± 1）℃避光培养 15 d，然后将成熟的分生孢子配制成孢悬液，用血球计数板计数，把孢悬液调节至 5×10^7 孢子/ mL 作为备用孢悬液，将备用母液接种到各种试验培养基中，在 28 ℃、250 rpm 培养条件下进行恒温摇床培养或者在 28 ℃恒温培养箱中避光培养。所有试验的培养基均调节 pH 至 7.0。

4.4.2 生物信息学分析

用 blastn 搜索 NCBI 数据库，获得蝗绿僵菌的 β - *tubulin* 基因核苷酸序列，然后用 blastx 搜索 NCBI 数据库获得蝗绿僵菌的 β - *tubulin* 蛋白的氨基酸序列，用 blastnp 搜索 NCBI 数据库获得 *Metarhizium acridum*, *Metarhizium anisopliae*, *Neotyphodium aotearoae*, *Epichloe baconii*, *Colletotrichum orbiculare*, *Colletotrichum graminicola*, *Trypanosoma brucei*, *Leishmania mexicana*, *Homo sapiens* and *Bos taurus* 物种的 β - *tubulin* 蛋白的氨基酸序列。将获得的蛋白序列提交到 NCBI 和 DNAMANV6 软件进行序列比对；然后将所获得的蛋白序列提交到 MEGA5.1 软件，用最大相似然发构建物种间的进化树；最后，将蝗绿僵菌 β - *tubulin* 蛋白的氨基酸序列在线提交到 SWISS - MODEL 在线工作平台生成三维模型并进行在线评估相关参数[168]（http：//swissmodel. expasy. org），最后三维模型可靠性通过 QMEAN6 评分[169 - 171]。

4.4.3 真菌基因组 DNA 和 RNA 提取

将收集的菌丝（孢子）经过多样品冷冻研磨仪 PS - 24 研磨后，按照Omega公司的真菌基因组 DNA 和 RNA 提取试剂盒说明书操作提取 DNA 和 RNA，提取的 DNA 和 RNA 放置在 -80 ℃冰箱中备用。

（1）基因组 DNA 提取的详细步骤

①取 10 ~ 50 mg 经液氮研磨成粉末状的真菌样品至 1.5 mL 离心管，立即加 900 μL Buffer FG1 剧烈涡旋。确保粉末分散均匀无团块。

②65 ℃水浴 10 min。其间上下颠倒离心管 2 次，充分混合样品。

③加入 140 μL Buffer FG2 涡旋混合样品。10 000 × g 离心 10 min。

④小心吸取上清液转移到另一个新离心管中，确保上清液中无碎片和沉淀物。加 0.7 倍体积的异丙醇并涡旋以便沉淀 DNA。

注意：通常情况下可以吸取 700 μL 的上清液。这样就需要加入 490 μL 的异丙醇。

⑤立即 10 000 × g 离心 2 min，沉淀 DNA。

⑥小心吸取或轻轻倒出上清液并弃去，确保 DNA 不被丢掉。

⑦加 300 μL 的无菌去离子水重悬 DNA，无菌去离子水需提前预热到 65 ℃。加入 4 μL RNase A 并混匀。

⑧加入 150 μL Buffer FG3，然后加入 300 μL 的无水乙醇并混合均匀。用移液器上下吹打均匀。

⑨将整个样品（包括形成的沉淀）转移到放有收集管的 HiBind® DNA 柱中。10 000 × g 离心 1 min，弃滤液。

⑩转移柱子到一个新收集管上，加入 700 μL DNA Wash Buffer。10 000 × g 离心 1 min。弃滤液。

⑪再次加入 700 μL DNA Wash Buffer。10 000 × g 离心 1 min。丢弃滤液。

⑫将柱子最大转速离心 2 min 至干燥。这一步对去掉残余的乙醇至关重要，残余的乙醇对后续实验影响较大。

⑬将柱子转移到干净的 1.5 mL 的离心管中。加入 50 ~ 100 μL 无菌去离子水，无菌去离子水提前 65 ℃ 预热。室温静置 20 min。10 000 × g 离心 3 ~ 5 min。

⑭将离心所得 DNA 溶液再次加入柱子中。10 000 × g 离心 3 ~ 5 min。可

以提高 DNA 的浓度。

⑮微量核酸检测定仪测定浓度和纯度，-80 ℃保存备用。

（2）基因组 RNA 提取的详细步骤

①用电子天平称取 50 ~ 100 mg 经液氮研磨成粉末状的真菌样品至1.5 mL 离心管，立即加 500 μL RB/2 - Me 剧烈涡旋。

②室温 14 000 ×g 离心 5 min，小心转移上清至匀浆柱中。14 000 ×g 离心2 min。

③转移收集管中的上清（注意不要吸到沉淀）至新离心管，加入 0.5 倍体积无水乙醇或等体积的 70% 乙醇，吸打或涡旋混匀（一般可转移450 μL 的上清液，可加入 225 μL 无水乙醇）。

④把 RNA 柱套在新收集管，转移混合液至 RNA 柱子。室温 10 000 ×g 离心 30 ~ 60 s，弃去滤液。如果出现堵柱现象，提高离心速度至 14 000 ×g。

⑤（可选）膜上 DNase 消化：

a. 加入 300 μL RNA Wash Buffer I 至柱子中，按上柱条件离心，弃滤液。

b. 配制 DNase 消化液（Digestion Buffer，73.5 μL；RNase - Free DNase I，1.5 μL），混匀。

c. 将上述消化液转移至柱子膜的正中央，不要将消化液转移至柱子内壁。

d. 室温静置 15 min。

⑥加入 400 μL RNA Wash Buffer I 至柱子中，按以上条件离心，弃去滤液和收集管。

⑦把柱子套在新收集管，加入 500 μL RNA Wash Buffer Ⅱ 至柱子，按以上条件离心弃去滤液。

⑧把柱子套回收集管，加入 500 μL RNA Wash Buffer Ⅱ 至柱子，按以上条件离心弃去滤液。

⑨10 000 ×g 离心空柱 2 min 以上甩干柱子基质。

注意：不要忽略此步—这对从柱子上除去乙醇至关重要。

⑩把柱子装在干净的 1.5 mL 离心管上，加入 30 ~ 50 μL DEPC Water 到柱子基质上，室温静置 2 min。10 000 ×g 离心 2 min 洗脱出 RNA。

⑪微量核酸检测仪测定浓度和纯度，-80 ℃保存备用。

4.4.4　荧光染色及观察

将收集的孢子、菌丝和附着胞用无菌水清洗干净，然后 600 rpm × 1 min 低温离心，弃去水分，然后将 5 μL 的样品置于荧光增白剂溶液（Calcofluor White 5 μg/ mL，KOH 0.05 g/ mL）中，染色 3 min，用无菌水清洗一次，在荧光显微镜下用紫外光观察和拍照；尼罗红染色（NR）同时处理样品同上，染色过程按照参考文献执行[172]。

4.4.5　Southern blotting

为执行 Southern blotting 分析，用 *Eco*R Ⅰ 和 *Sal* Ⅰ 消化 3 ~ 5 μg 的基因组 DNA，消化后的基因组 DNA 用 1% 的琼脂糖凝胶进行分离，然后将分离后的 DNA 转移到尼龙膜上，最后按照 Roche DIG High Prime DNA Labeling and Detection Starter Kit I 说明书操作[173]。

4.4.6　载体构建及转化子的获得

为了研究构建敲除载体，以基因组为模板，在上游引物（5′ - CCC**AAGCTT**GGGATCTGGCGGCTTGATACTCC - 3′）5′加 *Hin*d Ⅲ 酶切位点的和在下游引物（5′ - TGC**TCTAGA**GCAGTTGGTTATGATGATGCGGC - 3′）5′加 *XbaI* 酶切位点的，用 2 × KAPA Hifi Hot Star Ready Mix of KAPA Biosystems company 进行 β - *tubulin* 基因左臂扩增，然后用 TaKaRa 公司的 PCR 产物纯化试剂盒纯化回收；同样，在上游引物（5′ - AGATATCTGACCTGAACTATCTC - 3′）5′端加 *Eco*R Ⅴ 酶切位点的和在下游引物（5′ - CCGGAATTCCGGGCATTTACTGGCAC - 3′）5′端加 *Eco*R Ⅰ 酶切位点的，用高保真酶进行 PCR 扩增右臂，扩增产物用 TaKaRa 公司的 PCR 产物纯化试剂盒纯化回收；分别用 *Hin*d Ⅲ 和 *XbaI* Ⅰ 快切酶消化左臂和带有 *Hin*d Ⅲ、*XbaI*、*Eco*R Ⅴ 和 *Eco*R Ⅰ 酶切位点且含有抗性基因（抗草铵膦）的质粒 Puc - bar - 19，分别将消化的左臂和质粒用用 TaKaRa 公司的 PCR 产物纯化试剂盒纯化回收，然后将回收的产物用 TaKaRa 公司的 T4 连接酶连接，得到重组质粒；接着将重组质粒转入感受态大肠杆菌中，37 ℃摇床培养 16 h，然后收集培养的大肠杆菌，用质粒提取试剂盒提取含有抗性标记的质粒；将提取的质粒和 β - *tubulin* 基因右臂再次用 *Eco*R Ⅴ与 *Eco*R Ⅰ快切酶消化，然后纯化回收，再次连接即得重组质粒（敲除载体），所用引物及酶切位点和同源序列见表 4 - 1。

敲除载体电转到感受态农杆菌中，用带有抗性基因 Bar 基因的农杆菌侵染蝗绿僵菌，用草铵膦筛选被侵染的蝗绿僵菌即得到转基因蝗绿僵菌。将筛选的蝗绿僵菌先后用 PCR 和 Southern blotting 验证。

为了探究 β - *tubulin* 敲除后的细胞核动态，构建了 N 端融合表达的 GFP - H1 敲除载体，转化后获得融合表达的 GFP - H1 蝗绿僵菌菌株，详细步骤见参考文献[174]。

表 4 - 1　本章研究中所用的引物[a]

Purpose and oligonucleotide	Sequence（5′→3′）	Restriction site
Left arm F	CCCAAGCTTGGGATCTGGCGGCTTGATACTCC	*Bam*H Ⅰ
Left arm R	TGCTCTAGAGCAGTTGGTTATGATGATGCGGC	*Xho* Ⅰ
Right arm F	AGATATCTGACCTGAACTATCTC	*Eco*R Ⅴ
Right arm R	CCGGAATTCCGGGCATTTACTGGCAC	*Eco*R Ⅰ
Complementary strains F	**AACGACGGCCAGTGCCA**AGATTGGTGGTGTCGTGAT	*Hin*d Ⅲ
Complementary strains R	**CCTTGCTCACCATGGATC**ACTCCTCTTCCTCCTCGTC	*Eco*R Ⅴ
DIG Labeling Probe F	TGTTCCGTCCGTTCTCTGTA	
DIG Labeling Probe R	TGGGGTTCACCGCCATAAGC	
Gfp F	**GACGGCCAGTGCC AAGCT**GGTTACTTCTGGTGCCCTT	*Hin*d Ⅲ
Gfp R	**CCTTGCTCACCATG GATCA**CTCCTCTTCCTCCTCGTC	*Xba* Ⅰ
gpd F	GACTGCCCGCATTGAGAAG	
gpd R	AGATGGAGGAGTGGGTGTTG	

[a]Nucleotides in boldface introduce the desired homologous sequence. Underlined nucleotides indicate restriction sites and protective bases or adaptor used for cloning. F indicates up primer, R indicates down primer.

载体双酶切体系和反应条件如表 4 - 2 所示。

表 4 - 2　载体双酶切体系和反应条件

试剂	加量（μL）
10 × Quickcut Buffer	3
质粒	< 1
Hind III	1
Bam HI	1
无菌水补充到 30 μL	
反应条件	
37 ℃ × 40 min	

Novo® RecPCR 一步定向克隆试剂盒（无缝克隆）载体和片段连接体系和反应条件如表 4 - 3 所示。

表 4 - 3　载体和目的片段连接体系和反应条件

试剂	加量（μL）
NovoRec 10 × 重组缓冲液	2
NovoRec 重组酶	1
插入片段	N_{DNA}
线性化载体（> 15 ng/μL）	N^{P}
无菌去离子水	补充至 20
反应条件	
混匀后 37 ℃ × 40 min	

备注：线性化载体和插入目的片段之间的体积换算关系如下：

N_{DNA}/ N_P = 目的片段 DNA 的长度（bp）×（3 ~ 10）× 线性化载体的浓度 / 线性化载体的长度（bp）× DNA 的浓度。

4.4.7　孢子和虫菌体的计数

蝗绿僵菌孢悬液的浓度直接用血球计数板在显微镜下确定，每个样品做 3 次重复，然后孢悬液被无菌水稀释成最终浓度备用。虫菌体的计数详见参考文献[27]。

4.4.8 产孢量的测定

取新鲜成熟的孢子配制成 1×10^7 conidia/mL 的孢悬液，取 50 μL 孢悬液涂布到 PDA 培养基上，28 ℃培养，每隔两天取出一个样品，用打孔器打孔，将打孔取得的样品放入 2 mL 的离心管（无菌水 1 mL）中，涡旋 10 min，然后用血球计数板计数。

4.4.9 昆虫生测

以东亚飞蝗五岭虫作为毒力测试对象，体表侵染时用 3 μL 的 1×10^7 conidia/mL 石蜡油孢悬液点滴到背板下（对照用石蜡油），每个处理 30 头，三个生物学重复，然后将被侵染的东亚飞蝗在 28 ℃、80% 的相对湿度条件下饲养，每隔 12 h 统计一次死亡率，直至全部死亡；注射侵染实验时用 5 μL 1×10^6 conidia/ mL 水孢悬液从蝗虫的第二或第三腹节处，从皮下注射到东亚飞蝗血腔中，对照用 5 μL 的无菌水注射，其余步骤如同体表侵染。每个处理设 3 个重复。

4.4.10 PCR 扩增程序和条件

主要包括菌落 PCR 和目的片段 PCR 扩增程序和条件。

①菌落验证和基因左右臂 PCR 扩增。

用 10 μL 移液器吸嘴挑取单克隆菌落放置到装有 15 μL 无菌水的 PCR 离心管中，制成菌悬液，取 2 μL 的菌悬液为 DNA 模板（基因左右臂扩增用蝗绿僵菌基因组为模板），执行 PCR 扩增体系和程序见表 4 - 4 和表 4 - 5。

表 4 - 4 PCR 扩增体系

扩增体系（25 μL）	
试剂	加量
10 × Rection Buffer	2.5
dNTP	0.5
Forward Primer	1
Reverse Primer	1
BioReady rTaq	0.25
菌悬液	2
无菌水	To 25

表 4 - 5 PCR 扩增程序

扩增程序	
1. 94 ℃	5 min
2. 94 ℃	30 s
3. 58 ℃	30 s
4. 72 ℃	1 kb/ min
5. Go to step 2	35 个循环
6. 72 ℃	10 min
7. 16 ℃	forever

②长目的片段的扩增用高保真酶进行 PCR 扩增，其扩增体系和扩增程序见表 4 - 6 和表 4 - 7。

表 4 - 6 长片段 PCR 扩增体系

扩增体系（20 μL）	
10 × Phusion HF Buffer	4
dNTP	0.4
Forward Primer	1
Reverse Primer	1
Phusion Taq	0.2
蝗绿僵菌基因组 DNA	2
无菌水	To 20

表 4 - 7 长片段 PCR 扩增程序

扩增程序	
1. 98 ℃	5 min
2. 98 ℃	30 s
3. 72 ℃	30 s
4. 72 ℃	15 ~ 30s/ 1kb
5. Go to step 2	35 个循环
6. 72 ℃	10 min
7. 16 ℃	forever

4.4.11 数据处理

东亚飞蝗的生存曲线按照 Tarone - Ware test 分析；所有数据都在 SPSS 18.00 软件上执行，用 Anova analysis 单因素分析变量之间的差异性。$P < 0.05$ 被视为显著性差异（用小写字母或单个星号表示），$P < 0.01$ 被视为极显著性差异（用大写字母或双个星号表示）。所有数据图形用软件 Graphpad Prism version 5.00 生成（Graphpad software，www.graphpad.com），误差棒表示平均数 ± SEM。

4.5 结果分析

4.5.1 蝗绿僵菌 β - *tubulin* 基因的生物信息学分析

蝗绿僵菌 β - *tubulin* 蛋白序列通过用 *Fusarium oxysporum* 的蛋白序列作为 query，用 blastn 搜索蝗绿僵菌基因组数据库，获得了蝗绿僵菌数据库中的 subject 目标序列 β - *tu*bulin。再用 β - *tubulin* 序列作为 query，运行 blastx 获得相应的蛋白序列。在 NCBI（http：//www.ncbi.nlm.nih.gov/）中运行 blastp

获得不同物种的 *β-tubulin* 蛋白序列（*Metarhizium acridum*，*Metarhizium anisopliae*，*Neotyphodium aotearoae*，*Epichloe baconii*，*Colletotrichum orbiculare*，*Colletotrichum graminicola*，*Trypanosoma brucei*，*Leishmania mexicana*，*Homo sapiens and Bos taurus*）。

将获得的蛋白序列提交到 DNAMAN，运行 DNAMAN 进行比对，获得了 *β-tubulin*蛋白一级序列的比对结果（图 4-1A）。由图 4-1A 可知，*β-tubulin* 蛋白一级序列相对保守，其一致性达到 96.94%，在蝗绿僵菌序列中包含其他物种所含的苯莱特结合位点（6，50，134，165，167，198，200 和 240 氨基酸）。该结果表明所获得的序列即为目标序列。

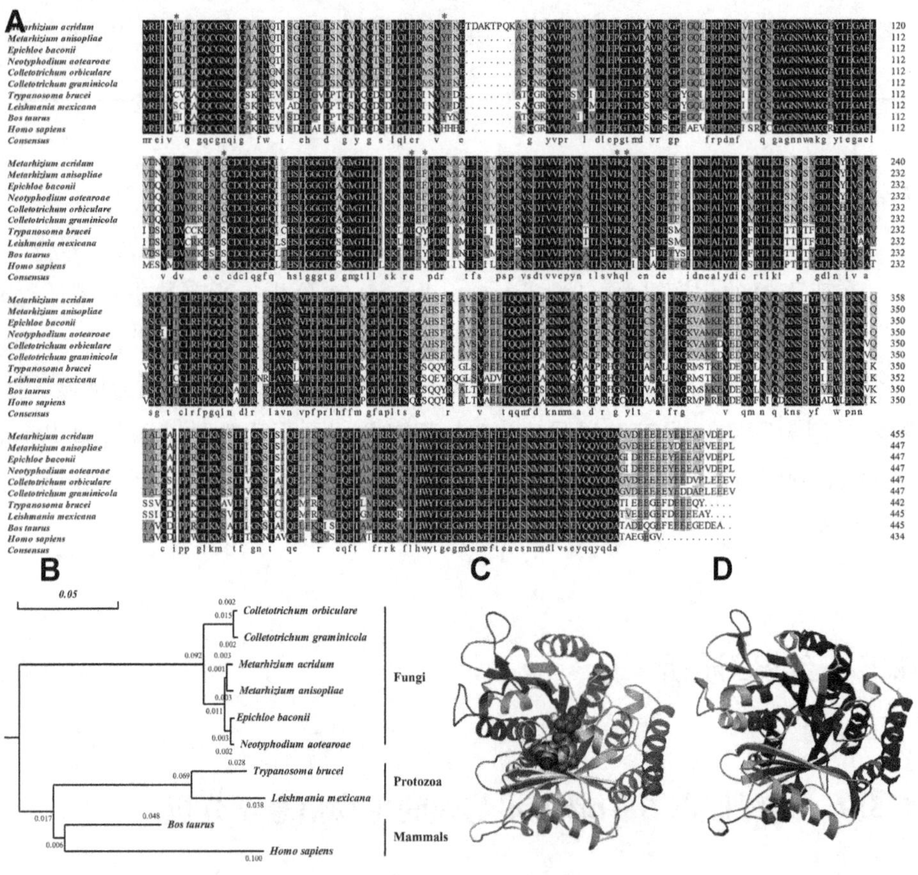

图 4-1　蝗绿僵菌 *β-tubulin* 基因的生物信息学分析

A. *β-tubulin* 蛋白氨基酸序列比对；B. 基于氨基酸序列的 *β-tubulin* 进化树分析（NJ 法）；C. *β-tubulin* 蛋白 SWISS-MODEL 数据库中的模型；D. 基于 SWISS-MODEL 数据库的*β-tubulin* 蛋白的三维建模

将获得所有物种的蛋白序列提交到 MEGA5.02，运行 MEGA5.02，利用 Neighbor - Joining 法构建了系统发生树（图 4 - 1B）。由图 4 - 1B 可知蝗绿僵菌（*Metarhizium acridum*）的 β - *tubulin* 蛋白序列与 *Metarhizium anisopliae* 的 β - *tubulin*蛋白序列亲缘关系最近，其次是禾本科植物病原真菌稻香柱菌（*Neotyphodium aotearoae*）和醉马草内生真菌（*Neotyphodium gansuense*），再次是植物病原菌炭疽病菌，它们共同聚集到真菌分支；进化树表明真菌的 β - *tubulin* 蛋白序列分支与古生动物亲缘关系较近，而与哺乳动物亲缘关系较远。该数据表明 β - *tubulin* 蛋白序列是由植物病原真菌进化而来，从而进一步表明生物的进化方向是由低等的菌类到原生生物类，再到高等的动物类。

将获得的蝗绿僵菌 β - *tubulin* 蛋白序列提交到 SWISS - WORKPLACE 数据库，利用 SWISS - WORKPLACE 同源建模获得了高度相似的 β - *tubulin* 模型（图 4 - 1 C 和 D）。建模结果显示 β - *tubulin* 模型与数据库内的模型序列的相似性为 82.5%，其 Z 值得分为 -1.24 ~ -0.5，其 QMEAN 得分是 0.51，上述数据表明蝗绿僵菌 β - *tubulin* 建模是正确的。

上述结果表明获得的 β - *tubulin* 序列是正确的，获得 β - *tubulin* 序列可以进一步为基因功能的研究提供科学依据。

4.5.2　蝗绿僵菌目标基因 β - *tubulin* 基因敲除和回复转化子的验证

为了研究 β - *tubulin* 基因的功能，用基因敲除的方法删除 β - *tubulin* 基因，并通过 PCR 和 Southern bloting 的方法验证了敲除和回复转化子的正确性。对所获得的 3 个转化子进行了 PCR 验证。用 OMEGA 基因组提取试剂盒提取了敲除菌株的基因组 DNA，而后分别在左臂上游设计一条正向引物和 *Bar* 基因上游设计一条反向引物，用来验证左臂位置的正确性；另外，在 *Bar* 基因下游设计一条正向引物和在右臂的下游设计一条反向引物，用来验证 *Bar* 基因插入位置的正确性。左臂验证引物 PCR 扩增获得了 1220bp 的目的产物，同样右臂验证引物 PCR 扩增获得了 1250 bp 的目的产物（图 4 - 2 A），PCR 扩增表明 β - *tubulin* 基因被敲除。

为了进一步验证转化子是 β - *tubulin* 基因被敲除的转化子，在左臂上设计一条探针，用 Southern blotting 的方法验证了敲除菌株和回复菌株的正确性。基因组 DNA 分别被 *Eco*R Ⅰ和 *Sal* Ⅰ酶切后，进行 Southern blotting 杂交。

Southern blotting 杂交结果显示野生型菌株在 1658bp 位置有一条预期的杂交条带，敲除菌株在 1160bp 位置有一条预期的杂交条带，回复菌株在 1160bp 和 1658bp 各有一条预期的杂交条带（图 4 –2B）。该实验结果表明 *β – tubulin* 基因被正确敲除，另外在敲除的基础上 *β – tubulin* 基因以插入的方式被正确地回复。

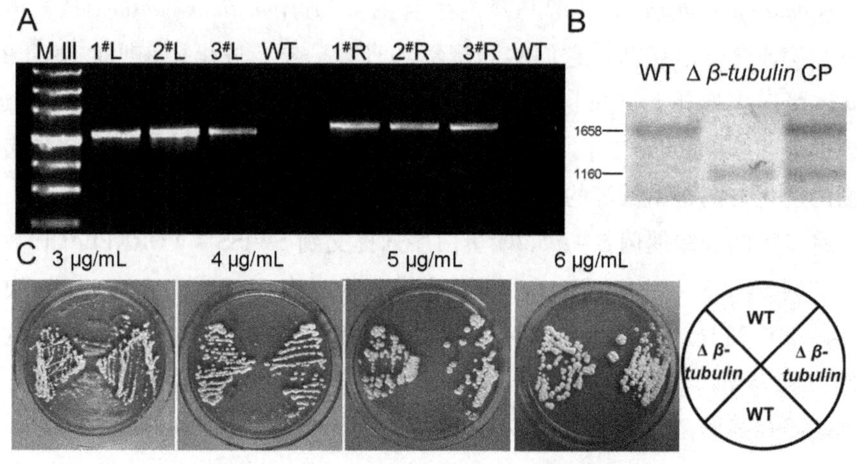

图 4 –2　蝗绿僵菌 Δ*β* – *tubulin* 菌株的验证

A. PCR 验证转化子；B. Southern blotting 验证敲除和回复菌株；C. 苯莱特验证转化子

因为 *β – tubulin* 蛋白含有苯莱特结合位点，所以 *β – tubulin* 基因敲除后的转化子具有苯莱特抗性。在含有苯莱特的 1/4 SDA 培养基上接种野生型和敲除菌株验证转化子的正确性。实验表明野生型菌株在 3 μg / mL 苯莱特的培养基生长受到抑制，在大于 4 μg / mL 苯莱特的培养基上不能生长（图4 –2 C）。结果表明 *β – tubulin* 基因被正确敲除，该转化子可以进一步作为*β – tubulin*基因功能研究的材料。

4.5.3　蝗绿僵菌*β – tubulin* 基因对菌落形态和菌丝形态的影响

为了确定 *β – tubulin* 是否对正常形态的建立有影响，对菌落形态、菌丝形态和菌丝分支做了观察。另外用荧光增白剂对菌丝的几丁质分布做了观察。培养 6 d 后，敲除菌株的菌落生长稍小于野生型菌落和回复菌落，并且具有褶皱（图 4 –3A、B 左列）；为了进一步观察菌落结构，用体视镜对菌落进行了显微观察，观察结果显示与野生型和回复菌株相比，Δ*β – tubulin* 菌株菌落上的菌丝分布不平滑，成股分布而稠密；另外，用显微镜对菌落边缘的菌丝做了观察，结果显示 $\Delta\beta$ - *tubulin* 菌株菌落边缘的菌丝是波浪形，弯曲度较大而短，而野生型和回复菌株菌落边缘的菌丝相对直而长。上述结果表明 β - *tubulin* 对菌丝形态建立具有一定的贡献。

为了进一步分析 β - *tubulin* 对蝗绿僵菌的正常生长是否有影响，作者对菌丝分支进行了量化（图 4 - 3C）。结果表明 β - *tubulin* 的敲除并不影响蝗绿僵菌菌丝的分支数，说明 β - *tubulin* 并不参与菌丝的正常生长，而是参与菌丝形态的形成。

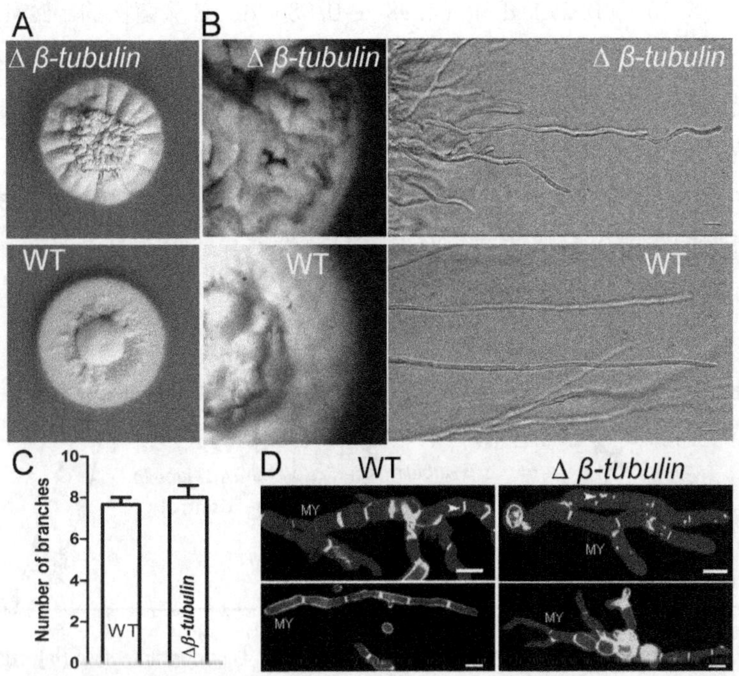

图 4 - 3　蝗绿僵菌 β - *tubulin* 参与菌落形态、菌丝形态和隔的形成，而不影响分支

A. 2×10^7 个/ μL 孢悬液点滴到 1/4 SDA 培养基上，培养 6d 的菌落和菌丝的形态；B. 培养 24 h 后蝗绿僵菌的菌丝分支数；C. 菌丝分支数统计；D. 荧光增白剂染色后的蝗绿僵菌菌丝

为了进一步观察 β - *tubulin* 基因为何改变菌丝形态，用荧光增白剂对菌丝进行了染色，并用荧光显微镜进行了观察。观察结果显示敲除菌株的菌丝内几丁质的分布不能定向于隔的位置，从而不能形成完整的隔；而野生型和回复菌株的菌丝几丁质分布均匀，集中位于菌丝的隔位置，能够形成完整的隔。结果表明 β - *tubulin* 可能参与几丁质运输和分布，进而影响菌丝和菌落的形态（图 4 - 3D）。

4.5.4 蝗绿僵菌 β - *tubulin* 基因对毒力的影响

为了测试 β - *tubulin* 基因对真菌的毒力作用，以五龄东亚飞蝗为生测对象，以野生型和敲除菌株分别为生测菌株，无菌水为对照，分别采取点滴和注射的方式验证 β - *tubulin* 基因杀虫效应（图 4 - 4A 和图 4 - 4B）。通过点滴生测实验，敲除菌株、野生型菌株和回复菌株的半致死时间分别是（6.70 ± 0.14）d、（5.20 ± 0.27）d 和（4.98 ± 0.08）d，敲除菌株的半致死时间与野生型菌株和回复菌株相差 1.5 d 左右，且具有极显著性差异，说明 β - *tubulin* 基因可能在体表侵染过程具有一定的功能作用。然而通过体内注射实验发现敲除菌株、野生型菌株和回复菌株的半致死时间分别是（5.00 ± 0.19）d，（4.58 ±0.01）d 和（4.50 ±0.15）d，敲除菌株与野生型和回复菌株相比，其半致死时间相差 0.54 d 左右，且具有显著性差异，表明 β - *tubulin* 基因在虫菌体阶段具有一定的功能作用。

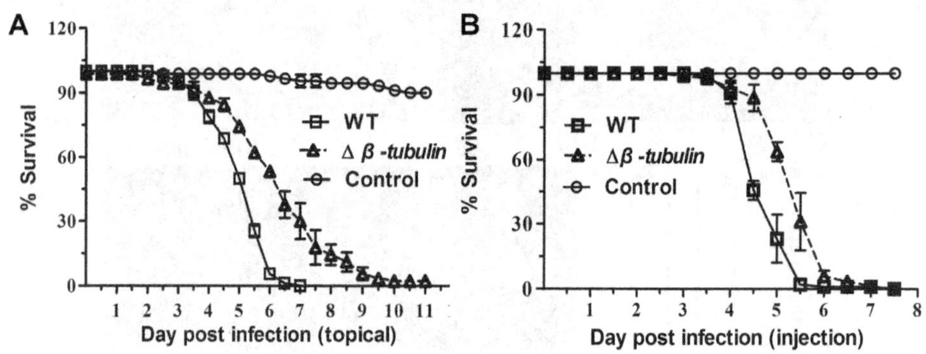

图 4 - 4 野生型菌株、回复菌株和敲除菌株以东亚飞蝗为生测对象的测毒力测试

A. 1/4 SDA 上培养 12 d 的野生型菌株、回复菌株和敲除菌株的孢子，用石蜡油配制成 1×10^7 的孢悬液，在每头东亚飞蝗的背板下点滴 3 μL 孢悬液；B. 1/4 SDA 上培养 12 d 的野生型菌株、回复菌株和敲除菌株的孢子，用无菌水配制成 1×10^6 的孢悬液，在每头虫的第三腹节处注射 5 μL 水孢悬液

为了探究 β - *tubulin* 基因如何在体表和体内发挥毒力作用，对体表侵染和注射后东亚飞蝗血腔内的虫菌体进行了显微观察和计数。体表侵染 4 d 后，野生型菌株的虫菌体的数量已达到最高峰，而敲除菌株的虫菌体的数量远低于野生型菌株，敲除菌株的虫菌体数量在侵染 6 d 后才达到最高峰，并且敲除菌株和野生型菌株的虫菌体的最高数量具有极显著性差异（图 4 - 5A）。表明

β - *tubulin* 基因敲除后，一定程度地影响了蝗绿僵菌从体表进入血腔的侵染过程。为了进一步确定 β - *tubulin* 基因敲除后如何影响毒力的，对注射侵染后的东亚飞蝗的虫菌体进行了显微观察和计数。注射侵染后，东亚飞蝗血腔内的野生型菌株和敲除菌株的虫菌体数量都是在注射侵染后的 4.5 d 都达到最高峰，且二者具有极显著性差异（图 4 - 5B），表明 β - *tubulin* 基因的敲除抑制了蝗绿僵菌的体内定殖过程。表明 β - *tubulin* 基因既影响蝗绿僵菌侵染过程又影响体内定殖的过程，进而影响了毒力。

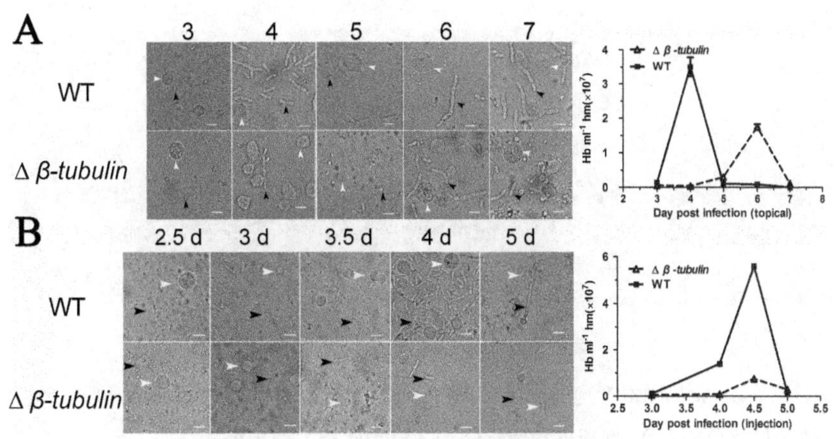

图 4 - 5　不同时间点东亚飞蝗活体血腔中

β - *tubulin* 基因影响虫菌体的数量

A. 体表侵染后的东亚飞蝗血腔中的虫菌体的显微观察（左图）和定量（右图）；B. 注射侵染后的东亚飞蝗血腔中的虫菌体的显微观察（左图）和定量（右图）

4.5.5　蝗绿僵菌 β - *tubulin* 基因对产孢的影响

为了确定 β - *tubulin* 基因对产孢的影响，把蝗绿僵菌孢悬液接种到了 1/4 SDA 培养基上，培养 15 d 分别统计了每天的产孢量。在 3 ~ 15 d 的每个阶段，$\Delta\beta$ - *tubulin* 菌株的产孢量都低于野生型和回复菌株，且每个阶段 $\Delta\beta$ - *tubulin* 的产孢量与野生型和回复菌株具有极显著性差异（图 4 - 6 A）。为了进一步分析 β - *tubulin* 基因对产孢影响的原因，对产孢体进行显微观察，结果显示 $\Delta\beta$ - *tubulin* 菌株的产孢体偏离了菌丝顶端（图 4 - 6 B、D），产孢体的量化显示 $\Delta\beta$ - *tubulin* 菌株的产孢体数量显著性地低于敲除菌株和回复菌株（图 4 - 6 C）。

上述数据表明 β - *tubulin* 影响了产孢体的正常发展，影响了产孢体的数量，从而降低了产孢量。

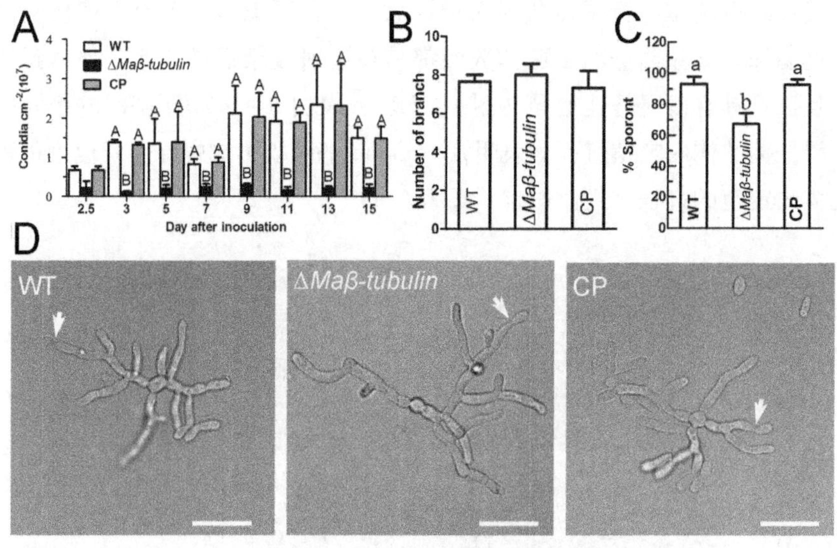

图 4-6　β - *tubulin* 基因参与产孢

A. β - *tubulin* 基因对产孢的影响；B. β - *tubulin* 基因对产孢体的影响；C. 产孢体的量化分析；D. 孢子梗和菌丝分支（箭头所指为孢子梗）

4.5.6　蝗绿僵菌 β - *tubulin* 基因对侵染结构附着胞的影响

为了进一步探究 β - *tubulin* 基因在体表侵染过程中的功能，用东亚飞蝗后翅诱导附着胞的方法，在显微镜下观察了孢子的萌发率和附着胞的形态，另外统计了附着胞的形成率。$\Delta\beta$ - *tubulin* 菌株的孢子经东亚飞蝗后翅诱导后形成的附着胞相对较短而粗，而野生型菌株和回复菌株形成的附着孢相对较长（图 4-7A）。接着对东亚飞蝗后诱导后的孢子萌发率和附着胞形成率进行了分析，东亚飞蝗后诱导后，$\Delta\beta$ - *tubulin* 菌株的孢子的萌发率与野生型和回复菌株相比无显著性差别（图 4-7B），而 $\Delta\beta$ - *tubulin* 菌株附着胞的形成率与野生型和回复菌株相比却有着极显著性差别（图 4-7C），该结果表明 β - *tubulin* 基因的敲除改变了附着胞的形态建成，进而降低了附着胞的形成率。接着，对附着胞的膨压（Turgor pressure）进行了测试，数据表明 β - *tubulin* 基因的敲除极显著性地降低了附着胞的膨压（图 4-7D）。为了进一步研究 β - *tu-*

bulin 基因影响膨压的原因，用尼罗红染色的方法对附着胞内的脂滴分布进行了显微观察。显微观察结果显示，Δ*β* - *tubulin* 菌株形成的附着胞中的脂滴成聚集化分布，不能够均匀分布在整个附着胞中，而野生型和回复菌株形成的附着胞中脂滴能够均匀分布在整个附着胞中（图 4 - 7E）。结果表明 *β* - *tubulin* 基因能够在附着胞的形成过程中促使脂滴均匀分布在整个附着胞中，进而增加附着胞的膨压，促使蝗绿僵菌穿透昆虫体壁进入昆虫血腔。

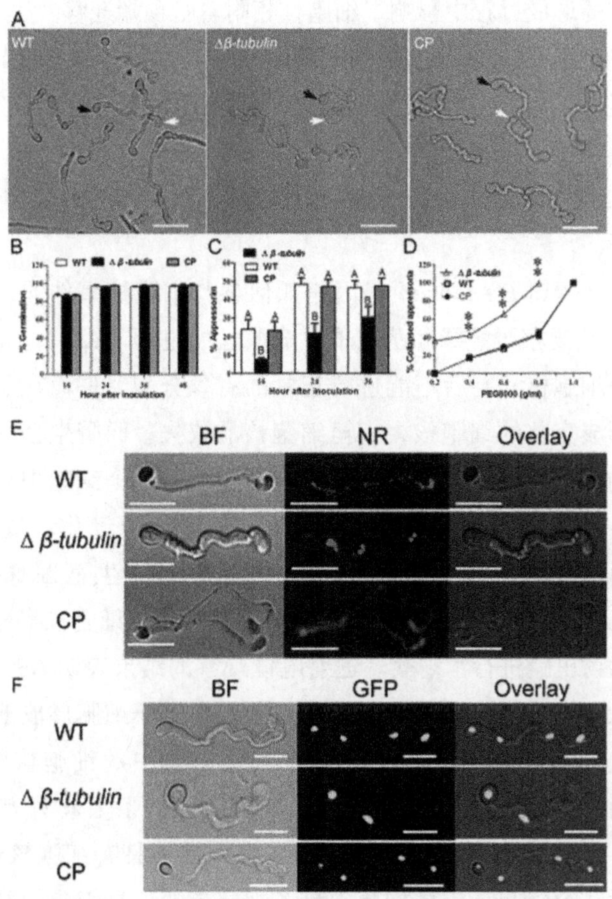

图 4 - 7　*β* - *tubulin* 基因敲除影响附着胞的形成、膨压和脂滴的分布，附着胞中的细胞核分布

A. *β* - *tubulin* 基因参与附着胞的形态建成；B. *β* - *tubulin* 基因不影响孢子在翅膀上的萌发率；C. *β* - *tubulin* 基因降低了附着胞的形成率；D. *β* - *tubulin* 基因降低了附着胞的膨压；E. *β* - *tubulin* 基因参与附着胞内脂滴的分布；F. *β* - *tubulin* 基因参与附着胞形成过程中的细胞核事件

为了进一步研究 β – *tubulin* 基因是如何影响上述性状的，用融合表达了组蛋白 H1 – GFP，通过荧光显微观察附着胞形成过程中细胞核的变化。

显微观察结果显示，Δβ – *tubulin* 菌株孢子被诱导形成附着胞的过程中，孢子到附着胞内的细胞核数明显低于野生型菌株和回复菌株中的细胞核数量；另外，在附着胞的顶端 Δβ – *tubulin* 菌株无细胞核，而野生型菌株和回复菌株在细胞核的顶端都有一个细胞核（图 4 – 7 F）。结果表明 β – *tubulin* 基因的敲除会在附着胞的形成过程中影响了细胞核相附着胞顶端迁移。

综上所述表明 β – *tubulin* 基因在蝗绿僵菌体表侵染过程中参与了遗传物质的转运，通过参与遗传物质的转运继而影响附着胞的形成及侵染穿透过程。

4.5.7 蝗绿僵菌 β – *tubulin* 基因在细胞核事件中的功能

为了进一步探讨 β – *tubulin* 基因是如何参与细胞核事件的，用融合表达 H1 – GFP 的方法观察了蝗绿僵菌孢子形成菌丝的过程。Δβ – *tubulin* 菌株在细胞分裂过程中细胞核复制后不能进行正常的有丝分裂，进而在子细胞或者母细胞中不能形成完整的细胞核，直至细胞核的缺失；而野生型和回复菌株孢子形成菌丝的过程进行了正常的有丝分裂，能够使每个细胞中有一个完整的细胞核（图 4 – 8 A）。对细胞核的有丝分裂进行了量化，量化结果表明 Δβ – *tubulin* 菌株细胞有丝分裂指数显著性地低于野生型菌株和回复菌株（图 4 – 8 B）。为了进一步确定 β – *tubulin* 基因是参与了细胞核事件的，对新分裂的孢子用透射电镜进行了观察。透射电镜观察的结果表明 Δβ – *tubulin* 菌株的子细胞中缺少细胞核，而野生型和回复菌株中在子细胞形成前已经形成两个明显的细胞核（图 4 – 8 C）。接着观察长菌丝中的细胞核的分布状态，Δβ – *tubulin* 菌株的菌丝中细胞核数量极少，发现每条菌丝只有一个细胞核（图 4 – 8 D、E），进而对长菌丝的顶端细胞中是否具有细胞核进行了量化。量化结果显示，Δβ – *tubulin* 菌株菌丝具备细胞核的顶端细胞的数量极显著性地低于野生型和回复菌株（图 4 – 9）。Δβ – *tubulin* 菌株对基因 *MaPpt*1 基因表达有影响（图 4 – 10）。上述情况表明 β – *tubulin* 在菌丝生长过程中参与了细胞核的有丝分裂过程，β – *tubulin* 的缺失促使了子细胞中细胞核的非完整性，甚至细胞核的缺失。

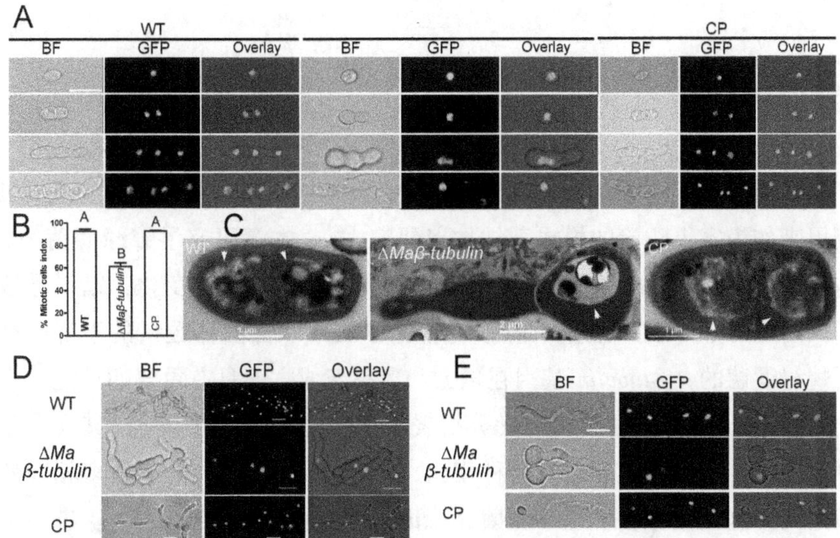

图4－8　*β*－*tubulin* 基因敲除影响细胞核在细胞中的分布

A. 蝗绿僵菌细胞从一个细胞到四个细胞时的细胞核变化过程；B. 蝗绿僵菌细胞分裂指数；C. 透射电镜观察细胞核的变化；D. 细胞核在长菌丝细胞中的分布

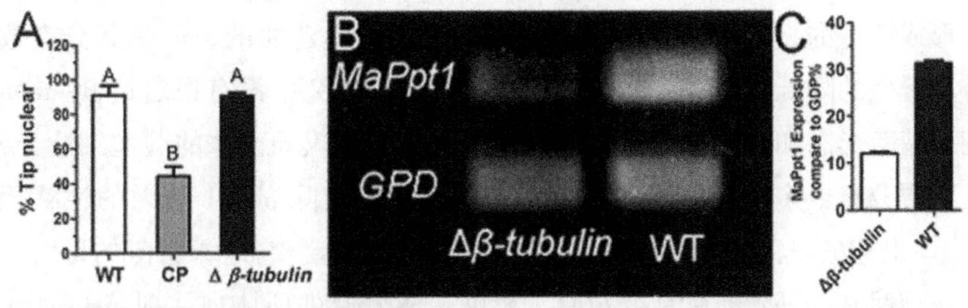

图4－9　菌丝顶端细胞核数的百分比和 *β*－*tubulin* 对基因 *MaPpt*1 表达的影响

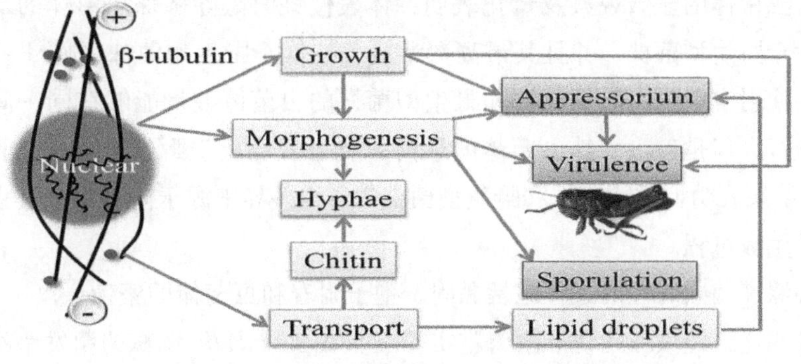

图4－10　*β*－*tubulin* 基因可能参与的信号途径模式

4.6 讨论

蝗绿僵菌是生物预防和农业害虫管理策略中一种重要的昆虫病原真菌，长期以来作为害虫防治的模式菌株加以研究[154]。本章研究了蝗绿僵菌的 β－*tubulin* 基因的功能。β－*tubulin* 基因的删除引起细胞核异常变化，结果导致蝗绿僵菌的毒力下降，产孢量下降，附着胞形成率和虫菌体数量的下降。结果表明蝗绿僵菌的 β－*tubulin* 基因在毒力和形态建成方面具有重要的功能。

β－*tubulin* 基因的生物信息学分析表明其蛋白序列是保守的，其具有苯莱特绑定位点，蝗绿僵菌和其他物种相比，β－*tubulin* 蛋白中具有许多相同的氨基酸序列，这就更有利于蝗绿僵菌 β－*tubulin* 基因功能的研究[175]。进一步三维建模表明蝗绿僵菌的 β－*tubulin* 基因与其他真菌是高度相似的，并且在进化过程中保持了自己独特的功能[176]。

为了探究蝗绿僵菌 β－*tubulin* 基因的功能，构建了 β－*tubulin* 基因单敲除菌株（Δβ－*tubulin*）。与野生型菌株相比，Δβ－*tubulin* 菌株在 1/4 SDA 培养基上形成浓密的，具有褶皱的菌落，而且其菌丝是弯曲的，但是其分支数并没有显著性的降低（图 4－3 A 和 B）。在先前的研究中没有报道过 β－*tubulin* 基因对菌落形态和菌丝形态的影响。接着，观察到敲除菌株的菌丝细胞异常，且几丁质分布聚集化，这与动力蛋白重链突变和敲除 MOS1 基因的性状相一致[177]。上述的研究表明 β－*tubulin* 基因的敲除可能影响蝗绿僵菌的毒力。生测实验表明 β－*tubulin* 基因敲除后，无论是体表侵染还体内注射 Δβ－*tubulin* 菌株的毒力均显著的低于野生型菌株（图 4－4 A 和 B），这与前边的推测相一致。虫菌体的显微观察及量化表明：体表侵染时敲除菌株虫菌体的最高数量滞后于野生型菌株，并且其最高数量显著性低于野生型菌株（图 4－5A）；而体内注射实验时，敲除菌株和野生型菌株的虫菌体数量能够在同一间达到最高数量，但是敲除菌株虫菌体的最高数量显著性低于野生型菌株（图 4－5B）。结果表明，敲除菌株和野生型菌株的毒力差异来源于体表侵染过程和虫体菌的生成过程。

蝗绿僵菌致病性的过程包括黏附、孢子附着和虫菌体的繁殖[178]。与野生型菌株相比，蝗虫后翅诱导附着胞实验表明 Δβ－*tubulin* 菌株的萌发率不受影响，而附着胞的形成率和膨压均显著性降低，且附着胞内的脂滴分布是聚集化的（图4－7 A－E）。H_1－GFP融合表达显示敲除菌株附着胞中无细胞核。产孢定义病原真菌毒力的一个重要参数[179]。β－*tubulin* 基因有利于产孢体的形成，进而增加了产孢量（图4－6）。

细胞器转入子细胞的过程需要生长、分裂和分离这几个步骤，其间包含细胞骨架成分、肌动蛋白、动力蛋白和调节因子的参与[180]。数据表明敲除 β－*tubulin* 之后降低了子细胞和附着胞内的遗传物质，尤其是子细胞的细胞核数目显著性降低（图4－7F和图4－8B）。故认为 β－*tubulin* 基因参与毒力过程的信号调控网络如图4－10所示，昆虫病原真菌经历了酵母－菌丝的转变以便侵染宿主或在宿主体内扩散或在基质上生长，在这一过程中，细胞内的细胞器和相关物质在动力蛋白、驱动蛋白和胞质环流的作用下沿着 β－*tubulin* 轨道到达子细胞，进而促使器官形成。同样，附着胞的尼罗红染色表明敲除 β－*tubulin* 基因之后脂滴的分布聚集化，而不能均匀地分布到整个附着胞内。上述数据表明 β－*tubulin* 与物质的转运有关，这与丝状真菌的细胞物质转运基于微管的运输系统[181]和 β－*tubulin* 是细胞内的交通轨道相一致[182]。

因为在绿僵菌第二轮细胞分裂之前抑制DNA和RNA的合成则不能阻止孢子的萌发但是能够阻止其分化，所以在第二轮细胞分裂的过程中附着胞的形成先于RNA的翻译[183]，然而在根虫瘟霉中孢子的萌发、附着胞的形成和二次产孢的发生都是和DNA的复制和细胞核的分裂不相关联的[184]。实验数据表明在蝗绿僵菌中细胞分裂的前中期到后期的过程中，β－*tubulin* 基因参与细胞的有丝分裂过程，而不影响DNA的合成过程（图4－8A）。与野生型相比，$\Delta\beta$－*tubulin* 菌株的细胞有丝分裂指数显著性降低（图4－8B）。说明 β－*tubulin* 基因在有丝分裂过程中与相关蛋白发生了复杂的相互作用[174,185-188]。

本研究展示了蝗绿僵菌 β－*tubulin* 基因在毒力方面作用的机制，其机制在于 β－*tubulin* 是蝗绿僵菌细胞中的物质运输轨道。有趣的是发现了 β－*tubulin* 基因与毒力也是相关的，这种相关是通过细胞核事件实现的。试验数据表明在蝗绿僵菌的致病过程中对毒力的贡献在于它的运输功能。

另外，绿僵菌作为一种重要的商业害虫防治制剂不能与真菌抑制剂（苯莱特）同步应用[176,189]。实验表明在蝗绿僵菌的 β－*tubulin* 基因上具有苯莱特结合位点图（图4－1A和图4－2C）。这样，β－*tubulin* 基因就有可能是遗传修饰的重要候选基因，通过遗传修饰进而解决害虫防治和病菌防治的同步应用问题。

第五章　蝗绿僵菌 *MaPpt1* 负调控微循环产孢和紫外抗性

5.1　研究背景

绿僵菌是农业害虫防控和人类害虫防治的重要生物制剂[190]。由于绿僵菌的毒力低下及在田间持续存在时间短的原因其应用受到限制[130,155]。例如，绿僵菌的 DNA 分子在田间容易遭到 UV－B 的损伤，太阳的紫外辐射使其产生孢子的能力严重下降。这些环境压力限制了绿僵菌在农业生产上的应用[191]。详细地了解昆虫病原真菌的致病、产孢和对环境压力耐受性的机制是提高害虫生物防治和工业生产的重要途径。

改变蛋白的磷酸化程度是调节众多细胞学过程的基础。参与调节蛋白磷酸化状态的两类酶是蛋白激酶和蛋白磷酸酶。蛋白激酶通常在目标蛋白的丝氨酸、苏氨酸和酪氨酸上增加一个磷酸基团实现磷酸化。蛋白磷酸酶通过催化磷酸化的氨基酸去磷酸化而削弱激酶的活性。因此，细胞内蛋白的磷酸化水平是在蛋白激酶和蛋白磷酸酶之间一个动态而又微妙的平衡。蛋白激酶和蛋白磷酸酶是同等重要的，关于蛋白激酶研究较为详细。然而关于蛋白磷酸酶功能的研究鲜为人知。这主要是由于研究蛋白磷酸酶时有诸多的困难和限制所致。

在真核细胞生物中，苏氨酸/丝氨酸磷酸酶分为两大家族，金属依赖性蛋白磷酸酶和磷酸化蛋白磷酸酶（PPP）。蛋白磷酸酶是高度保守的蛋白家族，也是是一个复合的群体，一般根据它们的底物特异性进行分类。例如，以磷酸化的苏氨酸、丝氨酸和酪氨酸为催化对象的磷酸酶。蛋白的磷酸化大多数发生在丝氨酸和苏氨酸残基上。这些残基的去磷酸化通常由蛋白磷酸酶（PPP）家族负责。这一家族主要有 PP1、PP2、PP2B/钙调磷酸酶 3、PP4、PP5、PP6 和 PP7 所构成。为了更好地研究磷酸酶的功能，通常采用它的抑制剂大田酸、花萼海绵诱癌素 A、微囊藻素和福司曲星等作为有力的工具。最常用的抑制剂是海洋原甲藻产生的毒素大田酸，它抑制 PP1、PP2A、PP4、

PP5 和 PP6 的活性。因为缺乏以 PP5 为靶标的小分子抑制剂，故 PP5 功能的研究受阻。现存的抑制剂（大田酸、微囊藻素和花萼海绵诱癌素 A）是半选择性的，因此，它们提供的信息有限。反过来，通过 PP5 过表达来研究其功能，所能提供的信息也是有限的。相比于其他磷酸酶家族成员，在同一条多肽链内，PP5 有调节、催化和靶标 TRP 结构域。在溶液中，PP5 很少有活性，因为 TRP 结构域折叠覆盖催化活性位点，阻碍了底物进入。故此，蛋白-蛋白间的相互作用决定于 PP5 的活性和底物的特异性。当 PP5 不以复合体形式存在时，它很快恢复成自抑制构象。因此过表达 PP5 只能够提供不具备酶活性的非绑定蛋白的工具。直到近年来，才有少数 PP5 的生理底物被证实。花生四烯酸（多聚不饱和脂肪酸）被证明可以激活 PP5。高通量效应因子分析证明一种复合物（晁模醇）在高浓度条件下也可激活 PP5。在正常条件下 PP5 处于非激活状态。因此，PP5 的基本活性很低，它只有总蛋白磷酸酶活性的 1%。故，在其他磷酸酶活性（特别是 P1、PP2A 和 PP4）高背景下，改变 PP5 活性时很难检测到其功能。利用自然毒素（大田酸、微囊藻素和花萼海绵诱癌素 A）抑制 PP5 活性研究细胞学功能时，要注意这些抑制子只是抑制几种蛋白磷酸酶，而不是特异抑制 PP5。因此，能够找到 PP5 特异的小分子抑制素并阐明 PP5 的功能是非常有益的。

相比之下，单一形式的 PP5 在整个真核生物中是有单一基因编码的[192-193]。这样，PP5 的底物结合结构域、调节结构域和催化结构域是有单一的肽链组成，它们的这种结构是有别于家族的其他成员[194]。PP5 由氮端的调节结构域（三角形的四肽重复结构域）和碳端的催化结构域构成[195]。PP5 的一个特点是它的 C 端有一个磷酸酶催化结构域，它的 N 端有一个调节结构域。另外一个独有的特征是在 N 端有一个 TPR 结构域，通过这个结构域调节蛋白-蛋白间的相互作用。在不同的信号网络中，PP5 与各种各样的蛋白相联系，其中包括热激蛋白和糖皮质激素受体复合体，后期促进复合体的细胞周期分裂蛋白体亚基，压力诱 STIP1，异源三聚体的 GTP 绑定蛋白。有研究表明 PP5 在生长抑制和信号传导网络中具有重要作用。另有研究表明 PP5 参与氧化压力、组织缺氧和 DNA 损伤引起信号级联激活调节。在信号传导过程中，PP5 扮演的是负调控角色。再者，PP5 在 UV 或离子辐射条件下调节细胞周期和细胞检查点。最近的研究表明 PP5 具有动态调节酶的活性，暗示蛋白磷酸酶的异常活性可能在丝状真菌的生长和发育方面具有调节作用。

到目前为止，已经证明了 PP5 与多种蛋白相互作用，并且被证实参与了调节多种生物学过程，其中包括肾上腺受体、细胞凋亡、细胞过早老化和生长。PP5 参与早期的 IR 诱导的 ATM 激活途径[196]。用羟基脲处理删除 PP5 后的细胞导致过早的有丝分裂[195]。另有研究表明 PP5 可能是 ATR 介导的细胞检查点信号途径的上游调节因子。这些发现进一步表明：在 UV 或 HU 处理的细胞中 PP5 是 ATR 底物去磷酸化的必需因素。更为重要的是 PP5 突变细胞显著地抑制了 UV 诱导的 hRad17 和 Chk1 的磷酸化，删除 PP5 或 ATR 后，经 UV 处理的细胞提高了 DNA 的合成水平[197]。PP5 通过聚集 ATR 介导 RPA 磷酸化的形成以调节细胞核。最近研究表明，PP5 通过调节因子参与细胞的生物学过程[198]。总之，这样多的相互作用表明，PP5 在压力信号传导上有很多未充分认识的功能。当然，PP5 的激活机制研究得更少。PP5 在细胞生死攸关的时刻扮演不同的角色，故利用反向遗传学的方法研究 PP5 在虫生真菌产孢和环境抗性的方面的机制是十分必要的。

5.2 研究内容和技术路线

5.2.1 研究内容

基于反向遗传学的方法，采用基因敲除的技术构建敲除载体和回复载体，利用农杆菌侵染的方法，经过抗性标记筛选，获得蝗绿僵菌突变菌株。以野生型菌株为对照，用所获得的突变菌株进行下一步的基因功能研究，从而探究候选基因的功能定位。主要研究内容包括以下几个方面：

①候选基因的生物信息学分析。

②候选基因敲除载体和回复载体的构建。

③候选基因转化子的培养和筛选。

④敲除转化子与野生型和回复转化子的菌落表型变化的研究。

⑤敲除转化子与野生型和回复转化子的产孢量和产孢方式研究。

⑥敲除转化子与野生型和回复转化子的对逆境抗性研究。

⑦敲除转化子与野生型和回复转化子的毒力分析。

5.2.2　研究技术路线

详见章节1.4。

5.3　实验材料

5.3.1　主要仪器设备

控温摇床（Thermo Forma）；恒温培养箱（常州冠军仪器制造有限公司）；超净工作台（苏州中志净化工程有限公司）；荧光显微镜（日本奥林帕斯）；XB - K - 25 型血球计数板（上海安信光学仪器制造有限公司）；电子天平（上海精密仪器有限公司）；恒温电热水浴锅（上海启前电子科技有限公司）；多样品冷冻研磨仪 PS - 24（上海万柏生物科技有限公司）；微量移液器（上海荣泰生化工程有限公司）；MilliQ Plus 超纯水仪（法国 Minipore 公司）；-80 ℃超低温冰箱（海尔公司）；低温冰箱（4 ℃、-20 ℃，海尔公司）；MP511 实验室 pH 计（上海三信仪表厂）。

5.3.2　主要试剂和培养基

试剂类：荧光增白剂（Fluorescent Brightener）（上海酶联生物科技有限公司）；刚果红（上海酶联生物科技有限公司）；Rhodamine phalloidin 罗丹明标记的鬼笔环肽（上海前尘生物科技有限公司）；Sigma DAPI（西安沃尔森生物技术有限公司）；基因组 DNA 提取试剂盒；DIG DNA 标记试剂盒 II（深圳依诺金生物科技有限公司）；E. Z. N. A. Fungal RNA Kit Cat. No：R6840（Omega）；E. Z. N. A. MicroElute® DNA Clean - Up Kit（Omega）；E. Z. N. A. Fungal DNA Midi Kit（50）Cat. No：D3390 - 01（Omega）；其余常用试剂均为国产分析纯。

培养基类：

①1/4 萨氏葡萄糖酵母培养基（1/4 SDA）：10.0 g/L 葡萄糖，5.0 g/L 酵

母浸膏，2.5 g/L 蛋白胨，18.0 g/L 琼脂，pH 6.0。

②LB 培养基：5.0 g/L 酵母浸膏，10.0 g/L 蛋白胨，5.0 g/L 氯化钠，1.5%的琼脂，将 pH 调节至7.0。

③PDA 培养基：马铃薯200 g，葡萄糖20 g，琼脂20 g，自来水1 L，pH 值自然。

④微循环产孢培养基（SYA）：30.0 g/L 蔗糖，5.0 g/L 酵母浸膏，3.0 g/L硝酸钠，0.5 g/L 硫酸镁，0.5 g/L 氯化钾，1.0 g/L 磷酸氢二钾，0.01 g/L 硫酸亚铁，0.01 g/L 硫酸锰，18.0 g/L 琼脂。

5.4 实验方法

5.4.1 菌株和培养条件

详见章节4.4.1。

5.4.2 生物信息学分析

详见章节4.4.2。

5.4.3 真菌基因组 DNA 和 RNA 提取

将收集的菌丝（孢子）经过多样品冷冻研磨仪 PS－24 研磨后，按照 Omega 公司的真菌基因组 DNA 和 RNA 提取试剂盒说明书操作提取 DNA 和 RNA，DNA 和 RNA 分别用微量核酸检测仪 Agilent 2100 分析质量和浓度，然后将提取的 DNA 和 RNA 放置在－80 ℃冰箱中备用。

5.4.4 荧光染色及观察

收集的孢子、菌丝和附着胞无菌水清洗干净，然后600 rpm × 1 min 低温离心，弃去水分，然后将5 μL 的样品置于荧光增白剂溶液（Calcofluor White

5 μg/ mL，KOH 0. 05 g/ mL）中，染色 3 min，用无菌水清洗一次，在荧光显微镜下用紫外光观察和拍照；尼罗红染色（NR）时样品的处理同上，染色过程按照参考文献执行[172]。

免疫荧光染色：

①37 ℃下利用 PBS 轻轻洗涤 1 mL 离心管中收集的样品一次。

②利用固定液戊二醛室温固定细胞 10 min。

③PBS 室温洗涤细胞 30s。

④室温透化细胞 5 min。

⑤PBS 室温洗涤细胞 30s。

⑥于潮湿的环境下加入 200 μL 100nM Rhodamine phalloidin，37 ℃避光孵育 30 min。

⑦PBS 洗涤样品 3 次。

⑧200 μL 100nM DAPI 复染 DNA30s。

⑨PBS 洗涤样品 3 次。

⑩将样品放置于滴有荧光猝灭液的载玻片上，盖上盖玻片，用纸巾吸除多余液体。

⑪将样品在荧光显微镜下观察拍照或 -4 ℃下保存。

5. 4. 5 Southern blotting

详见章节 4. 4. 5。

5. 4. 6 载体构建及转化子的获得

详见章节 4. 4. 6。

5. 4. 7 孢子和虫菌体的计数

详见章节 4. 4. 7。

5.4.8 产孢量的测定

取新鲜成熟的孢子配制成 1×10^7 conidia/ mL 的孢悬液，取 2 μL 点滴到含有 1 mL 1/4 SDA 的培养基上，28 ℃培养，每隔 3 d 取出一个样品，将取得的样品放入 2 mL 的离心管（无菌水 1 mL）中，涡旋 10 min，然后用血球计数板计数。

5.4.9 昆虫生测

详见章节 4.4.9。

5.4.10 RNA 的提取和定量分析

将野生型和敲除型菌株孢 1×10^7 个/ mL 悬液涂布到 1/4 SDA 培养基上，收集培养 16 h 和 6 d 的蝗绿僵菌孢子，将收集到的孢子挑取 RAN，具体步骤详见 4.4.3 章节，将提取的 RNA 执行以下程序进行反转成 cDNA，放置到 -80 ℃冰箱中备用。

用 TaKaRa 公司的 PrimeScript RT reagent Kit With gDNA Eraser（Perfect Real Time）试剂盒进行 RNA 反转，程序和反应条件如下。

（1）基因组的除去（表 5-1）

表 5-1 基因组的除去反应体系

基因组 DNA 的除去反应	
试剂	使用量
5 × gDNA Eraser Buffer	2 μL
gDNA Erase	1 μL
Total RNA	1 μL
RNase Free dH_2O	Up to 10 μL

上述溶液 42 ℃ ×2 min（室温 5 min ×2），4 ℃保存备用。

备注：20 μL 的反应体系可最大使用 1 μg 的 Total RNA。

（2）反转录反应（表 5 -2）

表 5 -2　反转录反应体系

试剂	使用量
5 × PrimeScript Buffer 2	4 μL
PrimeScript RT Enzyme Mix I	1 μL
1	1 μL
基因组 DNA 的除去反应液	10 μL
RNase Free dH_2O	Up to 20 μL × 5

将按上述比例配制的反应液执行如下反转条件：

37 ℃	15 min
85 ℃	5 s
4 ℃	10 min

备注：合成的从 DNA 需要长时间保存时，请于 -20 ℃保存。

（3）定量分析体系及条件（表 5 -3 和表 5 -4）

表 5 -3　RT - qPCR 反应体系

反应体系（25 μL）	
试剂	使用量
SYBR Premix Ex Taq^{TM} II	12. 5 μL
PCR Forward Primer（10M）	1 μL
PCR Reverse Primer（10M）	1 μL
反转录模板	2 μL
dH_2O（灭菌水）	8. 5 μL
Total	25 μL

表 5 -4　RT - qPCR 反应程序

扩增程序	
Stage 1	Repeat 1
95 ℃	30 s
Stage 2	Repeat 40
95 ℃	15 s
58 ℃	30 s
Stage 3	Dissociation

5.4.11 磷酸化蛋白质组学分析

①裂解液制备：每 500 μL 冷的提取液中加入 2 μL 蛋白磷酸酶抑制剂，混匀后置冰上备用。

②取 200 mg 真菌组织样本，置于研钵中用液氮研磨（或者将样本用液氮冷冻，而后用全自动样品快速研磨仪 180 s，70 Hz 研磨）。

③将研磨的粉末加入 1000 μL 提取液中，混匀后于一个预冷的干净离心管中，在冰上静置 2 ~ 3 h。

④4 ℃，12 000 rpm 条件下离心 10 ~ 15 min。

⑤将上清吸入另一预冷的干净离心管中，即可得到总蛋白，置冰上备用。

⑥柱平衡：加入 500 μL 洗柱液洗柱，将柱子放入 2 mL 的离心管中，4 ℃下 1000 rpm 离心 1 min，甩干吸附柱。

⑦上样：将以上蛋白裂解液或其他待富集蛋白样品加入吸附柱，4 ℃下 1000 rpm 离心 1 min，甩干吸附柱。

⑧洗柱：加入 300 μL 洗涤液洗柱，4 ℃下 1000 rpm 离心 1 min，甩干吸附柱。重复 2 次。

⑨洗脱：将吸附柱置于一个新的离心管中，加入 500 μL 磷酸化蛋白洗脱液于吸附柱中，4 ℃下 1000 rpm 离心 1 min，甩干吸附柱，收集洗脱液，即得到磷酸化蛋白。低温放置备用。

⑩柱子使用后可以用 1 mL 0.1M EDTA 溶液洗柱，然后在柱中加入 20% 乙醇溶液密封，置 2 ~ 8 ℃保存。加入 0.1M 氯化铁溶液，浸泡蛋白柱填料，即可对蛋白柱进行再生。

⑪胰蛋白酶消化：首先将步骤 9 洗脱的蛋白溶液在 37 ℃、避光条件下，用 10 mM 的 DTT 处理 1 h 进行浓缩，然后在室温避光条件下，用 20 mM IAA 处理 45 min，使其烷基化。胰蛋白酶和样品按 1∶50 的比例进行第一轮过夜消化。接着，胰蛋白酶和样品按 1∶100 的比例进行第二轮消化 4 h。

⑫TMT 标记：消化后的肽样品用 Strata X C18 SPE 柱子进行脱盐处理，而后进行真空干燥。脱盐后的肽样品用 0.2 M TEAB 复原，处理过程按照 6 - plex TMT 试剂盒说明操作。即将一单位的 TMT 试剂（标记 50 μg 的蛋白）解冻，并在 24 μL CAN 中复原。在室温条件下，肽样品加入其中后，温浴 2 h。然后将所有样品混合进行脱盐和真空干燥。

⑬HPLC 分离：样品用 pH reverse - phase HPLC using Agilent 300 Extend C18 column（5 μm particles，4.6 mm ID，250 mm length）色谱柱分离。即在碳酸氢铵（pH10）溶液中用梯度为 2% ~60% 的氰化甲烷，时间为 80 min，将样品首先分离成 80 个小样。然后将 80 个小样重分成 7 个小样进行真空干燥。

⑭用 LC - MS/MS 将样品定量分析：肽段样品溶于试剂 A（0.1% FA in 2% ACN）中，直接加入 pre - column（Acclaim PepMap 100，Thermo Scientific）反相柱中。在反相中（Acclaim PepMap RSLC，Thermo Scientific），用梯度为2% ~24% 的溶剂 B（0.1% FA in 98% ACN）时间 50 min；24% ~36% 的溶剂 B，时间 12 min 和 35% ~80% 的溶剂 B，时间 4 min 以 300 nL/min 恒定的速率，在 EASY - nLC 1000 UPLC 控制系统中分离。

分离的肽段用 Q Exactive™ Plus hybrid quadrupole - Orbitrap mass spectrometer（ThermoFisher Scientific）分析。分离的肽段提交到 NSI source followed by tandem mass spectrometry（MS/MS）in Q Exactive™ Plus（Thermo）coupled online to the UPLC。完整的肽段在 the Orbitrap at a resolution of 70 000 中检测。用 MS/MS using NCE setting as 31 筛选肽段，离子部分用 the Orbitrap at a resolution of 17 500 筛选。

⑮数据比对：将 MS/MS 得到的数据用 MaxQuant with integrated Andromeda search engine（v. 1.4.1.2）处理。将串联质谱提交到 Uniprot Metarhizium database（108 826 sequences）进行比对。

5.4.12　数据处理

详见章节 4.4.10。

5.5　结果分析

5.5.1　蝗绿僵菌 *MaPpt*1 基因的生物信息学分析

蝗绿僵菌 *MaPpt*1 序列通过用 *Fusarium oxysporum* 的蛋白序列作为比对对象，用 blast 搜索蝗绿僵菌基因组数据库，证实了其在蝗绿僵菌中的存在。与其他真菌序列的同源比对显示其序列高度保守，其 DNA 序列可用来设计相关引物（图 5－1A），与之前的研究相一致[199]。

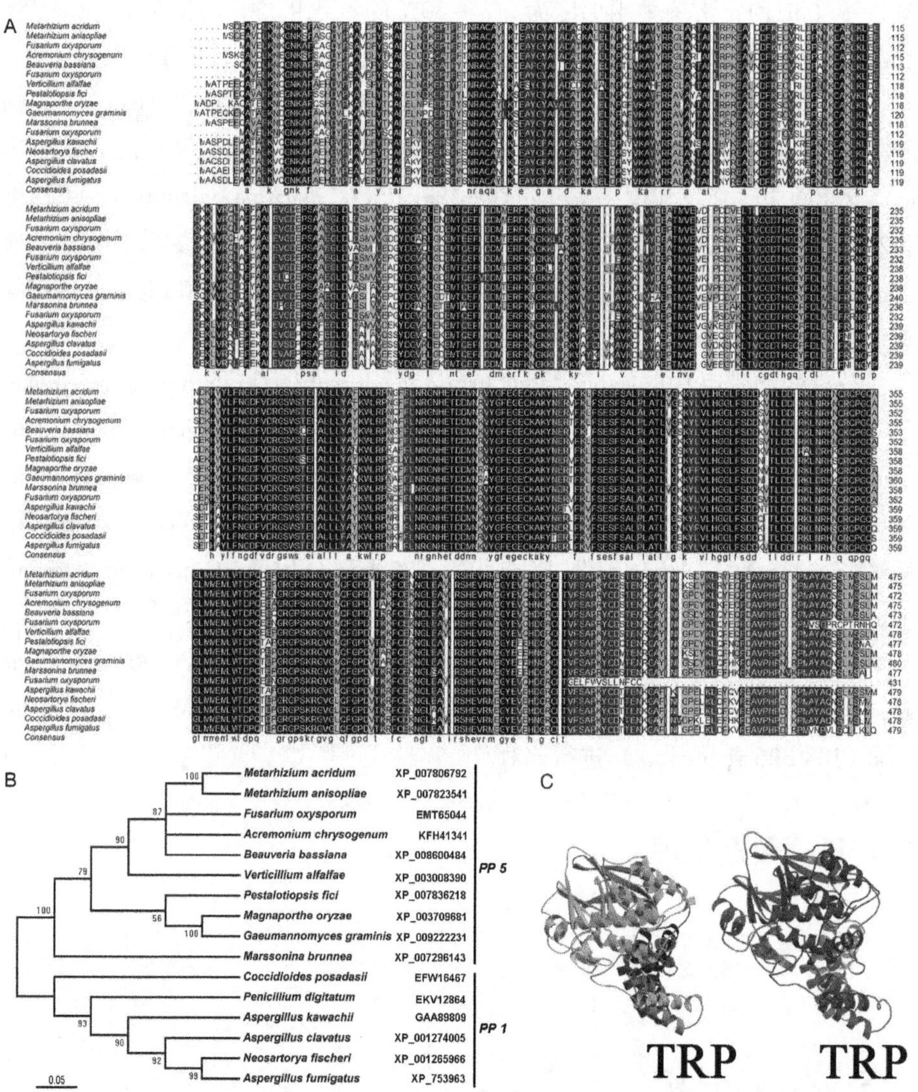

图 5－1 *MaPpt*1 基因的生物信息学分析

A. *MaPpt*1 氨基酸序列比对；B. 基于氨基酸序列的 *MaPpt*1 进化树分析（NJ 法）；C. 基于氨基酸序列的 *MaPpt*1 的结构域分析和三维结构建模

利用 DNAMAN 软件构建系统发生树，对蝗绿僵菌丝氨酸/苏氨酸蛋白磷酸酶的进化做了分析。在物种水平上，蝗绿僵菌 *Metarhizium acridum* 与 *Metar-*

hizium anisopliae 亲缘关系最近，其次是植物病原真菌尖孢镰刀菌（*Fusarium oxysporum*）。另外，蝗绿僵菌丝氨酸/苏氨酸蛋白磷酸酶亚家族中 *MaPpt*1 与 *Ser/Thr Phosphatase* 1 的亲缘关系相接近（图 5－1B）；结构域比对显示它具有 *PP*5 结构域特征（图 5－1C）；利用 SWISS－WORKPLACE 同源建模显示该基因与库内的 *MaPpt*1 模型高度相似。上述结果表明蝗绿僵菌 *Metarhizium acridum* 中的 *MaPpt*1 是丝氨酸/苏氨酸蛋白磷酸酶家族成员之一。

5.5.2　蝗绿僵菌 *MaPpt*1 目标基因的敲除和回复菌株的构建

为了确定蝗绿僵菌 *MaPpt*1 基因的生物学功能，采用了基于同源重组原理的目标基因替换策略，进而获得 *MaPpt*1 敲除基因转化子。为此构建了蝗绿僵菌 *MaPpt*1 基因被草铵膦抗性基因替代和农杆菌介导转入野生型菌株（CQMa 102）（ATMT）的方法（图 5－2A，WT 和 Δ*MaPpt*1），经过抗性筛选获得敲除转化子。

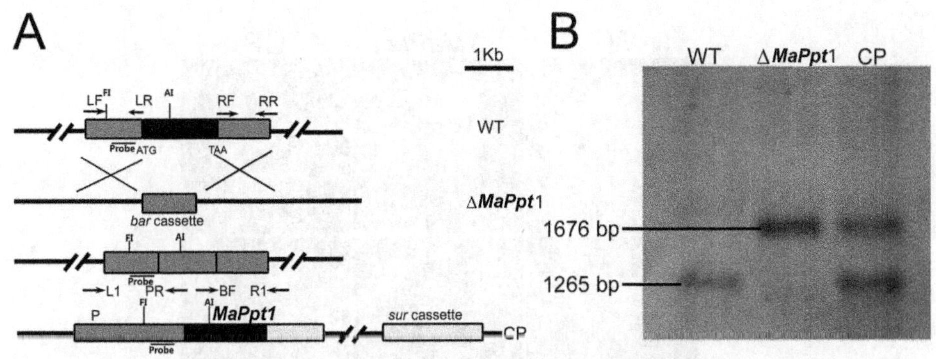

图 5－2　目标基因 *MaPpt*1 基因敲除和回复

A. 目标基因的删除和回复载体的构建策略；B. 敲除菌株和回复菌株的 Southern blotting 确认

为了证实所观察到的表型差异来自蝗绿僵菌 *MaPpt*1 基因敲除事件，为此构建了具有该基因本身的启动子和终止子的回复载体，然后用农杆菌介导的方法转入敲除转化子中，从而获得回复菌株（图 5－2A，CP）。

经过抗性筛选的敲除菌株（Δ*MaPpt*1）和回复菌株（CP）近一步地被 Southern blotting 分析充分证实（图 5－2B），此后，敲除菌株（Δ*MaPpt*1）和回复菌株（CP）被用来作近一步的特性分析。

5.5.3 蝗绿僵菌 *MaPpt*1 对菌落表型的影响

为了探讨 *MaPpt*1 在昆虫病原菌（蝗绿僵菌）的功能机制，首先对蝗绿僵菌菌落表型进行分析。取 1×10^7 个孢子/mL 的蝗绿僵菌的孢悬液 2 μL 滴到 24 孔板 1/4 SDA 培养基上，而后连续观察 3 ~ 9 d（图 5 – 3）。从图可知敲除菌株（Δ*PP*5）与野生型相比，菌落形态发生了变化，Δ*MaPpt*1 菌落 3 d 时菌落中央致密光滑、少菌丝，Δ*MaPpt*1 菌落在 6 d 时菌落边缘颜色变深，而野生型和回复菌落整个菌落颜色均一而淡。在 9 ~ 12 d 时，Δ*MaPpt*1 菌落中央颜色变为白色，边缘深色逐渐减弱，而野生型和回复菌落与 Δ*MaPpt*1 菌落相比出现相反的性状。Δ*MaPpt*1 菌落这种反常的菌落表型变化很可能是由于蝗绿僵菌产孢方式发生了改变而引起，而菌落大小（敲除菌株的生长）没有显著性差异。上述实验结果表明 *MaPpt*1 对蝗绿僵菌的生长（繁殖）方式的转变具有重要的调节作用。

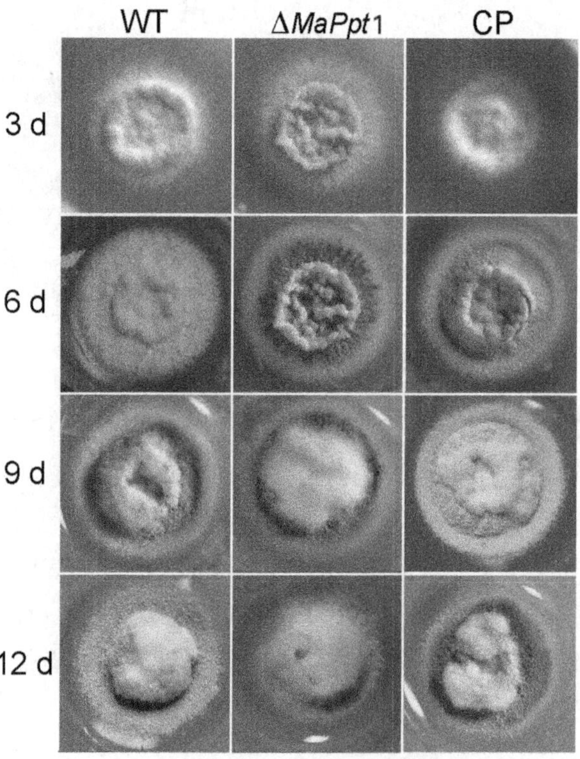

图 5 – 3 *MaPpt*1 对菌落表型的影响

5.5.4　蝗绿僵菌 *MaPpt*1 对产孢量的影响

为了探讨 *MaPpt*1 对产孢的影响，采用 1×10^7 个孢子/ mL 的蝗绿僵菌的孢悬液 2 μL 滴到 24 孔板 1/4 SDA 培养基上，经过 3 ~ 12 d 的培养，对其产孢量进行测定，同时观察其产孢方式及 3 d 时产孢体的数量（图 5 – 4）。由图 5 – 4A 可知 3 ~ 9 d 时期，Δ*MaPpt*1 菌株的产孢量极显著性地高于野生型菌株和回复菌株；而在 12 d 时其产孢量与野生型和回复菌株没有显著性差异。

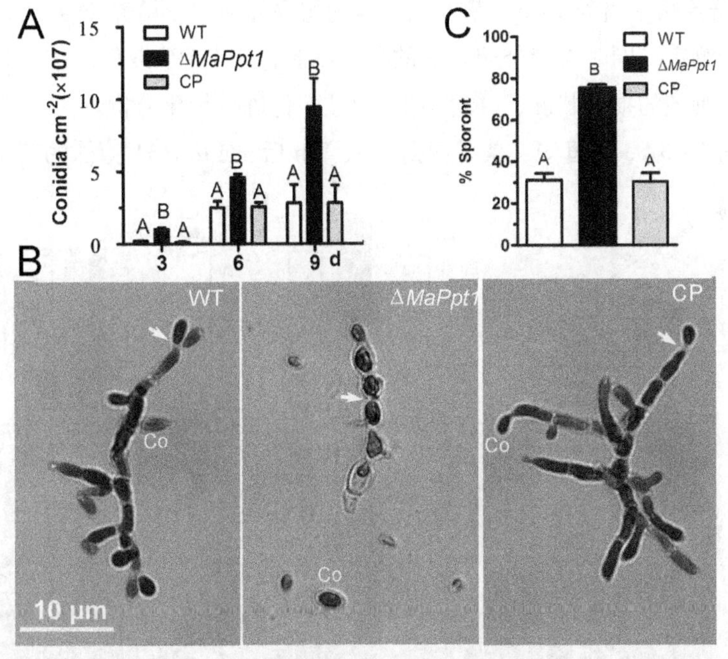

图 5 – 4　蝗绿僵菌 *MaPpt*1 对产孢的影响

A. 产孢量的分析；B. 棉兰染色显微观察产孢方式，箭头指示产孢体；C. 产孢体的定量分析。误差线表示每次的测量标准误差（SE），大写字母表示极显著性差异（P = 0.01），小写字母表示显著性差异（P = 0.05），每个数据来自三个独立的生物学重复

为了探究其产生差异的机制，用棉兰染色的方法对它们的产孢方式进行了观察（图 5 – 4B）。从图可知，3 ~ 9 d 时 Δ*MaPpt*1 菌株的产孢方式是微循环产孢，以微循环产孢方式产生节孢子，而野生型菌株和回复菌株以正常产孢方式在菌丝的顶端产孢；在 12 d 以后，Δ*MaPpt*1 菌株与野生型和回复菌株的产孢方式相同，它们主要是在菌丝的顶端产生分生孢子。在 3 d 时，Δ*MaPpt*1

菌株以微循环产孢方式产孢，其产孢体数量极显著性地高于野生型和回复菌株。上述实验数据表明 *MaPpt*1 对微循环产孢在 1 ~9 d 时期具有负调控功能。

5.5.5 蝗绿僵菌 *MaPpt*1 对紫外逆境抗性的影响

为了探究蝗绿僵菌 *MaPpt*1 对紫外逆境抗性的功能机制，采用 1×10^7 个孢子/ mL 的蝗绿僵菌的孢悬液 80 μL 涂布到 1/4 SDA 培养基上，而后分别将孢子曝露在 768 mWm^{-2} UV－B 中 3 h、6 h、9 h 和 12 h，然后将培养皿放置在 28 ℃的培养箱中培养 24 h。紫外照射后的蝗绿僵菌孢子培养 24 h 后，对其萌发率进行测定；同时对紫外照射过的孢子细胞核用 DAPI 染色，在荧光显微镜下观察细胞核的损伤状况，并对 DNA 的破碎化进行量化分析。

由图 5 –5A、B 可知，紫外照射 6 h、9 h 后，Δ*MaPpt*1 菌株的萌发率极显

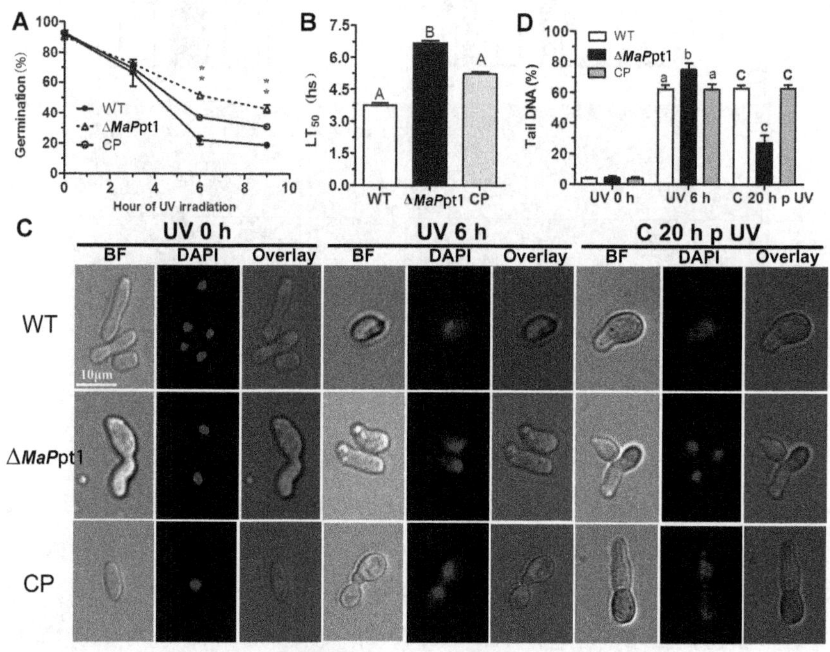

图 5 –5 蝗绿僵菌 *MaPpt*1 在紫外逆境中的作用

A. 蝗绿僵菌孢子经过紫外照射后的萌发趋势；B. 紫外照射后野生型菌株、敲除菌株和回复菌株的半致死时间；C. DAPI 对蝗绿僵菌细胞核染色，荧光显微镜观察细胞核的破碎；D. 固定的紫外曝光时间后，细胞核破碎量化的百分比。误差线表示每次的测量标准误差(SE)，大写字母（＊＊）表示极显著性差异（$P=0.01$），小写字母（＊）表示显著性差异（$P=0.05$），每个数据至少来自 3 个独立的生物学重复

著性地高于野生型和回复菌株，经过紫外照射后野生型、Δ*MaPpt*1 菌株和回复菌株的半致死时间分别是：WT LT_{50} = 3.76 ± 0.47（h）、Δ*MaPpt*1 LT_{50} = 6.81 ± 0.36（h）和 CP LT_{50} = 4.78 ± 0.16（h），敲除菌株与野生型和回复菌株相比具极显著性差异（P = 0.001 和 P = 0.007）。其结果表明 *MaPpt*1 对紫外逆境抗性是负调控机制。

为进一步探究 *MaPpt*1 基因对紫外逆境抗性的作用，用 DAPI 对紫外照射后孢子的细胞核破碎百分比进行量化分析。由图 5 - 5C 可知未经紫外照射的蝗绿僵菌孢子内细胞核圆而致密，经过紫外照射 6h 后孢子内的细胞核呈彗星状的拖尾且弥散，紫外照射之后再培养 24 h，Δ*MaPpt*1 菌株细胞核恢复到照射前，而野生型和回复菌株的细胞核则极少回复到照射前的形态，敲除菌株对 DNA 的修复能力极显著性地高于野生型和回复菌株（P = 0.00），而野生型和回复菌株无显著性差异（P = 0.56）。上述实验结果表明 *MaPpt*1 对 DNA 的紫外损伤修复能力具有负调控作用。

5.5.6　蝗绿僵菌中 *MaPpt*1 在湿热逆境中的作用和表达模式的分析

为了研究丝氨酸/苏氨酸蛋白磷酸酶 1 对湿热逆境的作用，将 1×10^7 个孢子/ mL 的蝗绿僵菌的孢悬液于 45 ℃ 分别处理 2h、4h、6h 和 8h，然后用 80 μL分别涂布到 1/4 SDA 培养基上培养 24h，最后分别测它们的萌发率。由图 5 - 6A 和图 5 - 6B 可知野生型、Δ*MaPpt*1 菌株和回复菌株的半致死时间分别是：WT LT_{50} = 4.60 ± 0.11（h）、Δ*PP*5 LT_{50} = 4.12 ± 0.21（h）和 CP LT_{50} = 4.53 ± 0.18（h）。由此表明湿热处理后它们的萌发率无显著性差异（P = 0.10 和 P = 0.80），蝗绿僵菌丝氨酸/苏氨酸蛋白磷酸酶 1 对湿热逆境的抗性没有影响。

为了进一步探究 *MaPpt*1 基因作用的机制，采用半定量的方法对 *MaPpt*1 的表达模式做了分析。由图 5 - 6C 可知 *MaPpt*1 在孢子萌发 3 d、6 d、9 d、12 d 时均有表达，而且表达量是逐渐降低的。

上述数据表明 *MaPpt*1 在蝗绿僵菌生长的前期阶段具有重要的调节作用，这与蝗绿僵菌 *MaPpt*1 基因敲除后其产孢方式发生转变的时期相一致。

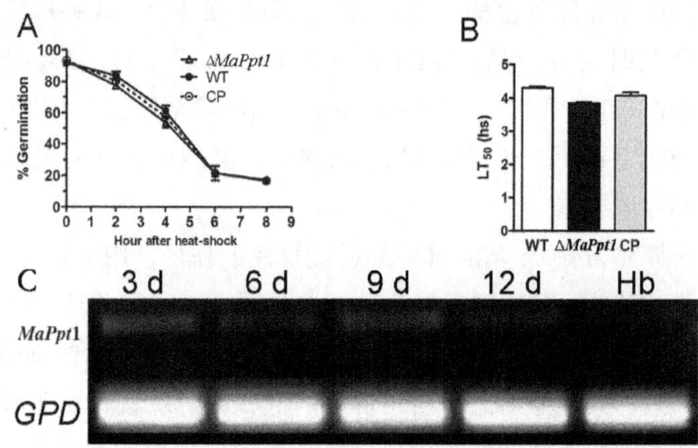

图 5-6　蝗绿僵菌 *MaPpt*1 在湿热逆境中的作用和表达模式的分析

A. 蝗绿僵菌孢子的抗湿逆境的分析；B. 蝗绿僵菌在湿热逆境中的半致死时间；C. 蝗绿僵菌丝氨酸/苏氨酸蛋白磷酸酶基因的表达模式分析。误差线表示每次的测量标准误差(SE)，大写字母表示极显著性差异（$P=0.01$），小写字母表示显著性差异（$P=0.05$），无字母表示无差异，每个数据至少来自 3 个独立的生物学重复

5.5.7　*MaPpt*1 在紫外和湿热逆境中的作用

为了探究蝗绿僵菌未成熟孢子中蝗绿僵菌 *MaPpt*1 基因对紫外和湿热逆境的作用机制，对的孢子进行了紫外和湿热处理。采用 3 d 和 6 d 的 1×10^7 个孢子/ mL 的蝗绿僵菌的孢悬液，分别将孢子曝露在 768 mWm^{-2} UV-B 中 3 h、6 h、9 h 和 12 h，然后将培养皿放置在 28 ℃的培养箱中培养 24 h。紫外照射后的蝗绿僵菌孢子培养 24 h 后，对其萌发率进行测定；湿热处理是将 3 d 和 6 d的 1×10^7 个孢子/ mL 的蝗绿僵菌的孢悬液于 45 ℃分别处理 2 h、4 h、6 h 和 8 h，然后取用 80 μL 分别涂布到 1/4 SDA 培养基上培养 24 h，最后分别测它们的萌发率。

由图 5-7A 可知，3 d 的孢子经过紫外处理后 Δ*MaPpt*1 菌株的萌发率高于野生型和回复菌株。它们的半致死时间分别为 Δ*MaPpt*1 $LT_{50}=5.25\pm0.15$（h），野生型 $LT_{50}=3.738\pm0.14$（h），回复菌株 $LT_{50}=3.76\pm0.25$（h），与野生型和回复菌株相比，敲除菌株抗紫外能力增强，具有显著性差异（$P=0.00$），而回复菌株和野生型菌株无显著性差异（$P=0.90$）。

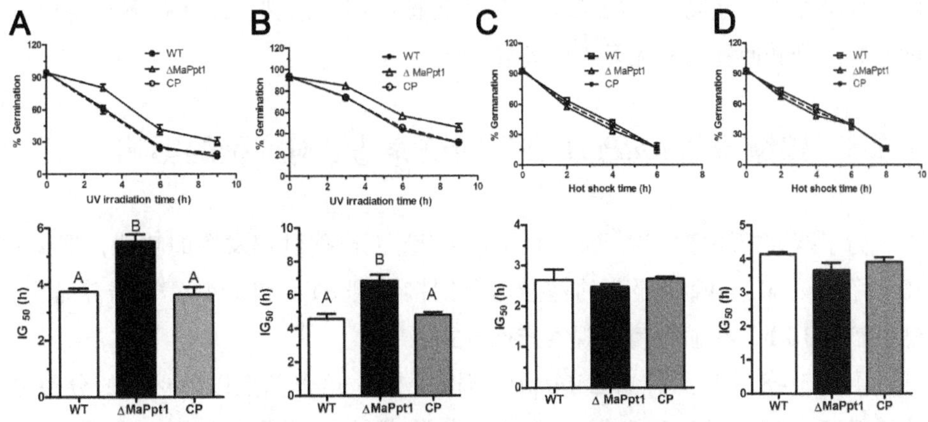

图 5-7　蝗绿僵菌未成熟孢子中 *MaPpt*1 对紫外和湿热逆境抗性的作用

A. 紫外处理 3 d 的孢子（上）和半致死时间（下）；B. 紫外处理 6 d 的孢子（上）和半致死时间（下）；C. 湿热处理 3 d 的孢子（上）和半致死时间（下）；D. 湿热处理 6 d的孢子（上）和半致死时间（下）。误差线表示每次的测量标准误差（SE），大写字母表示极显著性差异（$P=0.01$），小写字母表示显著性差异（$P=0.05$），无字母表示无差异，每个数据至少来自 3 个独立的生物学重复

由图 5-7B 可知 6 d 的孢子经过紫外处理后，Δ*PP*5 菌株的萌发率高于野生型和回复菌株。它们的半致死时间分别为野生型 $LT_{50}=5.37\pm0.12$（h），Δ*PP*5 $LT_{50}=7.76\pm0.43$（h），回复菌株 $LT_{50}=5.54\pm0.28$（h），与野生型和回复菌株相比，敲除菌株抗紫外能力增强，具有极显著性差异（$P=0.001$），而回复菌株和野生型菌株无显著性差异（$P=0.68$）。

由图 5-7C 可知，3 d 的孢子经过湿热处理后，Δ*MaPpt*1 菌株的萌发率与野生型和回复菌株相比，其变化趋势无明显差异。它们的半致死时间分别是 Δ*PP*5 $LT_{50}=2.64\pm0.13$（h），野生型 $LT_{50}=2.78\pm0.07$（h），回复菌株 $LT_{50}=2.67\pm0.08$（h），Δ*PP*5 与野生型和回复菌株相比无显著性差异（$P=0.31$ 和 $P=0.78$），同样野生型菌株和回复菌株之间也无显著性差异（$P=0.25$）。

由图 5-7D 可知，6 d 的孢子经过湿热处理后，其萌发率的变化趋势无明显差异。它们的半致死时间分别是野生型 $LT_{50}=4.15\pm0.06$（h），Δ*PP*5 $LT_{50}=3.66\pm0.21$（h），回复菌株 $LT_{50}=3.91\pm0.10$（h），敲除菌株与野生型菌株和回复菌株相比无显著性差异（$P=0.063$ 和 $P=0.3$），野生型菌株和回复菌株之间同样无显著性差异（$P=0.22$）。

上述实验数据表明敲除菌株无论是 3 d 还是 6 d 的孢子，它们对紫外逆境的抗性都显著性地高于同时期的野生型菌株和回复菌株，而在抗湿热逆境方面与野生型和回复菌株无显著性差异。

5.5.8　蝗绿僵菌 *MaPpt*1 在不同培养基上对产孢的影响

为了探究蝗绿僵菌 *MaPpt*1 在不同培养基上产孢过程发挥的功能，把 1×10^7 个孢子/ mL 的蝗绿僵菌的孢悬液分别接种到 SYA 和 1/4 SDA 培养基上，然后培养 15 h，在显微镜下观察产孢方式。

由图 5－8（上）可知 Δ*MaPpt*1 菌株在 SYA 培养基上以酵母状的分裂方式微循环产孢，野生型和回复菌株与敲除菌株相比没有差别。由图 5－8（下）可知 Δ*MaPpt*1 菌株在 1/4 SDA 培养基上进行了微循环产孢，敲除菌株和回复菌株以正常方式产孢。上述结果表明蝗绿僵菌 *MaPpt*1 在 1/4 SDA 培养基（富营养）具有负调控微循环产孢的功能，而在 SYA（贫营养）培养基上对微循环产孢没有调控作用。

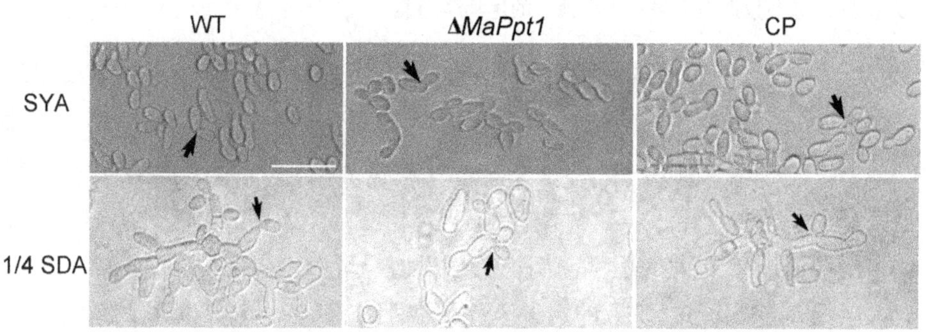

图 5－8　显微观察不同培养基上的产孢方式

（箭头指示产孢结构），Bar = 10 μm

5.5.9　蝗绿僵菌 *MaPpt*1 对毒力的影响

为了测试 *MaPpt*1 基因对真菌的毒力作用，以五龄东亚飞蝗为生测对象，以野生型和敲除菌株分别为生测菌株，无菌水为对照，点滴方式验证 *MaPpt*1 基因的杀虫效应（图 5－9）。由图 5－9 可知，通过体表侵染后 Δ*MaPpt*1 菌株的毒力与野生型和回复菌株无显著性差异，它们的半致死时间分别是 WLT_{50} = 5.49 ± 0.30（d），$CPLT_{50}$ = 5.12 ± 0.17（d）和 Δ*MaPpt*1 LT_{50} = 5.10 ± 0.15

(d)，统计分析表明它们的半致死时间无显著性差异。上述结果表明 *MaPpt*1 基因对真菌的毒力作用无贡献。

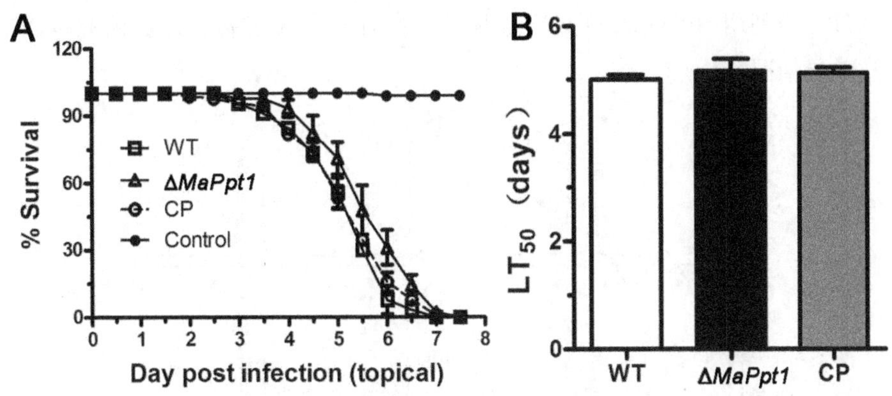

图 5－9　体表侵染后的蝗虫生存曲线和半致死时间

A. 体表侵染后东亚飞蝗的生存曲线；B. 体表侵染后东亚飞蝗的半致死时间

5.5.10　蝗绿僵菌 *MaPpt*1 调控的信号途径材料的选择及 RNA 质量评估

根据上述研究，为了进一步探究蝗绿僵菌 *MaPpt*1 对微循环产孢和抗紫外的调控信号途径，选择了培养 16 h 和 6 d 的孢子为研究对象，采用数字表达谱（DGE profiling）的方法分析了其可能调控的信号途径。

为了增加 DGE profiling 数据的可靠性，用 OMEGA 真菌 RNA 试剂盒（Fungal RNA Kit R6840 01）提取了 16 h 和 6 d 孢子中的 RNA，并用Agilent 2100 检测仪分析了 RNA 的浓度，28S/18S 和 RIN，用 NanoDrop 检测 OD_{260}/OD_{280} 和 OD_{260}/OD_{230}，以确保数据的完整性。

用 Agilent 2100 检测了所提样品 W1 和 P1（培养 16 h 的孢子）的 RNA 与 W6 和 P6（培养 6 d 的孢子）的 RNA 质量，其 5S，18S 和 28S RNA 无降解、28S 和 18S 核糖体 RNA 条带非常亮且清晰，28S 的密度大约是 18S 的 2 倍；用 Agilent 2100 检测仪分析了 RNA 完整性，数据结果表明所有样品的 RIN ≥ 8（图 5－10 A，B，C 和 D）。结果表明所提样品的 RNA 均符合 DGE profiling 数据的要求。

用 NanoDrop 检测了 RNA 的 OD_{260}/OD_{280} 和 OD_{260}/OD_{230} 的比值，其比值 OD_{260}/OD_{280}大于 2（表 5－5）。结果表明所提 RNA 样品的 OD 值均符合 DGE profiling 数据的要求。

上述数据表明笔者所提取样品的 RNA 完全满足 DGE profiling 数据要求，可以进一步利用 HiSeq 2000 高通量测序平台对 mRNA 进行测序，研究基因的表达差异情况。

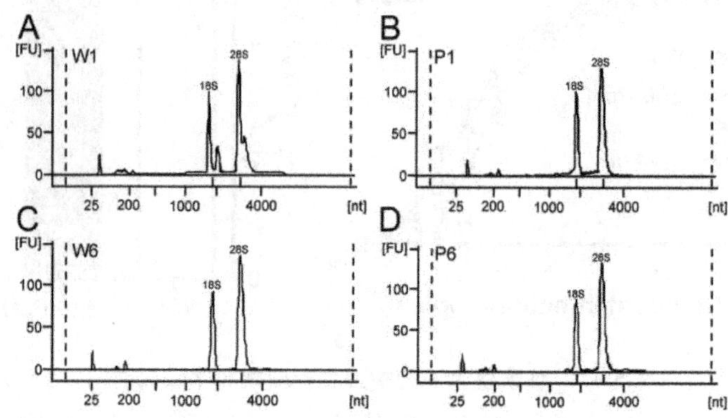

图 5-10　数字表达谱样品 RNA 质量评估结果

A. 产孢前野生型菌株 RNA 质量评估；B. 产孢前敲除菌株 RNA 质量评估；C. 产孢后野生型菌株 RNA 质量评估；D. 产孢后敲除菌株 RNA 质量评估

表 5-5　数字表达谱 RNA 质量评估结果

序号	样品名称	浓度（ng / μL）	体积（μL）	总量（μg）	OD_{260}/OD_{280}	OD_{260}/OD_{230}	RIN	28S/18S
1	W1	728	19	13.83	2.19	2.39	9.0	1.8
2	P1	639	27	17.25	2.2	2.48	10.0	2.0
3	W6	777	22	17.09	2.15	2.31	10.0	1.9
4	P6	1981	16	31.7	2.19	2.18	10.0	2.0

5.5.11　蝗绿僵菌 *MaPpt*1 基因的敲除改变了产孢的信号途径

为了探讨蝗绿僵菌 *MaPpt*1 基因敲除形成微循环产孢和对 UV-B 耐性的机制，测定了野生型菌株和敲除菌株在相同条件下的转录变化。以蝗绿僵菌孢子接种在 1/4 SDA 培养基上萌发 16 h 和萌发 6 d 的孢子为材料，接种 16 h 的蝗绿僵菌尚未产孢或刚刚产孢，接种 6 d 的野生型蝗绿僵菌是正常产孢，而敲除菌株是微循环产孢。在 Illumina Hiseq 2000 测序平台上检测了它们的数字表达谱。

为了比较正常产孢和微循环产孢过程中的转录变化，基因的表达水平发生 2 倍的变化认为是差异性表达。数字表达谱显示蝗绿僵菌在产孢过程中与 *MaPpt*1 相关的 1846 个基因的转录水平发生了差异性表达（蝗绿僵菌基因组总共有 9849 个基因）。数字表达谱显示有 972 个下调基因和 947 个上调基因显著差异表达。其中，有 625 个差异表达的基因在产孢前表达，1031 个基因在产孢后差异表达。61 个上调表达的基因和 56 个下调表达的基因在产孢前和产孢后表显示出相同的表达趋势。另外有 73 个基因在产孢前和产孢后显示出反方向表达模式（图 5 – 11 A）。表明参与微循环产孢的基因受 *MaPpt*1 调控的方式既有正调控的作用，又有负调控作用，另外还有时间作用方式。

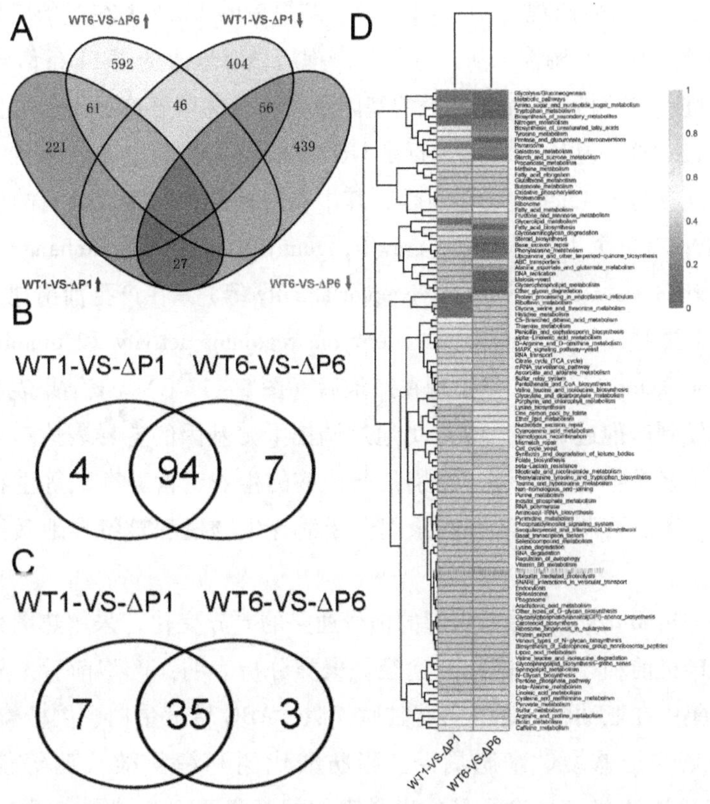

图 5 – 11　数字表达谱结果分析

A. 韦恩图显示产孢前后差异表达的基因数目；B. 韦恩图显示产孢前后显著差异基因 pathway 富集结果；C. 韦恩图显示产孢前后显著差异基因 Go 富集结果；D. pathway 的热图展示。WT1（ΔP1）表示野生（敲除）菌株培养 16 h；WT6（ΔP6）表示野生（敲除）菌株培养 6 d，下同

数字表达谱中的上调表达和下调表达的部分基因经过 qRT – PCR 验证（见附录表 1），这 22 个基因的表达模式与数字表达谱的结果是相似的。该结果表明数字表达谱的结果是可靠的。

上述差异表达的基因被富集到 105 个信号通路中，其中有 94 个共有的信号通路；4 个信号通路（D – Arginine and D – ornithine metabolism，alpha – Linolenic acid metabolism，Regulation of autophagy 和 Vitamin B6 metabolism）仅仅在产孢前出现；7 个信号通路（DNA replication，Nucleotide excision repair，Mismatch repair，Sesquiterpenoid and triterpenoid biosynthesis，Taurine and hypotaurine metabolism，Other types of O – glycan biosynthesis 和 Arachidonic acid metabolism）仅仅在产孢后出现（图 5 – 11 B）。结果表明 *MaPpt*1 在多条信号途径上参与了微循环产孢的调控，从产孢前到产孢后显著地改变了 11 条信号途径。

为了进一步分析 *MaPpt*1 调控的基因及其参与的信号途径引起的生物学功能的变化，对这些基因的功能进行了 GO terms 富集分析。富集分析结果表明这些基因共参与了 45 个生物学过程，其中在产孢前和产孢后共有的生物学过程是 35 个；有 7 个生物学过程（growth，guanyl – nucleotide exchange factor activity，nutrient reservoir activity 和 receptor activity 等）只在产孢前出现；另外有 3 个生物学过程（rhythmic process，enzyme regulator activity 和 protein binding transcription factor activity）只出现在产孢后（图 5 – 11 C）。该结果表明：蝗绿僵菌从萌发到产孢过程中，*MaPpt*1 通过调控下游基因的差异表达参与的信号途径改变了多个生物学过程，特别是产孢前的生长、营养存贮等生物过程抑制；节律过程、酶调节激活和转录因子激活等生物过程被特异地激活促进产孢过程发生。

为了分析 *MaPpt*1 敲除后引起的信号通路的差异变化，采用热图聚类的方法来分析产孢前和产孢后的信号途径。聚类分析表明：产孢前后差异较大的信号途径集中在亚油酸代谢、谷胱甘肽代谢、ABC 转运蛋白、戊糖磷酸途径、DNA 复制、错配修复、细胞周期、脂肪酸代谢和精氨酸代谢等信号途径（图 5 – 11 C）。这些信号途径显示出紧密的相互联系。该结果表明 *MaPpt*1 的敲除使相互联系的信号途径发生了变化，尤其是在核酸代谢、脂肪酸代谢和糖代谢信号途径发生变化最大。

5.5.12　蛋白质组学分析 *MaPpt*1 在产孢和 UV 抗性的作用机制

为了验证 *MaPpt*1 调节的去磷酸化的靶蛋白，采用 LC－MS/MS 蛋白质组学定量分析方法分析 *MaPpt*1 可能的靶蛋白。实验结果总共发现了 11 个去磷酸化蛋白，它们分别是：Swi5（A0A014N0G2），E3－ITCH（A0A0B2X6G4），ACAD（A0A0B2XFA8），Fasb（A0A0B4G570），Def1（A0A0B4IJW1），AARS（A0A0D9PI46），TRPS1（E9E4U7），Ran/TC4（E9EVC3），Nbp（E9EWB1），Grxa（E9EY99），Gβ（E9ERL4）（附表 2）。在产孢前、产孢后和紫外照射后均有有 5 个去磷酸化蛋白出现，其中有一个去磷酸化蛋白在产孢前、产孢后和紫外诱导条件下均出现（图 5－12A）。该结果表明在产孢前和产孢后，*MaPpt*1 调控多个不同的去磷酸化蛋白，其中 Def1 蛋白在产孢前、产孢后和紫外处理后均发生去磷酸化作用。它可能是受调控的一个核心蛋白，对微循环产孢和防紫外 DNA 损伤具有重要的调控作用。

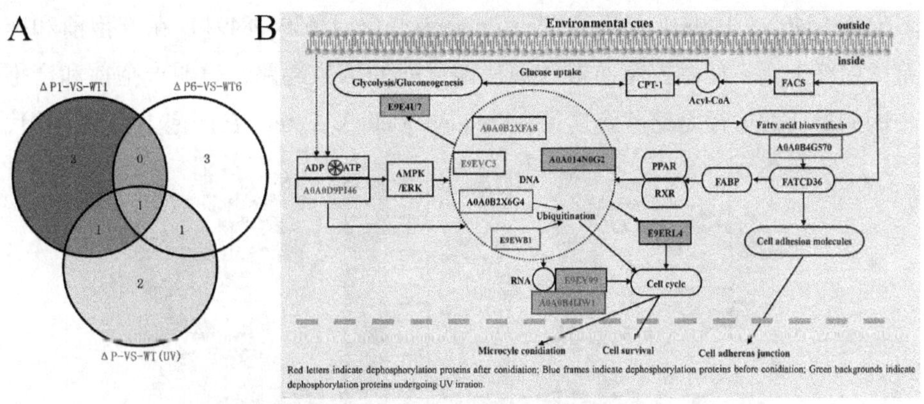

图 5－12　蛋白质组学结果分析

A. 韦恩图显示在产孢过程中和 UV 诱导后的去磷酸化蛋白；B. *MaPpt*1 可能作用的去磷酸化蛋白作用的网络模式图。基因的颜色灰度与图 A 对应

为了进一步分析 *MaPpt*1 参与的信号通路，根据ScienceDirect数据库及 KEGG 数据库生成了调控模式图。11 个磷酸化蛋白分别参与了 DNA 代谢相关途径、糖异生途径、转录调控、ADP/ATP 转运、细胞周期和脂肪酸代谢相关的信号途径（图 5－12B）。这些信号途径和 DEGs 实验结果紧密联系。

上述数据表明 *MaPpt*1 通过调节不同蛋白的去磷酸化，参与产孢信号途径和紫外 DNA 修复途径。其中，蛋白 Def1 可能是最关键的蛋白。

5.5.13 *MaPpt*1 调控的基因网络

根据蛋白质组学的结果，对 DEGs 中参与核酸、糖代谢和脂肪酸代谢的基因构建了共表达基因信号亚级网络图（图 5 - 13A 和 B）。产孢后参与此信号网络的基因（117）多余产孢前（92 个），其中产孢后上调表达的基因（71 个）多余产孢前的上调表达基因（31 个）。在产孢前，有 5 个基因参与了核酸、糖代谢和脂肪酸代谢的信号调控。它们分别是：tls（gi | 629700972），aldehyde dehydrogenase（gi | 629682276），alcohol dehydrogenase（gi | 629682532），aldehyde dehydrogenase（gi | 629698494），hypothetical protein（gi | 629697856）（图 5 - 13A）。产孢后，有 7 基因参与了核酸、糖代谢和脂肪酸代谢的信号调控。它们分别是：Frequency clock protein（gi | 629685920），glutathione dehydrogenase（gi | 629697200），aldehyde dehydrogenase（gi | 629698494），alcohol dehydrogenase（gi | 629687890），oxidoreductase（gi | 629693884），hypothetical protein（gi | 629686546）。其中，aldehyde dehydrogenase（gi | 629698494）在产孢前和产孢中始终上调表达调控脂肪酸和糖代谢之间的信号通路，表明产孢前和产孢中的能量代谢途径是糖酵解途径。Frequency clock protein 在产孢中调控了糖代

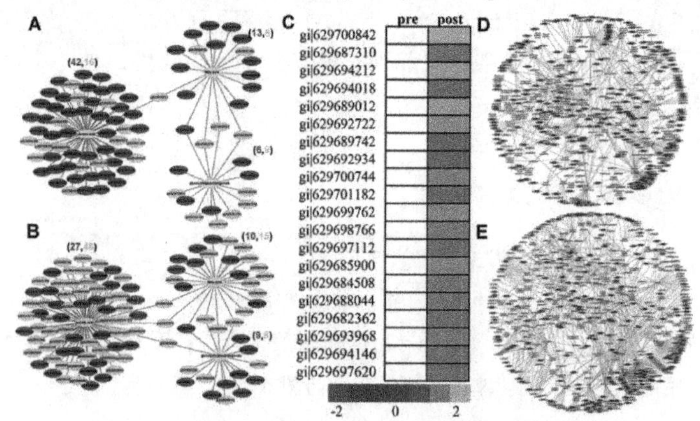

图 5 - 13 微循环产孢和紫外抗性基因信号途径网络图

A. 产孢前，*MaPpt*1 调控的核酸、脂肪酸和糖代谢的亚网络图；B. 产孢后，*MaPpt*1 调控的核酸、脂肪酸和糖代谢的亚网络图；C. 产孢前和产孢后，DNA 损伤修复基因表达热图；D. 产孢前，*MaPpt*1 调控的基因信号途径网络图；E. 产孢后，*MaPpt*1 调控的总体基因信号途径网络图。灰色节点代表上调基因，黑色节点代表下调基因，中心节点代表信号途径节点

谢途径和核酸代谢之间的信号途径，表明 Frequency clock protein 调控参与核酸代谢的基因表达。产孢后上调表达的基因在 7 个层次上分别参与了 DNA 修复。

分别参与 DNA 修复的基因及机制如下。碱基剪切修复（BER）：G - specific adenine glycosylase（gi | 629700842）[200-201]，DNA - 3 - methyladenine glycosylase（gi | 629687310）[202-203]，NAD + ADP - ribosyltransferase（gi | 629694212）[204]，Rad7（gi | 629694146）[205-208]；核苷酸剪切修复（NER）：ATP dependent DNA ligase domain protein（gi | 629694018）[209-210]，DNA glycosylase（gi | 629689012，gi | 629687310）[211-212]；错配修复（MMR）：proliferating cell nuclear antigen（gi | 629692722）[213]，replication factor - A protein 1（gi | 629689742）；转录偶联修复（TC - NER）：DNA - directed RNA polymerase III largest subunit（gi | 629692934），DNA - directed rna polymerase III 25 kD polypeptide（gi | 629700744）[214]；非同源末端连接修复（NHEJ）：ATP dependent DNA ligase domain protein（gi | 629694018）[209-210]，DNA repair protein UVS6（gi | 629701182）[215-216]；DNA 损伤容忍（DDT）：DNA primase large subunit（gi | 629699762），DNA polymerase alpha catalytic subunit（gi | 629698766），DNA polymerase delta subunit 2（gi | 629697112），DNA polymerase epsilon（gi | 629685900）[217-220]，DNA replication licensing factor mcm2（gi | 629684508）[221-222]，Tof1（gi | 629693968）[223-224]；同源重组修复（HR）：Nse1（gi | 629697620），recombinational repair protein（gi | 629682362）[225-226]，mating - type switching protein swi10（gi | 629688912）[227-228]。这些上调表达的基因在产孢前没有表达（图 5 - 13C）。表明 *MaPpt*1 敲除后导致这些修复基因的上调表达产生 UV 抗性，但是因这些基因的表达而又消耗能量，故 *MaPpt*1 在真菌中的表达是一把双刃剑。

为了进一步研究 *MaPpt*1 参与的信号调控机制，利用 Cytscape 制作了基因信号网络图。与产孢前相比，产孢后的核酸网络信号、细胞周期网络信号、糖代谢网络信号、脂类的代谢和 MAPK 网络信号连续得更加密集（图 5 - 13D 和 E）。表明敲除 *MaPpt*1 后，蝗绿僵菌在产孢过程中的信号调控途径发生变化。真菌有三条完全不同的产孢途径：两条无性孢子产孢途径和一条有性孢子产孢途径；这三条产孢途径分别产生大型分生孢子、小分生孢子和囊孢子（图 5 - 14）。

产孢前的信号网络中。首先 LTE1（gi | 629689298）（调节有丝分裂退

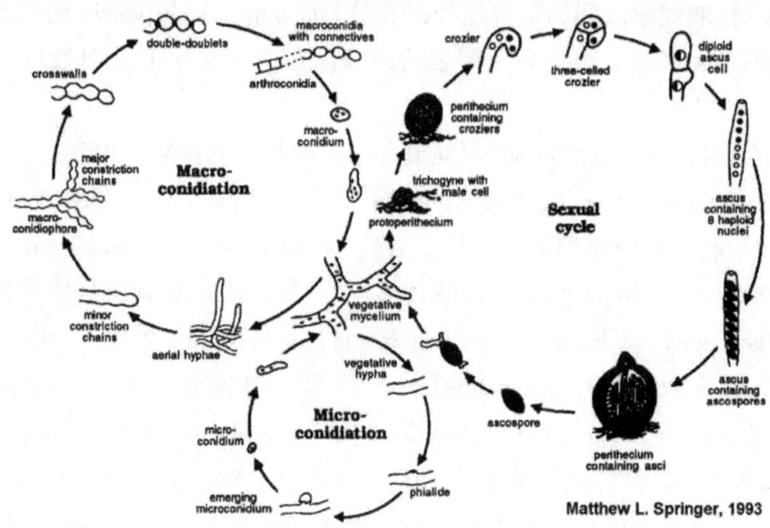

图 5－14　真菌类产孢途径模式

出）是上调表达，它在细胞中是不平衡定位的[229]。空间的不对称分布在细胞周期控制中具有重要作用[230]。在有丝分裂退出时 Cdc 蛋白直接或间接地控制芽管中的 LTE1 去磷酸化和去定位[229]．故在产孢前 Cdc48（gi | 629687198）的上调表达打破了 LTE1 的空间非对称性分布而导致细胞周期的改变。进而引发 Frequency clock protein（gi | 629685920）在产孢后的表达变化。Frequency clock protein 是负反馈回路蛋白，它常常输出产孢、DNA 修复、性别发生和压力反应等信号[231－235]。这与 *MaPpt*1 突变菌株的菌落生长节律和细胞形成时间均发生改变是相一致的（图 5－15）。

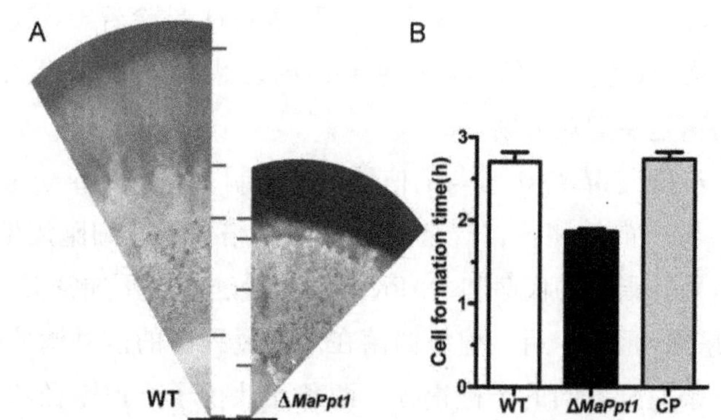

图 5－15　野生型菌株和突变菌株菌落节律表型和细胞形成时间

A. 野生型菌株和突变菌株菌落节律表型；B. 细胞形成时间

另外，Pheromone receptor（gi | 629687022）具有识别配偶和诱导有性孢子形成的分化程序[236]。该蛋白在产孢前的下调表达和产孢中的缺失表明有性孢子形成途径被抑制。另一方面，bHLH（gi | 629695170）基因（阻止早熟）的下调表达表明小分生孢子的形成途径也被抑制。只有大分生孢子形成途径没有被抑制（图 5 – 16）。

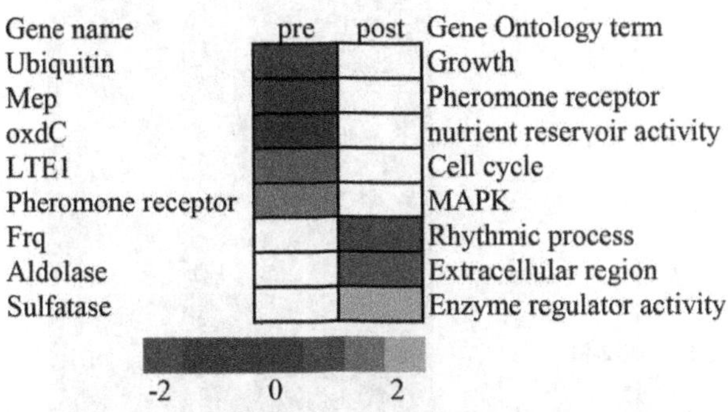

图 5 – 16　产孢前和产孢后相关基因的表达热图

再者，oxdC（i | 629693058）分布在外周胞质，且和细胞壁紧密绑定[237]，缺失该蛋白导致细胞壁蛋白交联发生变化[238]。故，oxdC 的下调表达导致细胞壁及质膜发生改变。FITC – ConA 染色表明 *MaPpt*1 缺失后细胞壁和质膜发生了变化（图 5 – 17）。Covalently – linked cell wall protein（gi | 629688790）同样在该网络中表现为下调。在细胞周期中，细胞壁和质膜蛋白完全由转录的时间所决定[239]，细胞壁和质膜蛋白变化进而影响 Frequency clock protein 的变化。

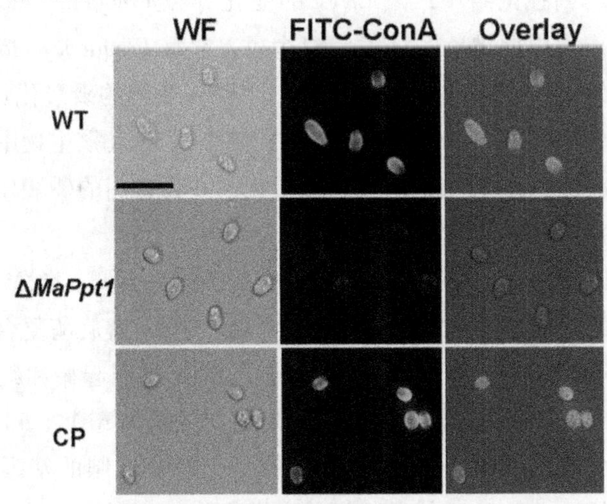

图 5 – 17　细胞质膜及细胞壁上糖蛋白的 FITC – ConA 染色

*MaPpt*1 - GFP 的亚细胞定位显示 *MaPpt*1 在细胞的 G1、S、G2 和 M 期均有表达，尤其是 G2 和 M 期的表达量最高；另外，在菌丝时期的隔上也表达（图 5 - 18）。这表明 *MaPpt*1 参与了细胞壁周期的变化和细胞之间的连接和聚集。

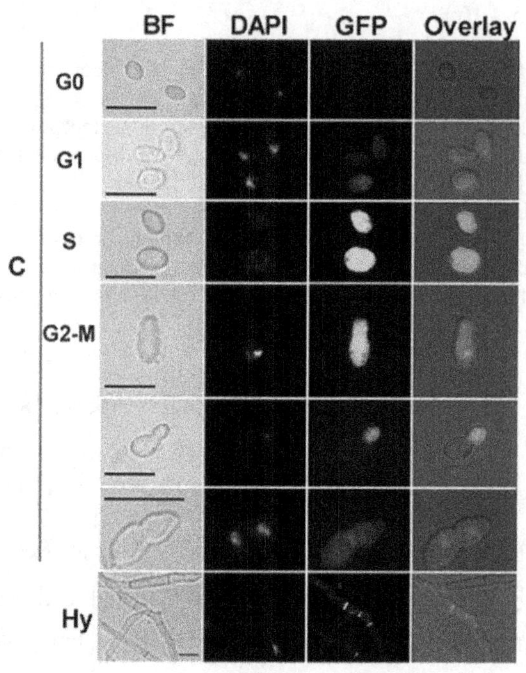

图 5 - 18　*MaPpt*1 - GFP 细胞定位

在产孢后的调控网络中，因 LET1 的变化导致 Frequency clock protein 上调。一般认为产孢周期是负的分子反馈途径，它是 Frequency clock protein 节律水平导致的结果[240-241]。突变 RCM - 1 上 PKA 依赖的磷酸化位点导致 WC 依赖型 *frq* 的转录，进而削弱了它的时钟功能[242]。在真核生物中，Frequency clock protein 相关的大多数蛋白会发生磷酸化，并且它们的磷酸化状态影响它们的稳定性、活性和亚细胞定位[241]。

DNA 复制因子 mcm（gi | 629684238）在产孢后上调。MCM 表达量的上升促进细胞疯狂的增殖状态[243]。MCM 复合物是 DNA 解旋酶复合体，它有利于 DNA 复制的起始[243]。MCM 在真核细胞的 DNA 复制起始和细胞增殖方面具有关键作用[244]。另外，调节 DNA 复制和修复的基因 Rif1（gi | 629697376）上调[245-246]。它们的上调表达导致 DNA 的 7 个修复机制的基因均上调表达（图 5 - 13C）。因此，*MaPpt*1 被敲除后具有显著的 UV 抗性。

再者，硫酸酯酶是生物活性固醇类激素的贮存池[247]. 这类激素在维持细胞的密度上具有重要的作用[248]。核酸固醇类激素的受体是硫酸酯酶的下游靶标，在生物体对环境的适应性方面具有重要作用[249]。因此，Sulfatase（gi丨629697342）表达的下调导致细胞之间的附着连接性降低形成微循环产孢结构。

5.6　讨论

本章阐释了昆虫病原真菌蝗绿僵菌 *MaPpt*1 基因的功能，并且发现 PP5 是调节微循环产孢和紫外抗性的重要基因；然而，该基因对于毒力和耐热性是非必需的。数字表达谱和蛋白质组学分析揭示 *MaPpt*1 参与多条信号途径的调节，并且有一些未知途径。相对于真核生物中 *Trypanosoma brucei* 和 *T. canis* 同源的 *MaPpt*1 基因，它们具有相似的功能，例如调节 DNA 损伤细胞功能和分化等[250-251]。值得注意的是，*MaPpt*1 基因的删除改变了产孢方式，并且增强了紫外抗性，这直接表明 *MaPpt*1 在细胞功能和 DNA 损伤方面扮演了重要的角色。

*MaPpt*1 基因被敲除之后，蝗绿僵菌的产孢能力增强，并且先于野生型菌株大量产孢（图 5-2 和图 5-3A）。微循环产孢的形成需要先于孢子代谢和菌丝生长的缺失，并且产孢不同于正常产孢的孢子色素[252-254]。与野生型和回复菌株相比，*MaPpt*1 删除后，菌株的菌落大小无差异，但是在生长的早期阶段，突变菌株有较深的菌落颜色（图 5-2）。这些情况表明突变菌株先于野生型成熟。光学显微镜检测表明，在产孢的早期阶段，突变菌株产孢方式为微循环产孢（节孢子），不同于野生型和回复菌株的产孢方式（图 5-3B）。微循环产孢是微生物在不利环境条件下生存适应的方式之一[255]。因此，认为 *MaPpt*1 的功能是微循环产孢的一种负反馈调节机制。在研究中发现 PP5 的删除并没有削弱毒力和耐热性（图 5-5 和图 5-8）。这不像前人研究中所描述的那样，即 *MaPpt*1 是热击蛋白的负调控因子，微循环产孢且具有较好的耐热性[256-257]。因此，*MaPpt*1 调节的确切机制尚需在昆虫病原真菌中进一步研究。

数字表达谱数据显示 *MaPpt*1 删除致使 970 个基因的转录水平发生上调变化；同时有 1459 个基因下调（图 5-11A）。因此 *MaPpt*1 的删除致使蝗绿僵菌在产孢过程中转录水平上发生重大变化，反映出 *MaPpt*1 在调节正常产孢到微循环产孢的转换功能。这与微循环产孢过程中需要抑制和生成新的 RNA 相一致[258-259]。在分析正常产孢和微循环产孢的生物学过程中，发现 *Asp-hemolysin* 基因和 *integral membrane protein* 基因仅仅出现在微循环产孢中的细胞杀死和细胞连接的生物学过程，然而，*flocculation suppression protein* 基因仅出现在正常产孢的细胞聚集的生物学过程。在 *N. crassa* 和 *M. anisopliae* 中有两个类型的基因（mcb，mcm 和 mmc）控制三种类型的微循环产孢[260-261]。在研究中并没有发现这些基因的转录水平的差异。这些数据表明 *MaPpt*1 可能在微循环产孢过程的另外信号途径中扮演另一种角色。

除了增强微循环产孢的能力之外，*MaPpt*1 的删除也增强了蝗绿僵菌紫外辐射耐性（图 5-17）。细胞具有抵抗（修复或忍耐）紫外辐射造成 DNA 损伤的策略，例如光修复、剪切修复和孢子外层的色素等[262-265]。实验结果显示 *MaPpt*1 参与了削弱紫外辐射造成的 DNA 损伤（图 5-5）。文献报道过 *MaPpt*1 在 DNA 损伤后与其他蛋白相互作用而影响细胞周期[196-198,266]。实验数据表明蝗绿僵菌受紫外辐射后细胞核呈现彗星状变化，这与文献报道相一致。但是，没有文献报道 *MaPpt*1 是如何影响真菌的产孢和 DNA 修复行为的。因此，用蛋白质组学方法全面研究了 *MaPpt*1 在产孢过程和 DNA 损伤修复活性作用。在 Δ*MaPpt*1-VS-WT 的蛋白质组学分析中显示只有少数磷酸化蛋白同时出现在产孢之前和产孢的时期，暗示 *MaPpt*1 在不同时期具有不同的调节机制。在产孢之前，有 5 个去磷酸化蛋白分别参与了糖异生代谢、脂肪酸代谢和 DNA 绑定。文献中报道 *MaPpt*1 在正常的细胞周期检查点中是不可缺少的角色[197]。然而，并没有发现与 ATM 或 ATR 相关的去磷酸化蛋白。蛋白质组学分析表明在微循环产孢过程有两个去磷酸化蛋白参与转录，另外有两个去磷酸化蛋白与 APT 相关。这些数据表明 *MaPpt*1 至少通过两条途径调节微循环产孢，其调控模式如图 5-19 所示。

紫外照射压力下有三个去磷酸化蛋白与转录和 DNA 信号途径相关，最后影响细胞周期。与此相一致的文献报道表明紫外抗性 DNA 合成是 *MaPpt*1 抑制改变了细胞周期[195,197]，故此 *MaPpt*1 在压力信号诱导方面扮演了重要的角色[192]。值得注意的是在紫外辐射后 *MaPpt*1 通过锌离子转录因子的去磷酸化途径参与了糖代谢。由此可以推断 *MaPpt*1 参与了另外一条反馈控制机制[194]。因此，*MaPpt*1 在丝状真菌中的细胞功能角色需要进一步深入研究。

总而言之，实验结果显示 *MaPpt*1 基因的删除能够诱导微循环产孢，增加

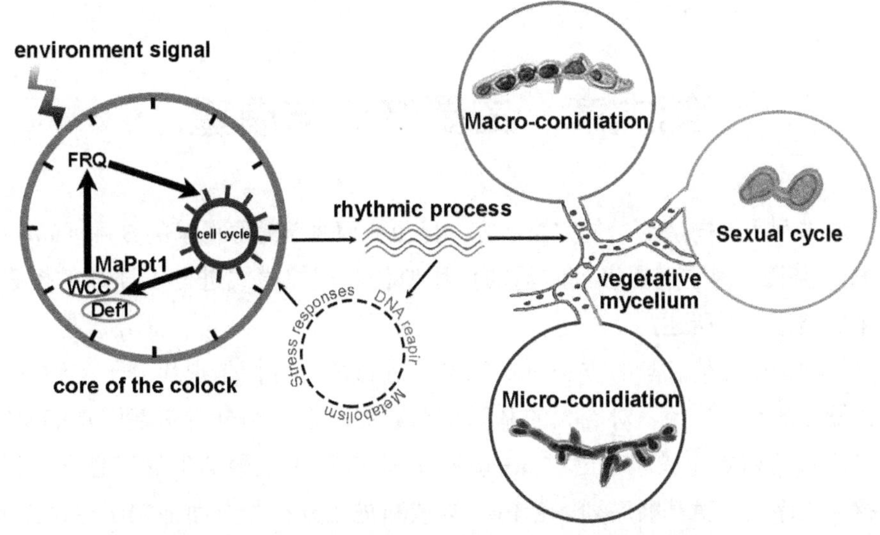

图 5-19　*MaPpt*1 调节 UV 抗性和微循环产孢模式

蝗绿僵菌的抗紫外辐射，这些都有利于开发虫害防治生物制剂。*MaPpt*1 的删除有利于昆虫病原真菌生物制剂的工业化生产。本研究为 *MaPpt*1 调节微循环产孢和紫外诱导 DNA 损伤修复的生物学过程提供了新视野。然而 *MaPpt*1 分子的生物学机制尚需进一步的详细研究，用基因工程的方法改造蝗绿僵菌基因促使蝗绿僵菌微循环产孢，产生强的耐热性与抗紫外辐射是昆虫病原真菌现代化工业生产重要方向。

第六章　主要结论与展望

本书利用反向遗传学的方法研究了昆虫病原真菌蝗绿僵菌的 β – *tubulin* 和 *MaPpt*1 基因，对它们在害虫防治的作用地位和调控模式进行了详细的探索。其主要结论如下所述。

①利用生物信息学的方法对功能基因进行信息分析是现代分子生物学和遗传操作的有效途径。对庞大的基因信息数据库搜索和分析是基因功能研究不可或缺的初始途径。通过对 β – *tubulin* 和 *MaPpt*1 基因的生物信息学分析，从核苷酸序列、氨基酸序列、蛋白结构域和进化分析等方面证实了这两个基因就是所研究的基因。此外，生物信息学必须借助正确的生物学实验才能更加清晰地研究基因功能。

②蝗绿僵菌的 β – *tubulin* 的删除降低了产孢量和毒力。研究表明 β – *tubulin* 与细胞核相互作用，在细胞有丝分裂过程中影响了遗传物质的分配，使产孢体的形成率降低，进而影响产孢量。此外，β – *tubulin* 的删除使遗传物质的分配不均也进而影响附着胞的形成率，影响蝗绿僵菌穿透昆虫体表的过程而降低了毒力。此实验表明附着胞的形成需要通过遗传物质合成新的蛋白去侵染昆虫。β – *tubulin* 调控有丝分裂过程中遗传物质分配的机制尚不清楚，它与别的蛋白和 DNA 的直接作用机制尚需进一步研究。

③β – *tubulin* 基因的删除增加了蝗绿僵菌对杀虫真菌制剂苯莱特的抗性。真菌制剂苯莱特的靶标蛋白是 β – *tubulin*。苯莱特通过抑制 β – *tubulin* 的功能影响真菌的再生，从而达到杀菌的目的。故此，可以通过定点突变的方法改变β – *tubulin* 上苯莱特的结合位点，如果这种突变又不影响毒力，这样可以解决杀虫真菌制剂和杀菌化学药剂不兼容的科学问题。

④*MaPpt*1 基因的删除促使绿僵菌由正常产孢转变为微循环产孢，增加了蝗绿僵菌孢子 UV – B 的耐受性。丝状真菌的微循环产孢具有较高的整齐性，在萌发时对环境具有最低限度的要求。例如微循环产孢的孢子能够在较广的温度和湿度的范围内萌发。另外微循环产孢的孢子具有较强的 UV – B 的耐受性。故微循环产孢的孢子更有利于真菌制剂的田间应用。此外，均一性的孢子也是工业发酵和生物真菌防治制剂大规模生产的前提之一。*MaPpt*1 基因在

工业生产上的应用价值具有更好的前景。

⑤*PP*5 基因调控转录过程。*MaPpt*1 基因的删除致使 970 个基因的转录水平发生上调变化，1459 个基因下调，反映出 *MaPpt*1 在调节产孢过程中的重要功能。在 *PP*5 调节产孢过程的时钟信号网络尚需进一步研究，在工业生产中更好地利用 *PP*5 基因调控产孢和抗性提供科学依据。

⑥*MaPpt*1 的靶蛋白研究。蛋白质组学的研究表明 *PP*5 共使 11 靶蛋白去磷酸化，这些蛋白去磷酸化的时期、诱导条件都有差别。其中有 4 个去磷酸化蛋白在产孢的前期出现；另外有 4 个蛋白在产孢时期出现；一个蛋白在各个时期均出现。在紫外照射后，有 5 个去磷酸化蛋白出现。值得注意的是有一个去磷酸化蛋白在未产孢、产孢和紫外诱导条件下均出现。这为研究 *PP*5 的调节机制指明了方向。蛋白 *MaPpt*1 的分子生物学机制尚需进一步研究。

⑦*β - tubulin* 和 *MaPpt*1 基因都在核酸水平上发挥了相应的作用机制，这表明二者在基因信息的核心部位具有重要的调节作用。但是二者调控方式又不一样。*MaPpt*1 是调节细胞核内相关蛋白的磷酸化进而调节遗传信息的表达，它的调节范围较窄，影响的性状较少；而 *β - tubulin* 直接调节了细胞核的迁移和分裂，这种调节方式的范围更广，影响的性状更多。

附　录

A　qRT – PCR 数字表达谱验证结果

ene ID	Gene product description	primer (5′ – 3′)	Size (bp)	Fold in DGE[a]	Fold in qRT – PCR[b]
W1 – VS – P1					
XM_ 007809456	cellular metabolic process	CCGTGTATAATCGTGTTT AAGTCCATGACAATATCG	229	4. 16 ↓	3. 12 ↓
XM_ 007815180	zinc ion transmembrane transport	TCTAGTTGACATCATCTG ATAGCGAGCAAAGAGATA	184	4. 54 ↓	3. 60 ↓
XM_ 007813519	carbohydrate metabolic process	ATGGACTATACTGTAACG AATGATGGTACTTGTTCT	225	4. 64 ↓	3. 41 ↓
XM_ 007815648	ubiquitin carboxyl – terminal hydrolase	TTTCTCAAGGAGTTTAAC TATACAGATGCTCTTCAA	259	5. 67 ↓	5. 00 ↓
XM_ 007809657	lipid metabolic process	CAACTTGGACAAAACTTC AAGGTCACTATCAATCTG	199	5. 90 ↓	5. 20 ↓

续表

ene ID	Gene product description	primer (5′ – 3′)	Size (bp)	Fold in DGE[a]	Fold in qRT – PCR[b]
XM_ 007814442	metabolic process	ATCCATCCTATGACATTG CTCTTGAACTTCTGTATTG	182	6. 29 ↓	4. 31 ↓
XM_ 007817852	flavin adenine dinucleotide binding	TCTTGACTGTAAATGAAG TGAGATACCAAATAAGTG	196	11. 52 ↑	8. 21 ↑
XM_ 007816945	lipid metabolic process	TAATCGTGCTCAACATAT AGGGTAAGATTTGTAAGG	199	6. 37 ↑	4. 52 ↑
XM_ 007814527	arsenical resistance protein ArsH	ATCTTGAACAGACTATCC ATGGAGAATAATGATGATG	180	6. 24 ↑	4. 77 ↑
XM_ 007812603	metal ion binding	ATTATATCCAAGGCACAA ATCTCCGTGTATATCAAT	226	4. 72 ↑	2. 76 ↑
XM_ 007812366	proteolysis	ACTTTGACACCTACTCTC GAATAACCAAGGTCTGAG	183	4. 41 ↑	3. 45 ↑
W6 – VS – P6					
XM_ 007811385	phosphatidylserine decarboxylase activity	CTTAGAAGTAATGTGGATAT GCAACGATAATAGATGAG	212	11. 96 ↓	10. 50 ↓
XM_ 007809140	protein phosphorylation	CTATACGCCAAGTTATAC CTACTGATTCAACGATAT	222	11. 19 ↓	10. 20 ↓
XM_ 007817648	transferase activity	CAGGTTCAGATATGACAA ACCCATAAAGACCTAAAG	204	11. 09 ↓	9. 03 ↓

续表

ene ID	Gene product description	primer (5′-3′)	Size (bp)	Fold in DGE[a]	Fold in qRT-PCR[b]
XM_ 007811379	aldehyde - lyase activity	TGATATGATGCTTGTGAA CTTCCACTCGTATATGTC	193	10. 16 ↓	6. 04 ↓
XM_ 007808601	metal ion binding	AACGAAATGACACAAGAAT TCAACATCATCAGGGATAT	158	7. 45 ↓	5. 12 ↓
XM_ 007816161	DHA1 family	CTTCTATGTCGTCTTGTG TCTTGTAGATGCTGGATA	185	7. 36 ↓	4. 33 ↓
XM_ 007817332	glycine biosynthetic process	GATTCCTACCAAGAGATA CCACCAATGATAAATACG	240	13. 43 ↑	11. 31 ↑
XM_ 007816347	dityrosine biosynthesis protein	TGTGAGGTTTATTGAAGAG GAGCAGATGGAATGTTAG	188	13. 13 ↑	10. 95 ↑
XM_ 007813550	Intracellular	CCCATATACATTGGAAAG GGTAATAGTCTTCTCGTA	184	11. 09 ↑	11. 02 ↑
XM_ 007816348	oxidoreductase activity	GCATCTTGTCTTACCTTG CGTCTTCTTCATCTGTGA	192	7. 81 ↑	7. 05 ↑
XM_ 007809492	transferase activity	ATTCAAGGTCCTCATTAC TAATTCTCCACAATGTATTC	189	6. 51 ↑	5. 10 ↑

a: WT/ΔPP5; b: The gene expression ratio in ΔPP5 and WT (WT/ΔPP5);

↓ indicated gene was downregulated in ΔPP5/ WT;

↑ indicated gene was up - regulated in ΔPP5/ WT

B 蛋白质组学分析结果

Protein ID	GeneID	Name	Localization Prob	PEP	Modified Sequence	Modification (K) Probabilities	Position	Mass Error [ppm]	Peptide Score	KO No.	Subcellular Location
A0A014N0G2	X797_008271	Swi5	0. 999999	0. 00616265	_T(ph) WAMTALSGPR_	T(1) WAMTALSGPR	58	3. 5074	67. 207		extracellular
A0A0B2X6G4	MAM_00334	E3 − ITCH	1	0. 00038249	_GPS(ph) PLAFEAIGR_	GPS(1) PLAFEAIGR	231	2. 3595	122. 12		nuclear
A0A0B2XFA8	MAA_10940	ACAD	0. 980416	0. 0141689	_LY (ph) T (ph) DLIDILSQLR_	LY(0. 98) T(0. 982) DLIDILS(0. 037) QLR	67	− 3. 0939	33. 265		nuclear
A0A0B4G570	MAN_07745	Fasb	0. 994314	0. 0138995	_AS(ph) QHIT(ph) LEHGEFS(ph) YR_	AS(0. 994) QHIT(0. 994) LEHGEFS (0. 975) Y (0. 036) R	47	− 2. 5623	24. 679	K00668	cytosol
A0A0B4IJW1	MAJ_00689	Def1	1	0. 0061125	_AQPPADS(ph) PVAHPR_	AQPPADS(1) PVAHPR	444	3. 0363	68. 576		nuclear
A0A0D9PI46	H633G_10176	AARS	0. 666595	0. 0104041	_DS(ph) LT(ph) SIIENEMSPQR_	DS (0. 667) LT (0. 667) S (0. 667) IIENEMSPQR	500	2. 1177	50. 088		nuclear
E9E4U7	MAC_04895	TRPS1	0. 999974	0. 0142129	_CLYAQIDAQFT(ph) NR_	CLYAQIDAQFT(1) NR	413	− 2. 2573	46. 88		nuclear
E9EVC3	MAA_03972	Ran/TC4	1	5. 45E − 22	_EMETAAAQPLPGELS(ph) DDDL_	EMETAAAQPLPGELS (1) DDDL	212	3. 0115	93. 776	K07936	cytosol
E9EWB1	MAA_04310	Nbp	1	2. 33E − 14	_AAFQAEDDS(ph) N_	AAFQAEDDS(1) N	91	2. 1877	140. 63		nuclear
E9EY99	MAA_04998	Grxa	1	1. 21E − 286	_ALELDQIT(ph) DGAALQDALEDITGQR_	ALELDQIT(1) DGAALQDALEDITGQR	51	1. 025	180. 23		cytosol
E9ERL4	MAA_02610	Gβ	0. 999961	0. 0143888	_FT(ph) ILHNLT(ph) TSR_	FT(1) ILHNLT (0. 333) T (0. 333) S(0. 333) R	196	− 0. 10214	49. 3		nuclear

C 蛋白质组学质谱图

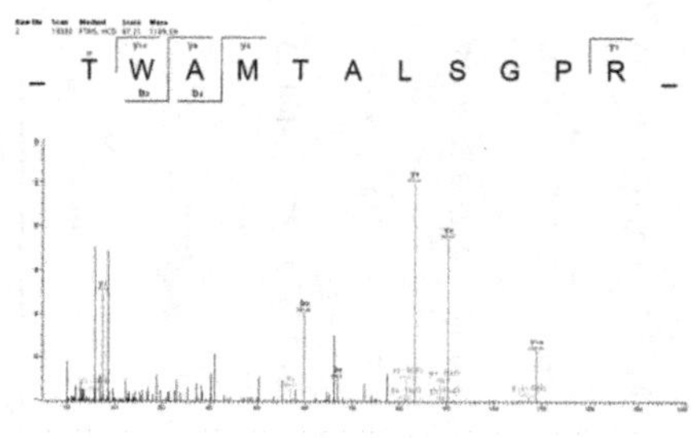

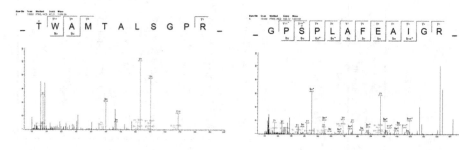

A0A014N0G2

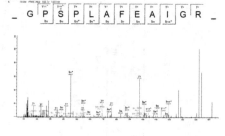

A0A0B2X6G4

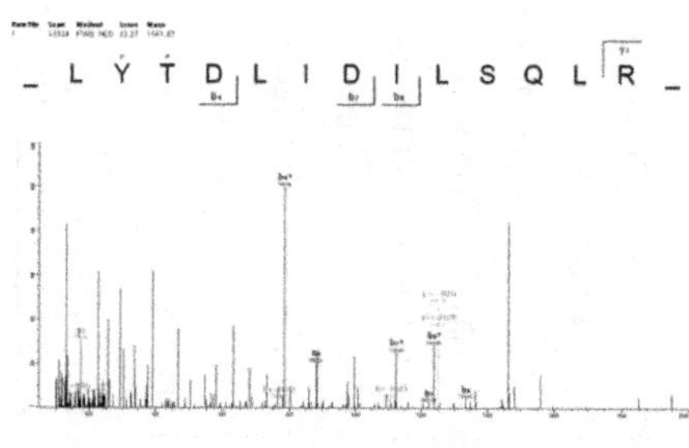

A0A0B2XFA8

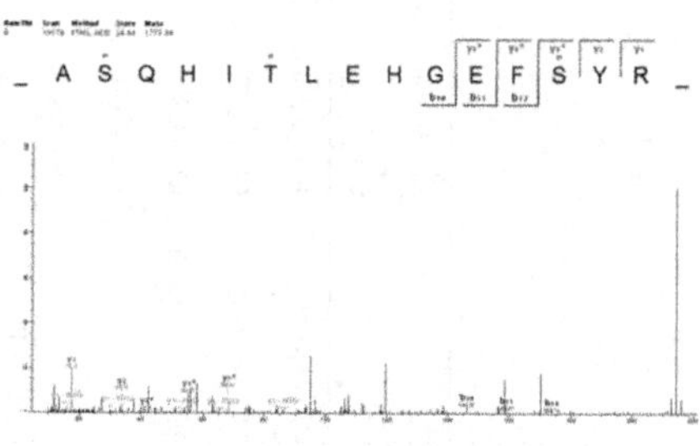

A0A0B4G570

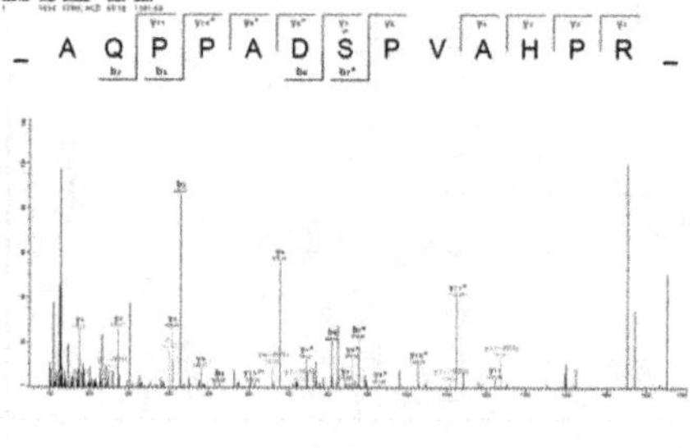

A0A0B4IJW1

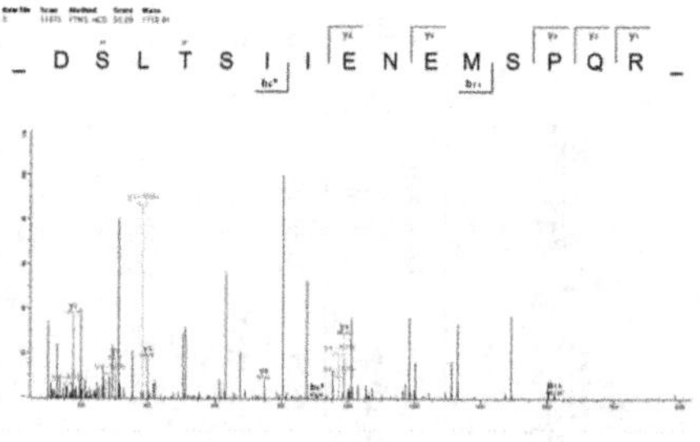

A0A0D9PI46

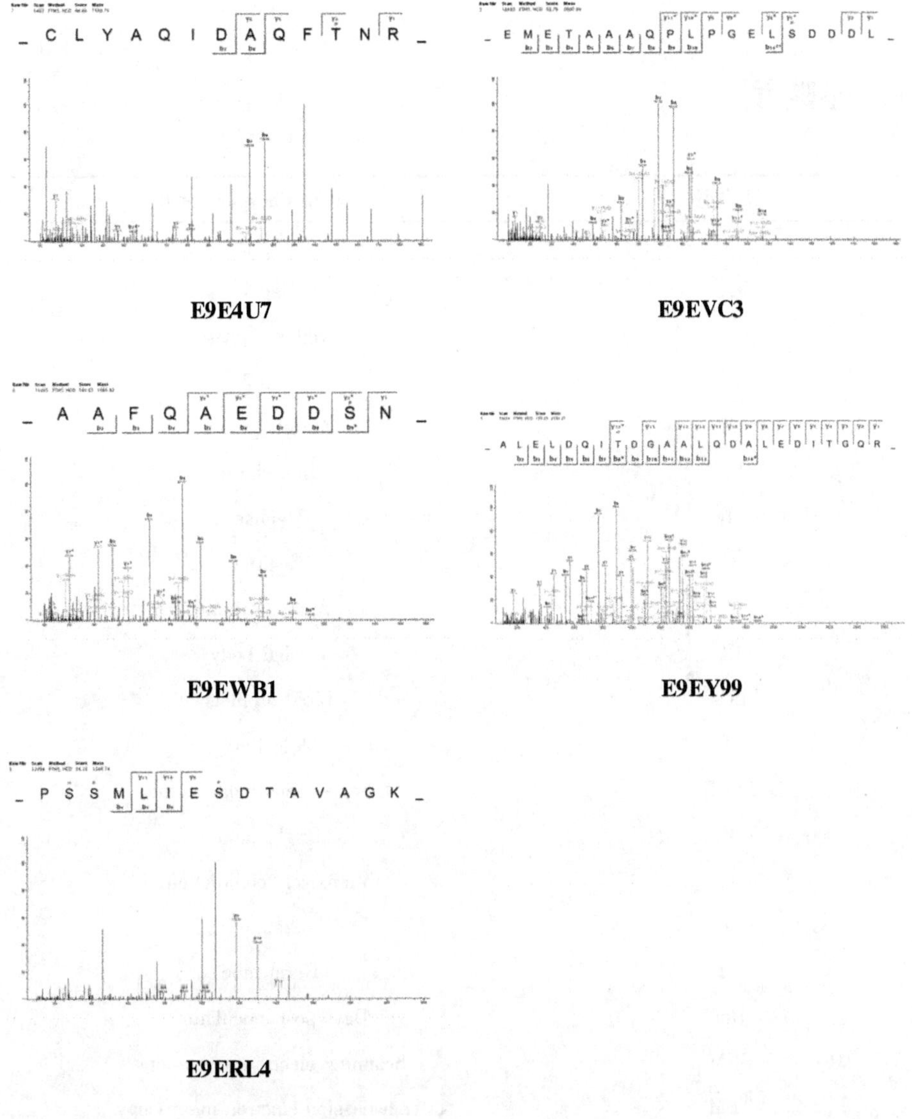

_ C L Y A Q I D A Q F T N R _
E9E4U7
_ E M E T A A A Q P L P G E L S D D D L _
E9EVC3
_ A A F Q A E D D S N _
E9EWB1
_ A L E L D Q I T D G A A L Q D A L E D I T G Q R _
E9EY99
_ P S S M L I E S D T A V A G K _
E9ERL4

D 缩略词

*MaPpt*1	Ser/Thr Phosphatase 1
G0	Gap 0
G1	Gap 1
S	Synthesis phase
G2	Gap 2
M	Mitosis phase
I	Interphase
Hy	Hyphae
C	Conidia
AP	Appressorium
Hb	Hyphal body
LDs	Lipid droplets
NR	Nile Red
LPCB	Lacto – phenol cotton blue
BF	Bright field
MC	Microcycle conidiation
Sp	Septa
GT	Germ tube
Dpi	Days post inoculation
SEM	Scanning electron microscopy
TEM	Trahsmission electron microscopy

E 常用色素配制及使用方法

①红四氮唑（TTC）：将 1 % TTC 200 μL 加到 100 mL 琼脂中；取 1% ~ 2% 水溶液用以测定植物种子的发芽率和脱氢酶活性。酿酒酵母呈红色菌落。

②苯胺蓝：将 0. 1% 苯胺蓝溶液 40 μL 加到 100 mL 琼脂中。酿酒酵母呈

蓝黑色菌落。

③甲苯胺蓝：将0.1% 苯胺蓝水溶液 40 μL 加到 100 mL 琼脂中。

④5－溴－4 氯－3－吲哚－*N*－乙酰－*β*－*D*－氨基半乳糖苷：用 DMSO 溶解后，定容至4mg/mL，取 100 μL 加到 100 mL 琼脂中。酿酒酵母呈深绿色菌落。

⑤5－溴－4－氯－3－吲哚基－*β*－*D*－吡喃葡糖苷：用 DMSO 溶解后，定容至4mg/mL，取 100 μL 加到 100 mL 琼脂中。酿酒酵母呈蓝深绿色菌落。

⑥磷钼酸：将 12.5% 的磷钼酸水溶液 300 μL 加到 100 mL 琼脂中。酿酒酵母呈黑色菌落。

⑦3－吲哚基－*β*－*D*－吡喃葡萄糖苷：将 25mg 的试剂溶解于 1 mL 的二甲基甲酰胺（DMF 或 DMSO）用铝箔包裹装液管，贮存于－20 ℃。

⑧4－甲基伞形酮－*β*－*D*－葡萄糖醛酸苷试剂：溶解于丙酮和水（丙酮：水 = 1∶1）混合液中形成清澈无色液体，常用量为 75 mg/L。葡萄糖醛酸苷酶在碱性条件下，作用于 4－甲基伞形酮－*β*－*D*－葡萄糖醛酸苷（4－Methylumbelliferyl－*β*－*D*－glucuronide hydrate，MUG）的 *β* 糖醛酸苷键，使其水解，释放的 4－甲基伞形酮在 366nm 紫外灯下产生蓝白色荧光。

⑨5－溴－4－氯－3－吲哚－*β*－半乳糖苷（X－gal）：溶解 25mg 的 X－gal 于1 mL 的二甲基甲酰胺（DMF 或 DMSO），用铝箔包裹装液管，于－20 ℃贮存。

⑩5－溴－6 氯－3－吲哚－*β*－*D*－半乳糖苷：溶解 25mg 的试剂于 1 mL 的二甲基甲酰胺（DMF 或 DMSO），用铝箔包裹装液管，贮存于－20 ℃。

⑪5－溴－4 氯－3－吲哚－*N*－乙酰－*β*－*D*－氨基半乳糖苷：溶于 DMF 或 DMSO。

⑫5－溴－4－氯－3－吲哚基－*β*－*D*－吡喃葡糖苷：溶于 DMF 或 DMSO。

⑬吲哚酚：将 0.1 g 吲哚酚粉末溶于 100 mL 水中，吲哚酚是吲哚的羟基取代物，受到目标酶水解作用时产蓝色。

⑭*N*－甲基吲哚酚：溶于 DMF 或 DMSO 钠盐溶液，受到目标酶水解作用时产绿色。

⑮5－碘－3－吲哚酚：溶于 DMF 或 DMSO，受到目标酶水解作用时产紫色。

⑯5－溴－6－氯－3－吲哚酚：溶于 DMF 或 DMSO，受到目标酶水解作用时产紫红色。

⑰6－氯－3－吲哚酚：溶于 DMF 或 DMSO，受到目标酶水解作用时产橙红色。

⑱5－溴－4－氯－3－吲哚酚：溶于 DMF 或 DMSO，受到目标酶水解作用时产蓝至蓝绿色。

F 常用抗生素配制及使用方法

①氨苄青霉素（ampicillin）（100 mg/ mL）：溶解 1 g 氨苄青霉素钠盐于足量的水中，最后定容至 10 mL。分装成小份于－20 ℃贮存。常以 25～50 μg/ mL 的终浓度添加于生长培养基。

②羧苄青霉素（carbenicillin）（50 mg/ mL）：溶解 0. 5 g 羧苄青霉素二钠盐于足量的水中，最后定容至 10 mL。分装成小份于－20 ℃贮存。常以 25～50 μg/ mL 的终浓度添加于生长培养基。

③甲氧西林（methicillin）（100 mg/ mL）：溶解 1 g 甲氧西林钠于足量的水中，最后定容至 10 mL。分装成小份于－20 ℃贮存。常以 37. 5 μg/ mL 终浓度与 100 μg/ mL 氨苄青霉素一起添加于生长培养基。

④卡那霉素（kanamycin）（10 mg/ mL）：溶解 100 mg 卡那霉素于足量的水中，最后定容至 10 mL。分装成小份于－20 ℃贮存。常以 10～50 μg/ mL 的终浓度添加于生长培养基。

⑤氯霉素（chloramphenicol）（25 mg/ mL）：溶解 250 mg 氯霉素于足量的无水乙醇中，最后定容至 10 mL。分装成小份于－20 ℃贮存。常以 12. 5～25 μg/ mL 的终浓度添加于生长培养基。如果是液体培养基，则 1 mL 培养基中加入 1 μL 抗生素。

⑥链霉素（streptomycin）（50 mg/ mL）：溶解 0. 5 g 链霉素硫酸盐于足量的无水乙醇中，最后定容至 10 mL。分装成小份于－20 ℃贮存。常以 10～50 μg/ mL 的终浓度添加于生长培养基。

⑦萘啶酮酸（nalidixic acid）（5 mg/ mL）：溶解 50 mg 萘啶酮酸钠盐于足量的水中，最后定容至 10 mL。分装成小份于－20 ℃贮存。常以 15 μg/ mL 的终浓度添加于生长培养基。

⑧四环素（tetracyyline）（10 mg/ mL）：溶解 100 mg 四环素盐酸盐于足量的水中，或者将无碱的四环素溶于无水乙醇，定容至 10 mL。分装成小份用

铝箔包裹装液管以免溶液见光，于 -20 ℃贮存。常以 10 ~ 50 μg/ mL 的终浓度添加于生长培养基。

G　常用培养基

（1）沙氏琼脂培养基（SDA）和 1/4 沙氏葡萄糖酵母培养基（1/4 SDA）

沙氏琼脂培养基（SDA）：麦芽糖 40 g，蛋白胨 10 g，琼脂 20 g，蒸馏水 1L。将上述成分溶于水，加热溶解，调 pH 至 6.0 ±0.2，分装三角瓶或试管中，121 ℃灭菌 15 min，倾注平板或置斜面，备用。

1/4 沙氏葡萄糖酵母培养基（1/4 SDA）：10.0 g/L 葡萄糖，5.0 g/L 酵母浸膏，2.5 g/L 蛋白胨，20.0 g/L 琼脂，pH 6.0。分装于三角瓶或试管中，121 ℃灭菌 15 min，倾注平板或置斜面，备用。

适用范围：真菌的产孢和形态学观察。

（2）NIM 培养基

2.28 g 磷酸氢二钾（$K_2HPO_4 \cdot 3H_2O$），1.36 g 磷酸二氢钾（KH_2PO_4），0.15 g 氯化钠（NaCl），0.24 g 硫酸镁（$MgSO_4$），0.08 g 氯化钙（$CaCl_2$），3.6 g 硫酸铁［$Fe_2(SO_4)_3$］，0.53 g 硫酸铵［$(NH_4)_2SO_4$］，1.8 g 葡萄糖（Glucose），8.5 g 吗啉乙磺酸（$C_6H_{13}NO_4S$），0.5%（*W/V*）丙三醇（$C_3H_8O_3$），pH =5.3，加蒸馏水至 1L［15 g 琼脂糖（Agar）］。

适用范围：脓杆菌的侵染转化实验。

（3）酯化酶筛选培养基（三丁酸甘油酯培养基）

葡萄糖 10 g，蛋白胨 10 g，磷酸氢二钾 1 g，硫酸镁 0.3 g，硫酸亚铁 0.01 g，氯化钾 0.5 g，硫酸锰 0.3 g，三丁酸甘油酯 2 mL，琼脂粉 15 ~ 20 g，蒸馏水 1000 mL。

适用范围：酯化酶产生菌的筛选，分离纯化和酯化酶力的测定。

（4）查氏培养基

3.0 g/L 硝酸钠，0.5 g/L 氯化钾，0.01 g/L 硫酸亚铁，0.5 g/L 七水硫酸镁，30.0 g/L 蔗糖，1.0 g/L 磷酸氢二钾。分装三角瓶或试管中，121 ℃灭菌 15 min，倾注平板或置斜面，备用。

适用范围：青霉、曲霉鉴定及其他利用硝酸盐的真菌、放线菌和保存菌种用。

（5）Starch Agar（淀粉琼脂）

可溶性淀粉 10 g，$NaNO_3$ 1 g，$MgCO_3$ 1 g，K_2HPO_4 0.3 g，NaCl 0.5 g，琼脂粉 20 g，蒸馏水 1000 mL。

适用范围：筛选淀粉酶产生菌时，取 0.02 mol/L 碘液或卢戈氏碘液滴加在淀粉平板中菌落周围，观察形成透明圈的结果。

（6）LB Medium（LB 培养基）

酵母膏 5 g，蛋白胨 10 g，NaCl 10 g，琼脂粉 1.5%～2%，蒸馏水 1000 mL pH 7.0。

适用范围：杆菌。

（7）Potato Dextrose Agar PDA（马铃薯、葡萄糖琼脂）

Potato extract（马铃薯汁）1000 mL，Dextrose（glucose）（葡萄糖）20 g，琼脂粉 20 g。

备注：取去皮马铃薯 200 克，切成小块，加水 1000 mL 煮沸 30 min，滤去马铃薯块，将滤液补足至 1000 mL，加葡萄糖 20 g，琼脂 15 g，溶化后分装，15 磅灭菌 30 min。

适用范围：酵米面假单胞菌（酵米面黄杆菌）、白色链霉菌、烬灰链霉菌、青色链霉菌、球孢链霉菌、灰色链霉菌、龟裂链霉菌、伞枝梨头霉、雅致放射毛霉、棒曲霉、米曲霉、出芽短梗霉、白僵霉、灰葡萄孢、顶头孢霉、巴西毛壳、长刺毛壳、橄榄包毛壳、反曲毛壳、琥珀毛壳、圆酵毛壳、束状刺盘孢、新月弯孢霉、奇异翅孢壳、地生翅孢壳、串珠镰孢、尖镰孢、盘长孢菌（鲁保一号）、银白杨盘长孢、玉蜀黍长蠕孢、深黄被孢霉、小被孢霉、多头被孢、拉曼被孢霉、葡萄色被孢霉、生香毛霉、卷枝毛霉、两型孢毛霉、直立毛霉、球孢毛霉、丝球毛霉、大毛霉、多型孢毛霉、总状毛霉、鲁氏毛霉、五通桥毛霉、黑球漆斑菌、露湿漆斑菌、玫烟色拟青霉、棉铃虫拟青霉、拟青霉、球形阜孢、白腐菌、少根根霉、华根霉、科恩根霉、戴尔根霉、日本根霉、爪哇根霉、米根霉、点头根霉、绿穗霉、簇孢匍柄霉、雅致枝霉、康宁木霉、绿色木霉、黄萎轮枝孢、大丽花轮枝孢。

（8）玫瑰红钠（玫瑰红酸钠）培养基

玫瑰红钠 0.133 g/L，蛋白胨 5 g，葡萄糖 10 g，磷酸二氢钾 1 g，琼脂粉 2%。适用于酵母和霉菌计数培养。

（9）链球菌变色培养基

蛋白胨 2 g，NaCl 0.5 g，$NaNO_3$ 1 g，K_2HPO_4 0.3 g，葡萄糖 2 g，2×溴

甲酚绿按 60∶1的比例添加，指示链球菌培养变色。

（10）酵母类显色培养基

蛋白胨 5 g，酵母浸粉 3 g，麦芽糖 3 g，氯霉素 12.5 ~ 25 μg/ mL，甲苯胺蓝 40 μL（1%），红四氮唑 200 μL（1%），琼脂粉 2%。

（11）真菌显色培养基

蛋白胨 5 g，酵母浸粉 3 g，葡萄糖 20 g，磷酸氢二甲 1 g，硫酸镁 0.5 g，色素 1 g，蒸馏水 1000 mL。

H　常用试剂配制方法

（1）酒精稀释方法

常用工具为量筒。以浓度 95% 的酒精配制成 75 % 的酒精浓度。配制过程如下：将浓度 95 % 的酒精倒入 100 mL 的量筒中，达到与需要稀释到的百分率数值相等的刻度，例如将浓度稀释到 75 %，即倒至 75 mL 处，再加水到与酒精浓度原有百分率相等的数值处，如原有浓度为 95 % 即倒至 95 mL 处，其他稀释浓度稀释方法可类推。

（2）TAE 缓冲液

50 × TAE 电泳缓冲液（1 L），各成分称量如下：三羟甲基氨基甲烷（$C_4H_{11}NO_3$，Tris）242 g，EDTA（$Na_2EDTA\ 2H_2O$）37.2 g，冰乙酸（$C_2H_4O_2$）57.1 mL，配制时，先称量 Tris，再加 EDTA，然后加去离子水，最后加冰乙酸，pH 8.5 不用调，电泳时使用 1 × TAE 工作液。

（3）琼脂糖凝胶电泳加样缓冲液 6 × loading buffer

配制方法：40 % 聚蔗糖、0.3 % 溴酚蓝（BX）加水至 50 mL，分装成小份于 4 ℃贮存。

I　常用酸碱指示剂及变化范围

（1）1% 酚酞

配制方法：称取 1 g 酚酞，用 5 mL 无水乙醇溶解，然后用无菌水定容，变色范围为 pH 8.3 ~ 10.0（无色→红）（附图 I – 1）。

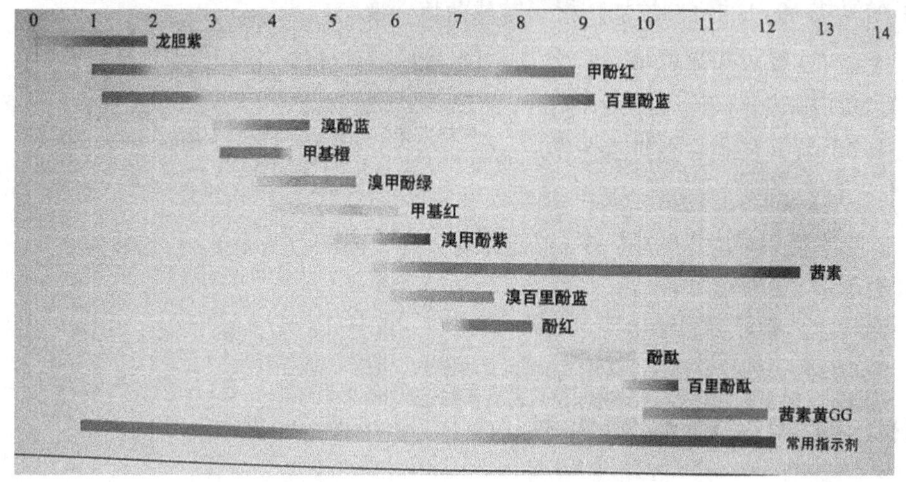

附图Ⅰ-1 酸碱指示剂指示范围

（2）甲基红指示剂

用途：配制甲基红-溴甲酚绿混合指示剂。配制方法：称取1 g甲基红，用5 mL无水乙醇溶解，然后用无菌水定容（附录图Ⅰ-1）。

（3）0.1%溴甲酚绿

用途：配制甲基红-溴甲酚绿混合指示剂。配制方法：称取1 g溴甲酚绿，用5 mL无水乙醇溶解，然后用无菌水定容，变色范围pH 3.6~5.2（黄→蓝）（附录图Ⅰ-1）。

（4）甲基红-溴甲酚绿混合指示剂

用途：测蛋白质用指示剂。配制方法：临用时按0.1%甲基红：0.1%溴甲酚绿=1：5（V/V）混合而成。

（5）淀粉指示液

配制方法：取可溶性淀粉0.5 g，加水5 mL搅匀后，缓缓倾入100 mL沸水中，随加随搅拌，继续煮沸2 min，放冷，倾取上层清液，即得。本液应临用新制。

（6）溴百里香酚蓝（溴麝香草酚蓝）

配制方法：0.10 g溶于8.0 mL 0.02 mol/L氢氧化钠溶液中，稀释至250 mL。变色范围：pH 6.0~7.6（黄→蓝）。

（7）甲基红-溴甲酚绿混合指示液

取0.1%甲基红的乙醇溶液20 mL，加0.2%溴甲酚绿的乙醇溶液30 mL，摇匀，即得。

（8）甲基橙指示液

配制方法：取甲基橙 0.1 g，加水 100 mL 使溶解，即得。变色范围：pH 3.2 ~4.4（红→黄）。

（9）铬黑 T 指示剂

配制方法：取铬黑 T 0.1 g，加氯化钠 10 g，研磨均匀，即得。

（10）碘化钾淀粉指示液

配制方法：取碘化钾 0.2 g，加新制的淀粉指示液 100 mL 使其溶解。

（11）1，10 - 菲罗啉 - 硫酸亚铁铵混合指示液

配制方法：称取 1.6 g 1,10 - 菲罗啉及 1 g 硫酸亚铁铵（或 0.7 g 硫酸亚铁），溶于 100 mL 水中，贮存于棕色瓶中。

J　常用生物鉴定引物

（1）细菌鉴定常用引物

16S rDNA 引物（M = C∶A，Y = C∶T，K = G∶T，R = A∶G，S = D∶C，W = A∶T）

27F：AGAGTTTGATCMTGGCTCAG

357F：CTCCTACGGGAGGCAGCAG

530F：GTGCCAGCMGCCGCGG

926F：AAACTYAAAKGAATTGACGG

1114F：GCAACGAGCGCAACCC

342R：CTGCTGCSYCCCGTAG

519R：GWATTACCGCGGCKGCTG

907R：CCGTCAATTCMTTTRAGTTT

1100R：GGGTTGCGCTCGTTG

1492R：TACGGYTACCTTGTTACGACTT

1525R：AAGGAGGTGWTCCARCC

（2）常用鉴定引物

ITS1：TCCGTAGGTGAACCTGCGG

ITS4：TCCTCCGCTTATTGATATGC

或者用：

ITS4：TCCTCCGCTTATTGATATGC

ITS8：GTGAATCATCGAATCTTTGAAC

（3）昆虫类

粮食昆虫：

LCO1490F（650bp－51.2 ℃）：GGTCAACAAATCATAAAGATATTGG

HCO2198 R（650bp－55.4 ℃）：TAAACTTCAGGGTGACCAAAAAATCA

鳞翅目昆虫：

ITS2－F（600bp）：TTGAACATCGACATTTCGAACGCACAT

ITS2－R（600bp）：TTCTTTTCCTCCGCTTAGTAATATGCTTAA

参考文献

[1] HUFBAUER R A, RODERICK GK. Microevolution in biological control: Mechanisms, patterns, and processes [J]. Biol Control, 2005, 35 (3): 227 - 239.

[2] FANG W G, VEGA - RODRIGUEZ J, GHOSH A K, et al. Development of transgenic fungi that kill human malaria parasites in mosquitoes [J]. Science, 2011, 331 (6020): 1074 - 1077.

[3] KERWIN JL. EPA registers Lagenidium giganteum for mosquito control [J]. Newsl Soc Invertebr Pathol, 1992, 24 (2): 8 - 9.

[4] FERRON P , FARGUES J, RIBA G. Fungi as microbial insecticides against pests [J]. Handbook of applied mycology, 1991, 2: 665 - 706.

[5] GALLARDO F, BOETHEL D, FUXA J, et al. Susceptibility of Heliothis zea (Boddie) larvae toNomuraea rileyi (Farlow) Samson [J]. J Chem Ecol, 1990, 16 (6): 1751 - 1759.

[6] KAAYA G P, HASSANS. Entomogenous fungi as promising biopesticides for tick control [J]. Exp Appl Acarol, 2000, 24 (12): 913 - 926.

[7] BOUCIAS D G, PENDLAND J C. Attachment of mycopathogens to cuticle: the initial event of mycoses in arthropod hosts [J]. The fungal spore and disease initiation in plants and animals, 1991: 101 - 127.

[8] CHARNLEY A K. Mechanisms of fungal pathogenesis in insects [C] //British Mycological Society Symposium Series [BR. MYCOL. SOC. SYMP. SER.], 1989.

[9] KHACHATOURIANS G G. Physiology and genetics of entomopathogenic fungi [J]. Handbook of applied mycology, 1991, 2: 613 - 663.

[10] BOUCIAS D, LATGÉ J P. Fungal elicitors of invertebrate cell defense system [M] // Fungal antigens: Isolation, purification, and detection. Boston, MA: Springer US, 1988: 121 - 137.

[11] ST LEGER R J. Integument as a barrier to microbial infections [J]. Physiology of the insect epidermis, 1991: 284 - 306.

[12] ONSTAD D W, CARRUTHERS R I. Epizootiological models of insect diseases [J]. Annu Rev Entomol, 1990, 35 (1): 399 - 419.

[13] ROBERTS D W, HAJEK A E. Entomopathogenic fungi as bioinsecticides [M]. Frontiers in industrial mycology. Boston, MA: Springer, 1992.

[14] BIDOCHKA M J, KHACHATOURIANSG G. Microbial and protozoan pathogens of grasshoppers and locusts as potential biocontrol agents [J]. Biocontrol Sci Technol, 1991, 1 (4): 243-259.

[15] ST LEGER R J, GOETTEL M, ROBERTS D W, et al. Prepenetration events during infection of host cuticle by Metarhiziumanisopliae [J]. J Invertebr Pathol, 1991, 58 (2): 168-179.

[16] SMITH R J, G E A. Nutritional requirements for conidial germination and hyphal growth of Beauveria bassiana [J]. J Invertebr Pathol, 1981, 37 (3): 222-230.

[17] KERWIN J L. Fatty acid regulation of the germination of Erynia variabilis conidia on adults and puparia of the lesser housefly, Fannia canicularis [J]. Can J Microbiol, 1984, 30 (2): 158-161.

[18] PEKRUL S, GRULA E A. Mode of infection of the corn earworm (Heliothis zea) by Beauveria bassiana as revealed by scanning electron microscopy [J]. Journal of Invertebrate Pathology, 1979, 34 (3): 238-247.

[19] HAJEK A E. Ecology of terrestrial fungal entomopathogens [M] //Advances in microbial ecology. Boston, MA: Springer, 1997: 193-249.

[20] DENNELL R. A study of an insect cuticle: the larval cuticle of Sarcophaga falculata Pand. (Diptera) [J]. Proceedings of the Royal Society of London. Series B - Biological Sciences, 1946, 133 (872): 348-373.

[21] CHARNLEY A K, ST. LEGER R J. The role of cuticle - degrading enzymes in fungal pathogenesis in insects [M] //The fungal spore and disease initiation in plants and animals. Boston, MA: Springer, 1991: 267-286.

[22] GOETTEL M S, LEGER R J, RIZZON W, et al. Ultrastructural localization of a cuticle - degrading protease produced by the entomopathogenic fungus Metarhiziumanisopliae during penetration of host (Manduca sexto) cuticle [J]. J Gen Microbiol, 1989, 135 (8): 2233-2239.

[23] DAVID W, BEAMENTJ, TREHERNEJ E. The physiology of the insect integument in relation to the invasion of pathogens [J]. Insects and physiology, 1967: 17-35.

[24] HASSAN AEM, CHARNLEY A K. Ultrastructural study of the penetration by Metarhiziumanisopliae through dimilin - affected cuticle of Manducasexta [J]. Journal of Invertebrate Pathology, 1989, 54 (1): 117-124.

[25] SÖDERHÁLL K. Fungal cell wall β-1, 3-glucans induce clotting and phenoloxidase attachment to foreign surfaces of crayfish hemocyte lysate [J]. Dev Comp Immunol, 1981, 5 (4): 565-573.

[26] MURRIN F, NOLAN R A. Ultrastructure of the infection of spruce budworm larvae by the

fungus Entomophaga aulicae [J]. Canadian journal of botany, 1987, 65 (8): 1694 - 1706.

[27] WANG B, KANG Q, LU Y, et al. Unveiling the biosynthetic puzzle of destruxins in Metarhizium species [J]. Proceedings of the National Academy of Sciences, 2012, 109 (4): 1287 - 1292.

[28] ST LEGER R J, FRANK D C, ROBERTS D W, et al. Molecular cloning and regulatory analysis of the cuticle - degrading - protease structural gene from the entomopathogenic fungus Metarhizium anisopliae [J]. European Journal of Biochemistry, 1992, 204 (3): 991 - 1001.

[29] ST LEGER R J, CHARNLEY A K, COOPER R M. Characterization of cuticle - degrading proteases produced by the entomopathogen Metarhiziumanisopliae [J]. Arch Biochem Biophys, 1987, 253 (1): 221 - 232.

[30] ST LEGER R J, STAPLES R C, ROBERTS D W. Changes in translatable mRNA species associated with nutrient deprivation and protease synthesis in Metarhizium anisopliae [J]. Microbiology, 1991, 137 (4): 807 - 815.

[31] BRUNET P C J. The metabolism of the aromatic amino acids concerned in the cross - linking of insect cuticle [J]. Insect Biochemistry, 1980, 10 (5): 467 - 500.

[32] MERZENDORFER H, ZIMOCH L. Chitin metabolism in insects: structure, function and regulation of chitin synthases and chitinases [J]. Journal of Experimental Biology, 2003, 206 (24): 4393 - 4412.

[33] GILLESPIE A T, CLAYDON N. The use of entomogenous fungi for pest control and the role of toxins in pathogenesis [J]. Pesticide Science, 1989, 27 (2): 203 - 215.

[34] HU Q B, REN S X, AN X C, et al. Insecticidal activity influence of destruxins on the pathogenicity of Paecilomyces javanicus against Spodoptera litura [J]. Journal of Applied Entomology, 2007, 131 (4): 262 - 268.

[35] SAMUELS R I, REYNOLDS S E, CHARNLEY A K. Calcium channel activation of insect muscle by destruxins, insecticidal compounds produced by the entomopathogenic fungus Metarhiziumanisopliae [J]. Comparative Biochemistry and Physiology Part C: Comparative Pharmacology, 1988, 90 (2): 403 - 412.

[36] VEY A, QUIOT J M. Effet cytotoxique in vitro et chez lĭnsecte hôte des destruxines, toxines cyclodepsipeptidiques produites par le champignon entomopathogène Metarhizium anisopliae [J]. Canadian journal of microbiology, 1989, 35 (11): 1000 - 1008.

[37] VEY A, QUIOT J M, VAGO C, et al. Effet immunodépresseur de toxines fongiques: inhibition de la réaction dĕncapsulement multicellulaire par les destruxines [J]. Comptes rendus de lÀcadémie des sciences. Série 3, Sciences de la vie, 1985, 300 (17): 647 - 651.

[38] KRASNOFF S B, GUPTA S, ST LEGER R J, et al. Myco – and entomotoxigenic properties of the efrapeptins: toxins of the fungus Tolypocladium niveum [J]. Journal of Invertebrate Pathology, 1991, 58: 180 – 188..

[39] GAO Q, JIN K, YING SH, et al. Genome sequencing and comparative transcriptomics of the model entomopathogenic fungi Metarhizium anisopliae and M. acridum [J]. PLoS genetics, 2011, 7 (1): e1001264.

[40] WANG C S, SKROBEKA, BUTT T M. Investigations on the destruxin production of the entomopathogenic fungus Metarhiziumanisopliae [J]. J Invertebr Pathol, 2004, 85 (3): 168 – 174.

[41] RATNER S, VINSON SB. Phagocytosis and encapsulation: cellular immune responses in arthropoda [J]. Am Zool, 1983, 23 (1): 185 – 194.

[42] DUNN P E. Biochemical aspects of insect immunology [J]. Annu Rev Entomol, 1986, 31 (1): 321 – 339.

[43] PENDLAND J C, HEATH M A, BOUCIAS D G. Function of a galactose – binding lectin from Spodoptera exigua larval haemolymph: opsonization of blastospores from entomogenous hyphomycetes [J]. J Insect Physiol, 1988, 34 (6): 533 – 540.

[44] LACKIEA. Effect of substratum wettability and charge on adhesion in vitro and encapsulation in vivo by insect haemocytes [J]. J Cell Sci, 1983, 63 (1): 181 – 190.

[45] ZAHEDI M, DENHAM D A, HAM P J. Encapsulation and melanization responses of Armigeres subalbatus against inoculated Sephadex beads [J]. Journal of Invertebrate Pathology, 1992, 59 (3): 258 – 263.

[46] HUNG S Y, BOUCIAS D G, VEY A J. Effect of Beauveria bassiana and Candida albicans on the cellular defense response of Spodoptera exigua [J]. Journal of Invertebrate Pathology, 1993, 61 (2): 179 – 187.

[47] HOU R F, CHANG JK. Cellular defense response to Beauveria bassiana in the silkworm, Bombyx mori [J]. Appl Entomol Zool, 1985, 20 (2): 118 – 125.

[48] HUNG S Y, BOUCIAS D G. Influence of Beauveria bassiana on the cellular defense response of the beet armyworm, Spodoptera exigua [J]. Journal of Invertebrate Pathology, 1992, 60 (2): 152 – 158.

[49] HUXHAM I M, LACKIE A M, MCCORKINDALE N J. Inhibitory effects of cyclodepsipeptides, destruxins, from the fungus Metarhizium anisopliae, on cellular immunity in insects [J]. Journal of Insect Physiology, 1989, 35 (2): 97 – 105.

[50] DUNPHY G B, NOLAN R A. Cellular immune responses of spruce budworm larvae to Entomophthora egressa protoplasts and other test particles [J]. Journal of Invertebrate Pathology, 1982, 39 (1): 81 – 92.

[51] KUČERA M, WEISER J. Different course of proteolytic inhibitory activity and proteolytic activity in Galleria mellonella larvae infected by Nosema algerae and Vairimorpha heterosporum [J]. Journal of invertebrate pathology, 1985, 45 (1): 41 -46.

[52] BOUCIAS D G, PENDLAND J C. Detection of protease inhibitors in the hemolymph of resistantAnticarsiagemmatalis which are inhibitory to the entomopathogenic fungus, Nomuraea rileyi [J]. Experientia, 1987, 43 (3): 336 -339.

[53] EGUCHI M, UEDA K, YAMASHITA M. Genetic variants of protease inhibitors against fungal protease and α - chymotrypsin from hemolymph of the silkworm, Bombyx mori [J]. Biochem Genet, 1984, 22 (11/12): 1093 -1102.

[54] IGNOFFOCM, GARCIA C, HOSTETTERDl, et al. Laboratory studies of the entomopathogenic fungus Nomuraea rileyi: Soil - borne contamination of soybean seedlings and dispersal of diseased larvae of Trichoplusia ni [J]. J Invertebr Pathol, 1977, 29 (2): 147 -152.

[55] CARRUTHERS R I, LARKIN T S, FIRSTENCEL H, et al. Influence of thermal ecology on the mycosis of a rangeland grasshopper [J]. Ecology, 1992, 73 (1): 190 -204.

[56] WATSON D W, MULLENS B A, PETERSEN J J. Behavioral fever response of Musca domestica (Diptera: Muscidae) to infection by Entomophthora muscae (Zygomycetes: Entomophthorales) [J]. Journal of Invertebrate Pathology, 1993, 61 (1): 10 -16.

[57] GOETTEL M S, VANDENBERG J D, DUKE G M, et al. Susceptibility to chalkbrood of alfalfa leafcutter bees, Megachile rotundata, reared on natural and artificial provisions [J]. Journal of Invertebrate Pathology, 1993, 61 (1): 58 -61.

[58] COSTA S D, GAUGLER R R. Sensitivity of Beauveria bassiana to solanine and tomatine [J]. J Chem Ecol, 1989, 15 (2): 697 -706.

[59] BOBBARALA V, KATIKALA P K, NAIDU K C, et al. Antifungal activity of selected plant extracts against phytopathogenic fungi Aspergillus niger F2723 [J]. Indian Journal of Science and Technology, 2009, 2 (4): 87 -90.

[60] RAMOSKA W A, TODD T. Variation in efficacy and viability of Beauveria bassiana in the chinch bug (Hemiptera: Lygaeidae) as a result of feeding activity on selected host plants [J]. Environ Entomol, 1985, 14 (2): 146 -148.

[61] FARGUES J, MANIANIA N K. Variabilité de la sensibilité despodopteralittoralis [Lep.: Noctuidae] a phyphomyceteentomopathogèneNomuraea rileyi [J]. Entomophaga, 1992, 37 (4): 545 -554.

[62] COSTA S D, GAUGLERR. Influence of Solanum host plants on Colorado potato beetle (Coleoptera: Chrysomelidae) susceptibility to the entomopathogen Beauveria bassiana [J]. Environ Entomol, 1989, 18 (3): 531 -536.

[63] HARE J D, ANDREADIS T G. Variation in the susceptibility of Leptinotarsa decemlineata (Coleoptera: Chrysomelidae) when reared on different host plants to the fungal pathogen, Beauveria bassiana in the field and laboratory [J]. Environ Entomol, 1983, 12 (6): 1892 – 1897.

[64] GOPALAKRISHNAN C, NARAYANANK. Epizootiology of Nomuraea rileyi (Farlow) Samson in field populations of Helicoverpa (= Heliothis) armigera (Hubner) in relation to three host plants [J]. J Biol Control, 1989, 3 (1): 50 – 52.

[65] BING L A, LEWIS L C. Suppression of Ostrinia nubilalis (Hübner) (Lepidoptera: Pyralidae) by endophytic Beauveria bassiana (Balsamo) Vuillemin [J]. Environ Entomol, 1991, 20 (4): 1207 – 1211.

[66] BING L A, LEWIS L C. Temporal relationships between Zea mays, ostrinia nubilalis (Lep.: Pyralidae) and endophytic Beauveria bassiana [J]. Entomophaga, 1992, 37 (4): 525 – 536.

[67] HAJEK A E. Food consumption by Lymantria dispar (Lepidoptera: Lymantriidae) larvae infected with Entomophagamaimaiga (Zygomycetes: Entomophthorales) [J]. Environ Entomol, 1989, 18 (4): 723 – 727.

[68] MOORE D, REED M, LE PATOUREL G, et al. Reduction of feeding by the desert locust, Schistocerca gregaria, after infection with Metarhiziumflavoviride [J]. J Invertebr Pathol, 1992, 60 (3): 304 – 307.

[69] EILENBERG J. Abnormal egg - laying behaviour of female carrot flies (Psilarosae) induced by the fungus Entomophthora muscae [J]. Entomol Exp Appl, 1987, 43 (1): 61 – 65.

[70] SAMSON R A, EVANS H C, LATGÉ JP. Atlas of entomopathogenic fungi [M]. Berlin: Springer – Verlag GmbH & Co. KG, 1988.

[71] MILNE R, WRIGHT T, WELTON M, et al. Identification and partial purification of a cell – lytic factor from Entomophaga aulicae [J]. Journal of invertebrate pathology, 1994, 64 (3): 253 – 259.

[72] SHIMAZUM, SOPER RICHARD S. Pathogenicity and sporulation of Entomophagamaimaiga Humber, Shimazu, Soper and Hajek (Entomophthorales: Entomophthoraceae) on larvae of the gypsy moth, Lymantria dispar L. (Lepidoptera: Lymantriidae) [J]. Appl Entomol Zool, 1986, 21 (4): 589 – 596.

[73] MOLNAR J, ZHANG F, WEISS J, et al. Diurnal pattern of QTc interval: How long is prolonged?: Possible relation to circadian triggers of cardiovascular events [J]. Journal of the American College of Cardiology, 1996, 27 (1): 76 – 83.

[74] MULLENS B A. Host age, sex, and pathogen exposure level as factors in the susceptibility of Musca domestica to Entomophthora muscae [J]. Entomol Exp Appl, 1985, 37 (1):

33 - 39.

[75] KERWIN J L, WASHINO R K. Regulation of oosporogenesis by Lagenidium giganteum; promotion of sexual reproduction by unsaturated fatty acids and sterol availability [J]. Can J Microbiol, 1986, 32 (4): 294 - 300.

[76] GLARE T R, MILNER R J, CHILVERS G A. The effect of environmental factors on the production, discharge, and germination of primary conidia of Zoophthora phalloides Batko [J]. J Invertebr Pathol, 1986, 48 (3): 275 - 283.

[77] HAJEK A E, CARRUTHERS R I, SOPER R S. Temperature and moisture relations of sporulation and germination by Entomophagamaimaiga (Zygomycetes: Entomophthoraceae), a fungal pathogen of Lymantria dispar (Lepidoptera: Lymantriidae) [J]. Environ Entomol, 1990, 19 (1): 85 - 90.

[78] MULLENS B A, RODRIGUEZ J L. Dynamics of Entomophthora muscae (Entomophthorales: Entomophthoraceae) conidial discharge from Musca domestica (Diptera: Muscidae) cadavers [J]. Environ Entomol, 1985, 14 (3): 317 - 322.

[79] HAJEK A E, SOPER R S. Temporal dynamics of Entomophagamaimaiga after death of gypsy moth (Lepidoptera: Lymantriidae) larval hosts [J]. Environ Entomol, 1992, 21 (1): 129 - 135.

[80] MILLSTEIN J A, BROWN G C, NORDIN G L. Microclimatic moisture and conidial production in Erynia sp. (Entomophthorales: Entomophthoraceae): in vivo production rate and duration under constant and fluctuating moisture regimes [J]. Environ Entomol, 1983, 12 (5): 1344 - 1349.

[81] WEISERJ. Persistence of fungal insecticides: influence of environmental factors and present and future applications [M]. New York: Microbial and viral pesticides Dekker, 1982.

[82] ZIMMERMANNG. Effect of high temperatures and artificial sunlight on the viability of conidia of Metarhiziumanisopliae [J]. J Invertebr Pathol, 1982, 40 (1): 36 - 40.

[83] KELLER S, ZIMMERMANN G. Mycopathogens of soil insects [J]. Insect - fungus interactions, 1989: 239 - 270.

[84] PEREIRA R M, STIMAC J L, ALVES S B. Soil Antagonism Affecting the Dose—Response of Workers of the Red Imported Fire Ant, Solenopsis invicta, to Beauveria bassiana Conidia [J]. J Invertebr Pathol, 1993, 61 (2): 156 - 161.

[85] BROBYN P J, WILDING N, CLARKS J. Laboratory observations on the effect of humidity on the persistence of infectivity of conidia of the aphid pathogen Erynianeoaphidis [J]. Ann Appl Biol, 1987, 110 (3): 579 - 584.

[86] UZIEL A, KENNETH R G. Survival of primary conidia and capilliconidia at different hu-

midities in Erynia (subgen. Zoophthora) spp. and in Neozygitesfresenii (Zygomycotina: Entomophthorales), with special emphasis on Erynia radicans [J]. J Invertebr Pathol, 1991, 58 (1): 118 - 126.

[87] FERNÁNDEZ - GARCIA E, FITT B D L. Dispersal of the entomopathogen Hirsutellacryptosclerotium by simulated rain [J]. J Invertebr Pathol, 1993, 61 (1): 39 - 43.

[88] STUDDERT J P, KAYA H K. Water potential, temperature, and soil type on the formation of Beauveria bassiana soil colonies [J]. J Invertebr Pathol, 1990, 56 (3): 380 - 386.

[89] GUGNANI H C, OKAFORJ I. Mycotic Flora of the Intestine and other Internal Organs of Certain Reptiles and Amphibians with Special Reference to Characterization of Basidiobolus Isolates: Die Pilzflora des Darmes und andererinnerer Organe von bestimmtenReptilien und Amphibienunterbesonderer Berücksichtigung der Charakterisierung von Basidiobolus - Isolaten [J]. Mycoses, 1980, 23 (5): 260 - 268.

[90] HARPER J D, HERBERT D A, MOORE R E. Trapping patterns of Entomophthora gammae (Weiser) (Entomophthorales: Entomophthoraceae) conidia in a soybean field infested with the soybean looper, Pseudoplusiaincludens (Walker) (Lepidoptera: Noctuidae) [J]. Environ Entomol, 1984, 13 (5): 1186 - 1190.

[91] DENNO R F, GRUNER D S, KAPLAN I. Potential for entomopathogenic nematodes in biological control: a meta - analytical synthesis and insights from trophic cascade theory [J]. J Nematol, 2008, 40 (2): 61.

[92] HAJEK AE, BUTT T M, STRELOWL I, et al. Detection of Entomophagamaimaiga (Zygomycetes: Entomophthorales) using enzyme - linked immunosorbent assay [J]. Journal of Invertebrate Pathology, 1991, 58 (1): 1 - 9.

[93] RIBA G, BOUVIER - FOURCADE I, CAUDAL A. Isoenzymes polymorphism in Metarhiziumanisopliae (Deuteromycotina: Hyphomycetes) entomogenous fungi [J]. Mycopathologia, 1986, 96 (3): 161 - 169.

[94] SOPER R S, MAY B, MARTINELL B. Entomophaga grylli enzyme polymorphism as a technique for pathotype identification [J]. Environ Entomol, 1983, 12 (3): 720 - 723.

[95] ST LEGER R J, MAY B, ALLEE L L, et al. Genetic differences in allozymes and in formation of infection structures among isolates of the entomopathogenic fungus Metarhizium anisopliae [J]. Journal of invertebrate pathology, 1992, 60 (1): 89 - 101.

[96] ST LEGER R J, ALLEE L L, MAY B, et al. World - wide distribution of genetic variation among isolates of Beauveria spp [J]. Mycological Research, 1992, 96 (12): 1007 - 1015.

[97] HAJEK A E, HUMBER R A, ELKINTON J S, et al. Allozyme and RFLP analyses confirm Entomophaga maimaiga responsible for 1989 epizootics in North American gypsy moth

populations [J]. Proc. Natl. Acad. Sci. USA, 1990, 87: 6979 - 6982.

[98] HAJEK A E, HUMBER R A, WALSH S R A, et al. Sympatric occurrence of two Entomophaga aulicae (Zygomycetes: Entomophthorales) complex species attacking forest Lepidoptera [J]. Journal of Invertebrate Pathology, 1991, 58 (3): 373 - 380.

[99] WALSH S R A, TYRRELL D, HUMBER R A, et al. DNA restriction fragment length polymorphisms in the rDNA repeat unit of Entomophaga [J]. Exp Mycol, 1990, 14 (4): 381 - 392.

[100] RAKOTONIRAINY M S, DUTERTRE M, BRYGOO Y, et al. rRNA sequence comparison of Beauveria bassiana, Tolypocladium cylindrosporum, and Tolypocladiumextinguens [J]. J Invertebr Pathol, 1991, 57 (1): 17 - 22.

[101] SHIMIZU S, ARAI Y, MATSUMOTO T. Electrophoretic karyotype of Metarhizium anisopliae [J]. Journal of invertebrate pathology, 1992, 60 (2): 185 - 187.

[102] MILNER R J. On the occurrence of pea aphids, Acyrthosiphon pisum, resistant to isolates of the fungal pathogen Erynianeoaphidis [J]. Entomol Exp Appl, 1982, 32 (1): 23 - 27.

[103] MILNER R J. Distribution in time and space of resistance to the pathogenic fungus Erynianeoaphidis in the pea aphid Acyrthosiphon pisum [J]. Entomol Exp Appl, 1985, 37 (3): 235 - 240.

[104] HUGHES R D, BRYCE M A. Biological characterization of two biotypes of pea aphid, one susceptible and the other resistant to fungal pathogens, coexisting on lucerne in Australia [J]. Entomologia experimentalis et applicata, 1984, 36 (3): 225 - 229.

[105] STEPHEN W P, FICHTER B L. Chalkbrood (Ascosphaera aggregata) resistance in the leafcutting bee (Megachile rotundata). II. Random matings of resistant lines to wild type [J]. Apidologie, 1990, 21 (3): 221 - 231.

[106] HARCOURT D G, GUPPY J C, TYRRELL D. Phenology of the fungal pathogen Zoophthora phytonomi in southern Ontario populations of the alfalfa weevil (Coleoptera: Curculionidae) [J]. Environmental entomology, 1990, 19 (3): 612 - 617.

[107] THORVILSON H G, PEDIGO Lp. Epidemiology of Nomuraea rileyi (Fungi: Deuteromycotina) in Plathypena scabra (Lepidoptera: Noctuidae) populations from Iowa soybeans [J]. Environ Entomol, 1984, 13 (6): 1491 - 1497.

[108] FENG M G, NOWIERSKI R M. Spatial distribution and sampling plans for four species of cereal aphids (Homoptera: Aphididae) infesting spring wheat in southwestern Idaho [J]. J Econ Entomol, 1992, 85 (3): 830 - 837.

[109] ZIMMERMANN G. The "Galleria bait method" for detection of entomopathogenic fungi in soil [J]. J Appl Entomol, 1986, 102 (1/5): 213 - 215.

[110] MACDONALD R M, SPOKES J R. Conidiobolus obscurus in arable soil: a method for extracting and counting azygospores [J]. Soil Biol Biochem, 1981, 13 (6): 551 -553.

[111] PERRY D F, FLEMING RA. The timing of Erynia radicans resting spore germination in relation to mycosis of Choristoneura fumiferana [J]. Can J Bot, 1989, 67 (6): 1657 -1663.

[112] APPERSON C S, FEDERICH B A, TARVER F R, et al. Biotic and abiotic parameters associated with an epizootic of Coelomomyces punctatus in a larval population of the mosquito Anopheles quadrimaculatus [J]. J Invertebr Pathol, 1992, 60 (3): 219 -228.

[113] GALAINI -WRAIGHT S, WRAIGHT S P, CARRUTHERS R I, et al. Description of a Zoophthora radicans (Zygomycetes: Entomophthoraceae) epizootic in a population of Empoasca kraemeri (Homoptera: Cicadellidae) on beans in central Brazil [J]. Journal of Invertebrate Pathology, 1991, 58 (3): 311 -326.

[114] EKBOM B S, PICKERING J. Pathogenic fungal dynamics in a fall population of the blackmargined aphid (Monelliacaryella) [J]. Entomol Exp Appl, 1990, 57 (1): 29 -37.

[115] WESELOH R M, ANDREADIST G. Mechanisms of transmission of the gypsy moth (Lepidoptera: Lymantriidae) fungus, Entomophagamaimaiga (Entomphthorales: Entomophthoraceae) and effects of site conditions on its prevalence [J]. Environ Entomol, 1992, 21 (4): 901 -906.

[116] FUXA J R. Dispersion and spread of the entomopathogenic fungus Nomuraea rileyi (Moniliales: Moniliaceae) in a soybean field [J]. Environ Entomol, 1984, 13 (1): 252 -258.

[117] CARRUTHERS R I, HAYNES D L, MACLEOD D M. Entomophthora muscae (Entomophthorales: Entomophthoracae) mycosis in the onion fly, Delia antiqua (Diptera: Anthomyiidae) [J]. J Invertebr Pathol, 1985, 45 (1): 81 -93.

[118] PICKERING J, GUTIERREZ A P. Differential impact of the pathogen Pandora neoaphidis (R. &H.) Humber (Zygomycetes: Entomophthorales) on the species composition of Acyrthosiphon aphids in alfalfa [J]. The Canadian Entomologist, 1991, 123 (2): 315 -320.

[119] FOLEGATTI M E G, ALVES S B. Interaction between the fungus Metarhiziumanisopliae (Metsch.) Sorok and the main parasitoids of the sugar cane borer Diatraeasaccharalis (Fabr.) [J]. Soc Entomol Bras, 1987, 16: 351 -362.

[120] ANDERSON R M, MAY R M. The population dynamics of microparasites and their invertebrate hosts [J]. Philosophical Transactions of the Royal Society B: Biological Sciences, 1981, 291 (1054): 451 -524.

[121] HOCHBERG M E. The potential role of pathogens in biological control [J]. Natur,

1989, 337 (6204): 262 - 265.

[122] SCHMITZ V, DEDRYVER C A, PIERRE JS. Influence of an Erynianeoaphidis infection on the relative rate of increase of the cereal aphid Sitobion avenae [J]. J Invertebr Pathol, 1993, 61 (1): 62 - 68.

[123] BROWN G C. Stability in an insect - pathogen model incorporating age - dependent immunity and seasonal host reproduction [J]. BMBio, 1984, 46 (1): 139 - 153.

[124] CARRUTHERS R I, FENG Z, ROBSON D S, et al. In vivo temperature - dependent development of Beauveria bassiana (Deuteromycotina: Hyphomycetes) mycosis of the European corn borer, Ostrinia nubilalis (Lepidoptera: Pyralidae) [J]. J Invertebr Pathol, 1985, 46 (3): 305 - 311.

[125] BROWN G C, NORDING L. An epizootic model of an insect - fungal pathogen system [J]. BMBio, 1982, 44 (5): 731 - 739.

[126] FENG Z, CARRUTHERS R I, LARKIN T S, et al. A phenology model and field evaluation of Beauveria bassiana (Bals.) Vuillemin (Deuteromycotina: Hyphomycetes) mycosis of the European corn borer, Ostrinia nubilalis (Hbn.) (Lepidoptera: Pyralidae) [J]. The Canadian Entomologist, 1988, 120 (2): 133 - 144.

[127] CARRUTHERS R I, LARKIN T S, SOPER R S. Simulation of insect disease dynamics: an application of SERB to a rangeland ecosystem [J]. Simul, 1988, 51 (3): 101 - 109.

[128] ONSTAD D W, MADDOX J V, COX D J, et al. Spatial and temporal dynamics of animals and the host - density threshold in epizootiology [J]. J Invertebr Pathol, 1990, 55 (1): 76 - 84.

[129] KERWIN J L, WASHINO R K. Ground and aerial application of the sexual and asexual stages of Lagenidium giganteum (Oomycetes: Lagenidiales) for mosquito control [J]. J Am Mosq Control Assoc, 1986, 2 (2): 182 - 189.

[130] FERRON P. Biological control of insect pests by entomogenous fungi [J]. Annu Rev Entomol, 1978, 23 (1): 409 - 442.

[131] LEWIS L C, BING L A. Bacillus thuringiensis Berliner and Beauveria bassiana (Balsamo) Vuillimen for European corn borer control: program for immediate and season - long suppression [J]. The Canadian Entomologist, 1991, 123 (2): 387 - 393.

[132] MILNER R J, SOPER R S, LUTTON G G. Field Release of an Israelistrain of the Fungus Zoophthora Radicans (Brefeld) Batko for Biological Control of Therioaphis Trifolii (Monell) F. Maculata [J]. Aust J Entomol, 1982, 21 (2): 113 - 118.

[133] HAJEK A E, ROBERTS D W. Pathogen reservoirs as a biological control resource: introduction of Entomophagamaimaiga to North American gypsy moth, Lymantria dispar, populations [J]. Biol Control, 1991, 1 (1): 29 - 34.

[134] WILDING N, MARDELL S K, BROBYN P J. Introducing Erynianeoaphidis into a field population of Aphis fabae: form of the inoculum and effect of irrigation [J]. Ann Appl Biol, 1986, 108 (2): 373 - 385.

[135] RUDEEN M L, JARONSKI S T, PETZOLD - MAXWELL J L, et al. Entomopathogenic fungi in cornfields and their potential to manage larval western corn rootworm Diabrotica virgifera virgifera [J]. Journal of Invertebrate Pathology, 2013, 114 (3): 329 - 332.

[136] BERNIER L, COOPER R M, CHARNLEY A K, et al. Transformation of the entomopathogenic fungus Metarhizium anisopliae to benomyl resistance [J]. FEMS Microbiology letters, 1989, 60 (3): 261 - 265.

[137] MOLNÁR I, GIBSON D M, KRASNOFF S B. Secondary metabolites from entomopathogenicHypocrealean fungi [J]. Nat Prod Rep, 2010, 27 (9): 1241 - 1275.

[138] CURRIE C R, SCOTT J A, SUMMERBELL R C, et al. Fungus - growing ants use antibiotic - producing bacteria to control garden parasites [J]. Natur, 1999, 398 (6729): 701 - 704.

[139] DONG S, YIN W, KONG G, et al. Phytophthora sojae avirulence effector Avr3b is a secreted NADH and ADP - ribose pyrophosphorylase that modulates plant immunity [J]. PLoS pathogens, 2011, 7 (11): 1 - 18.

[140] LE NE BALESDENTMH. Avirulence Genes [J]. Encyclopedia of Life Science, 2010, 10 (15): 1 - 13.

[141] BONASU. Avirulence Genes [J]. 1998, 27: 149 - 155.

[142] GALÁN JE. "Avirulence genes" in animal pathogens? [J]. Trends Microbiol, 1998, 6 (1): 3 - 6.

[143] ROHLFS M, CHURCHILL A CL. Fungal secondary metabolites as modulators of interactions with insects and other arthropods [J]. Fungal Genet Biol, 2011, 48 (1): 23 - 34.

[144] Leger R J S, Wang C, Fang W. New perspectives on insect pathogens [J]. Fungal Biology Reviews, 2011, 25 (2): 84 - 88.

[145] DA SILVA W O B, SANTI L, SCHRANK A, et al. Metarhizium anisopliae lipolytic activity plays a pivotal role in Rhipicephalus (Boophilus) microplus infection [J]. Fungal Biology, 2010, 114 (1): 10 - 15.

[146] SANTI L, DA SILVA W O B, BERGER M, et al. Conidial surface proteins of Metarhiziumanisopliae: Source of activities related with toxic effects, host penetration and pathogenesis [J]. Toxicon, 2010, 55 (4): 874 - 880.

[147] YOKOYAMA K, KAJI H, NISHIMURA K, et al. The role of microfilaments and microtubules in apical growth and dimorphism of Candida albicans [J]. Microbiology, 1990, 136 (6): 1067 - 1075.

[148] AYLETT C H S, LÖWE J, AMOS L A. New insights into the mechanisms of cytomotive actin and tubulin filaments [J]. International review of cell and molecular biology, 2011, 292: 1 - 71.

[149] DICKMAN M B, YARDEN O. Serine/threonine protein kinases and phosphatases in filamentious fungi [J]. Fungal Genet Biol, 1999, 26 (2): 99 - 117.

[150] GARCIA - GARCIA T, PONCET S, DEROUICHE A, et al. Role of Protein Phosphorylation in the Regulation of Cell Cycle and DNA - Related Processes in Bacteria [J]. Frontiers in Microbiology, 2016, 7: 184

[151] HAJEK A E, ST LEGER R J. Interactions between fungal pathogens and insect hosts [J]. Annu Rev Entomol, 1994, 39: 293 - 322.

[152] STEVENS L, RIZZO D M. Local adaptation to biocontrol agents: A multi - objective data - driven optimization model for the evolution of resistance [J]. Ecol Complex, 2008, 5 (3): 252 - 259.

[153] SCHRANK A, VAINSTEIN M H. Metarhiziumanisopliae enzymes and toxins [J]. Toxicon, 2010, 56 (7): 1267 - 1274.

[154] SHAH P A, PELL J K. Entomopathogenic fungi as biological control agents [J]. Applied microbiology and biotechnology, 2003, 61 (5): 413 - 423.

[155] DAOUST R A, WARD M G, ROBERTS D W. Effect of formulation on the virulence of Metarhizium anisopliae conidia against mosquito larvae [J]. Journal of Invertebrate Pathology, 1982, 40 (2): 228 - 236.

[156] LEGER R J S, GOETTEL M, ROBERTS D W, et al. Prepenetration events during infection of host cuticle by Metarhizium anisopliae [J]. Journal of Invertebrate Pathology, 1991, 58 (2): 168 - 179.

[157] TOUNOU A K, KOOYMAN C, DOURO - KPINDOU O K, et al. Interaction between Paranosema locustae and Metarhizium anisopliae var. acridum, two pathogens of the desert locust, Schistocerca gregaria under laboratory conditions [J]. Journal of invertebrate pathology, 2008, 97 (3): 203 - 210.

[158] QUINELATO S, GOLO P S, PERINOTTO W M S, et al. Virulence potential of Metarhizium anisopliae sl isolates on Rhipicephalus (Boophilus) microplus larvae [J]. Veterinary Parasitology, 2012, 190 (3/4): 556 - 565.

[159] GRÉEN H, ROSENBERG P, SÖDERKVIST P, et al. β - Tubulin mutations in ovarian cancer using single strand conformation analysis - risk of false positive results from paraffin embedded tissues [J]. Cancer Lett, 2006, 236 (1): 148 - 154.

[160] JIANG H, HE X, WANG S, et al. A microtubule - associated zinc finger protein, BuGZ, regulates mitotic chromosome alignment by ensuring Bub3 stability and kinetochore

targeting [J]. Developmental cell, 2014, 28 (3): 268 - 281.

[161] SPATAFORA H G, KEATH E J, MEDOFF J. Characterization of alpha and beta tubulin genes in the dimorphic fungus Histoplasma capsulatum [J]. Microbiology, 1989, 135 (7): 1817 - 1832.

[162] KUBORI T, GALÁN J E. Temporal regulation of Salmonella virulence effector function by proteasome - dependent protein degradation [J]. Cell, 2003, 115 (3): 333 - 342.

[163] BENNETT A B, ANDERSON T J C, BARKER G C, et al. Sequence variation in the Trichuris trichiura *β - tubulin* locus: implications for the development of benzimidazole resistance [J]. International journal for parasitology, 2002, 32 (12): 1519 - 1528.

[164] EINAXE, VOIGT K. Oligonucleotide primers for the universal amplification of *β - tubulin* genes facilitate phylogenetic analyses in the regnum Fungi [J]. Org Divers Evol, 2003, 3 (3): 185 - 194.

[165] MA Z, YOSHIMURA M A, HOLTZ B A, et al. Characterization and PCR - based detection of benzimidazole - resistant isolates of Monilinia laxa in California [J]. Pest Management Science: formerly Pesticide Science, 2005, 61 (5): 449 - 457.

[166] AGUAYO - ORTIZ R, MÉNDEZ - LUCIO O, ROMO - MANCILLAS A, et al. Molecular basis for benzimidazole resistance from a novel *β - tubulin* binding site model [J]. Journal of Molecular Graphics and Modelling, 2013, 45: 26 - 37.

[167] HATZIPAPASP, KALOSAKK, DARA A, et al. Spore germination and appressorium formation in the entomopathogenic Alternaria alternata [J]. Mycol Res, 2002, 106 (11): 1349 - 1359.

[168] BENKERT P, BIASINI M, SCHWEDE T. Toward the estimation of the absolute quality of individual protein structure models [J]. Bioinformatics, 2011, 27 (3): 343 - 350.

[169] GUEX N, PEITSCH M C. SWISS - MODEL and the Swiss - Pdb Viewer: an environment for comparative protein modeling [J]. electrophoresis, 1997, 18 (15): 2714 - 2723.

[170] SCHWEDE T, KOPP J, GUEX N, et al. SWISS - MODEL: an automated protein homology - modeling server [J]. Nucleic acids research, 2003, 31 (13): 3381 - 3385.

[171] ARNOLD K, BORDOLI L, KOPP J, et al. The SWISS - MODEL workspace: a web - based environment for protein structure homology modelling [J]. Bioinformatics, 2006, 22 (2): 195 - 201.

[172] WANG C, ST LEGER R J. The Metarhizium anisopliae perilipin homolog MPL1 regulates lipid metabolism, appressorial turgor pressure, and virulence [J]. Journal of Biological Chemistry, 2007, 282 (29): 21110 - 21115.

[173] MING Y, WEI Q, JIN K, et al. MaSnf1, a sucrose non - fermenting protein kinase gene,

is involved in carbon source utilization, stress tolerance, and virulence in Metarhizium acridum [J]. Applied microbiology and biotechnology, 2014, 98: 10153 - 10164.

[174] STEINBERG G, WEDLICH - SÖLDNER R, BRILL M, et al. Microtubules in the fungal pathogen Ustilago maydis are highly dynamic and determine cell polarity [J]. Journal of cell science, 2001, 114 (3): 609 - 622.

[175] LU L, NAN J, MI W, et al. Crystal structure of tubulin folding cofactor A from Arabidopsis thaliana and its β - tubulin binding characterization [J]. FEBS Lett, 2010, 584 (16): 3533 - 3539.

[176] ROBINSON M W, MCFERRAN N, TRUDGETT A, et al. A possible model of benzimidazole binding to β - tubulin disclosed by invoking an inter - domain movement [J]. Journal of Molecular Graphics and Modelling, 2004, 23 (3): 275 - 284.

[177] SIVAGURUNATHAN S, SCHNITTKER R R, RAZAFSKY D S, et al. Analyses of dynein heavy chain mutations reveal complex interactions between dynein motor domains and cellular dynein functions [J]. Genetics, 2012, 191 (4): 1157 - 1179.

[178] GABARTY A, SALEM H M, FOUDA M A, et al. Pathogencity induced by the entomopathogenic fungi Beauveria bassiana and Metarhizium anisopliae in Agrotis ipsilon (Hufn.) [J]. Journal of Radiation Research and Applied Sciences, 2014, 7 (1): 95 - 100.

[179] LIU H P, SKINNER M, BROWNBRIDGEM, et al. Characterization of Beauveria bassiana and Metarhiziumanisopliae isolates for management of tarnished plant bug, Lygus lineolaris (Hemiptera: Miridae) [J]. J Invertebr Pathol, 2003, 82 (3): 139 - 147.

[180] FISCHER R. Nuclear movement in filamentous fungi [J]. FEMS Microbiol Rev, 1999, 23 (1): 39 - 68.

[181] EGAN M J, MCCLINTOCK M A, BECK - PETERSON S L. Microtubule - based transport in filamentous fungi [J]. Current opinion in microbiology, 2012, 15 (6): 637 - 645.

[182] GOHRE V, VOLLMEISTER E, BOLKERM, et al. Microtubule - dependent membrane dynamics in Ustilago maydis: Trafficking and function of Rab5a - positive endosomes [J]. Commun Integr Biol, 2012, 5 (5): 485 - 490.

[183] LEGER R J S, BUTT T M, GOETTEL M S, et al. Productionin vitro of appressoria by the entomopathogenic fungusMetarhizium anisopliae [J]. Experimental mycology, 1989, 13 (3): 274 - 288.

[184] MAGALHÃES B P, LEGER R J S, HUMBER R A, et al. Nuclear events during germination and appressorial formation of the entomopathogenic fungus Zoophthora radicans (Zygomycetes: Entomophthorales) [J]. Journal of Invertebrate Pathology, 1991, 57 (1): 43 - 49.

[185] KLOPFENSTEIN D R, HOLLERAN E A, VALE R D. Kinesin motors and microtubule - based organelle transport in Dictyostelium discoideum [J]. Journal of Muscle Research & Cell Motility, 2002, 23: 631 -638..

[186] PEARSON C G, BLOOM K. Dynamic microtubules lead the way for spindle positioning [J]. Nature reviews Molecular cell biology, 2004, 5 (6): 481 -492.

[187] KATHI Z, MICHAEL F. Microtubule - dependent mRNA transport in Fungi [J]. Eukaryot Cell, 2010, 9 (7): 982 -990.

[188] JIANG H, HE X, WANG S, et al. A microtubule - associated zinc finger protein, BuGZ, regulates mitotic chromosome alignment by ensuring Bub3 stability and kinetochore targeting [J]. Developmental cell, 2014, 28 (3): 268 -281.

[189] TRZECIAKIEWICZ A, FORTIN S, MOREAU E, et al. Intramolecular cyclization of N - phenyl N′ (2 - chloroethyl) ureas leads to active N - phenyl -4, 5 - dihydrooxazol -2 - amines alkylating β - tubulin Glu198 and prohibitin Asp40 [J]. Biochemical pharmacology, 2011, 81 (9): 1116 -1123.

[190] HAJEK A E, ST. LEGER R J. Interactions between fungal pathogens and insect hosts [J]. Annual review of entomology, 1994, 39 (1): 293 -322.

[191] LI C, MA L, MOU S, et al. Cyclobutane pyrimidine dimers photolyase from extremophilic microalga: Remarkable UVB resistance and efficient DNA damage repair [J]. Mutation Research/Fundamental and Molecular Mechanisms of Mutagenesis, 2015, 773: 37 -42.

[192] SHI Y G. Serine/threonine phosphatases: mechanism through structure [J]. Cell, 2009, 139 (3): 468 -484.

[193] DE LA FUENTE VAN BENTEM S, VOSSEN J H, VERMEER J E M, et al. The subcellular localization of plant protein phosphatase 5 isoforms is determined by alternative splicing [J]. Plant physiology, 2003, 133 (2): 702 -712.

[194] GOLDEN T, SWINGLE M, HONKANENR E. The role of serine/threonine protein phosphatase type 5 (PP5) in the regulation of stress - induced signaling networks and cancer [J]. Cancer Metastasis Rev, 2008, 27 (2): 169 -178.

[195] CHINKERS M. Protein phosphatase 5 in signal transduction [J]. Trends Endocrinol Metab, 2001, 12 (1): 28 -32.

[196] ALI A, ZHANG J, BAO S, et al. Requirement of protein phosphatase 5 in DNA - damage - induced ATM activation [J]. Genes & development, 2004, 18 (3): 249 -254.

[197] ZHANG J, BAO S, FURUMAI R, et al. Protein phosphatase 5 is required for ATR - mediated checkpoint activation [J]. Molecular and cellular biology, 2005, 25 (22): 9910 -9919.

[198] GAUSDALG, KRAKSTAD C, HERFINDALL, et al. Serine/threonine protein phospha-

tases in apoptosis [J]. Apoptosis, Cell Signaling, and Human Diseases: Molecular Mechanisms, 2007, 2: 151 - 166.

[199] BOSE A, MAJOT A T, BIDWAI A P. The Ser/Thr phosphatase PP2A regulatory subunit widerborst inhibits notch signaling [J]. PLoS One, 2014, 9 (7): e101884.

[200] EBERLE R J, CORONADOM A, CARUSO I P, et al. Chemical and thermal influence of the [4Fe - 4S] 2 + cluster of A/G - specific adenine glycosylase from Corynebacterium pseudotuberculosis [J]. Biochimica et Biophysica Acta (BBA) - General Subjects, 2015, 1850 (2): 393 - 400.

[201] MCCULLOUGH A K, DODSON M L, LLOYD R S. Initiation of base excision repair: glycosylase mechanisms and structures [J]. Annual review of biochemistry, 1999, 68 (1): 255 - 285.

[202] HAŠPLOVÁ K, HUDECOVÁ A, MAGDOLÉNOVÁ Z, et al. DNA alkylation lesions and their repair in human cells: modification of the comet assay with 3 - methyladenine DNA glycosylase (AlkD) [J]. Toxicology letters, 2012, 208 (1): 76 - 81.

[203] TROLL C J, ADHIKARY S, CUEFF M, et al. Interplay between base excision repair activity and toxicity of 3 - methyladenine DNA glycosylases in an E. coli complementation system [J]. Mutation Research/Fundamental and Molecular Mechanisms of Mutagenesis, 2014, 763: 64 - 73..

[204] VENKANNAGARI H, VERHEUGD P, KOIVUNEN J, et al. Small - molecule chemical probe rescues cells from mono - ADP - ribosyltransferase ARTD10/PARP10 - induced apoptosis and sensitizes cancer cells to DNA damage [J]. Cell chemical biology, 2016, 23 (10): 1251 - 1260.

[205] MCINNISM, O' NEILL G, FOSSUM K, et al. Epistatic analysis of the roles of the RAD27 and POL4 gene products in DNA base excision repair in S. cerevisiae [J]. DNA Repair, 2002, 1 (4): 311 - 315.

[206] LETTIERI T, KRAEHENBUEHL R, CAPIAGHI C, et al. Functionally distinct nucleosome - free regions in yeast require Rad7 and Rad16 for nucleotide excision repair [J]. DNA Repair, 2008, 7 (5): 734 - 743.

[207] SCOTT A D, WATERS R. The Saccharomyces cerevisiae RAD7 and RAD16 genes are required for inducible excision of endonuclease III sensitive - sites, yet are not needed for the repair of these lesions following a single UV dose [J]. Mutat Res/DNA Repair, 1997, 383 (1): 39 - 48.

[208] YU S, OWEN - HUGHES T, FRIEDBERG E C, et al. The yeast Rad7/Rad16/Abf1 complex generates superhelical torsion in DNA that is required for nucleotide excision repair [J]. DNA Repair, 2004, 3 (3): 277 - 287.

[209] LI W W, GU X Y, ZHANG X N, et al. Cadmium delays non – homologous end joining (NHEJ) repair via inhibition of DNA – PKcs phosphorylation and downregulation of XRCC4 and Ligase IV [J]. Mutation Research/Fundamental and Molecular Mechanisms of Mutagenesis, 2015, 779: 112 – 123.

[210] DOHERTY A J, WIGLEY D B. Functional domains of an ATP – dependent DNA ligase1 [J]. JMBio, 1999, 285 (1): 63 – 71.

[211] LEE A J, WALLACE S S. Hide and seek: How do DNA glycosylases locate oxidatively damaged DNA bases amidst a sea of undamaged bases? [J]. Free Radical Biol Med, 2017, 107: 170 – 178.

[212] D' ERRICO M, PARLANTI E, PASCUCCI B, et al. Single nucleotide polymorphisms in DNA glycosylases: From function to disease [J]. Free Radical Biology and Medicine, 2017, 107: 278 – 291.

[213] EMPTAGE K, O'NEILL R, SOLOVYOVA A, et al. Interplay between DNA polymerase and proliferating cell nuclear antigen switches off base excision repair of uracil and hypoxanthine during replication in archaea [J]. Journal of molecular biology, 2008, 383 (4): 762 – 771.

[214] KESKINH, SHEN Y, HUANG F, et al. Transcript – RNA – templated DNA recombination and repair [J]. Nature, 2014, 515 (7527): 436 – 439.

[215] BABU V, SCHUMACHER B A C. elegans homolog for the UV – hypersensitivity syndrome disease gene UVSSA [J]. DNA Repair, 2016, 41: 8 – 15.

[216] KAZAMAY, ISHII C, SCHROEDER A L, et al. The Neurospora crassa UVS – 3 epistasis group encodes homologues of the ATR/ATRIP checkpoint control system [J]. DNA Repair, 2008, 7 (2): 213 – 229.

[217] MAOR – SHOSHANI A, HAYASHI K, OHMORI H, et al. Analysis of translesion replication across an abasic site by DNA polymerase IV of Escherichia coli [J]. DNA repair, 2003, 2 (11): 1227 – 1238.

[218] FUMASONI M, ZWICKY K, VANOLI F, et al. Error – free DNA damage tolerance and sister chromatid proximity during DNA replication rely on the Polα/Primase/Ctf4 Complex [J]. Molecular cell, 2015, 57 (5): 812 – 823.

[219] CRESPANE, HÜBSCHER U, MAGA G. Expansion of CAG triplet repeats by human DNA polymerases λ and β in vitro, is regulated by flap endonuclease 1 and DNA ligase 1 [J]. DNA Repair, 2015, 29: 101 – 111.

[220] SANTOCANALEC, LOCATI F, FALCONIM M, et al. Overproduction and functional analysis of DNA primase subunits from yeast and mouse [J]. Gene, 1992, 113 (2): 199 – 205.

[221] TAKAHASHI T S, WIGLEY D B, WALTER J C. Pumps, paradoxes and ploughshares: mechanism of the MCM2 - 7 DNA helicase [J]. Trends Biochem Sci, 2005, 30 (8): 437 - 444.

[222] KOTTUR J, SHARMA A, GORE K R, et al. Unique structural features in DNA polymerase IV enable efficient bypass of the N2 adduct induced by the nitrofurazone antibiotic [J]. Structure, 2015, 23 (1): 56 - 67.

[223] RAZIDLO D F, LAHUE R S. Mrc1, Tof1 and Csm3 inhibit CAG · CTG repeat instability by at least two mechanisms [J]. DNA Repair, 2008, 7 (4): 633 - 640.

[224] LECLERE A R, YANG J K, KIRKPATRICK D T. The role of CSM3, MRC1, and TOF1 in minisatellite stability and large loop DNA repair during meiosis in yeast [J]. Fungal Genet Biol, 2013, 50: 33 - 43.

[225] STEPHAN A K, KLISZCZAKM, MORRISONC G. The Nse2/Mms21 SUMO ligase of the Smc5/6 complex in the maintenance of genome stability [J]. FEBS Lett, 2011, 585 (18): 2907 - 2913.

[226] POTTS P R. The Yin and Yang of the MMS21 - SMC5/6 SUMO ligase complex in homologous recombination [J]. DNA Repair, 2009, 8 (4): 499 - 506.

[227] EGELR. Fission yeast mating - type switching: programmed damage and repair [J]. DNA Repair, 2005, 4 (5): 525 - 536.

[228] HANG H Y, HAGER D N, GORIPARTHIL, et al. Schizosaccharomyces pombe rad23 is allelic with swi10, a mating - type switching/radioresistance gene that shares sequence homology with human and mouse ERCC1 [J]. Gene, 1996, 170 (1): 113 - 117.

[229] SESHANA, BARDIN A J, AMON A. Control of Lte1 Localization by Cell Polarity Determinants and Cdc14 [J]. Curr Biol, 2002, 12 (24): 2098 - 2110.

[230] MONJE CASAS F, AMONA. Cell Polarity Determinants Establish Asymmetry in MEN Signaling [J]. Dev Cell, 2009, 16 (1): 132 - 145.

[231] LOMBARDI L, SCHNEIDER K, TSUKAMOTO M, et al. Circadian rhythms in Neurospora crassa: Clock mutant effects in the absence of a frq - based oscillator [J]. Genetics, 2007, 175 (3): 1175 - 1183.

[232] COTÉ G G, BRODY S. Circadian rhythms in Neurospora crassa: a clock mutant, prd - 1, is altered in membrane fatty acid composition [J]. Biochim Biophys Acta, 1987, 904 (1): 131 - 139.

[233] LAMB T M, FINCH K E, BELL - PEDERSEN D. The Neurospora crassa OS MAPK pathway - activated transcription factor ASL - 1 contributes to circadian rhythms in pathway responsive clock - controlled genes [J]. Fungal Genet Biol, 2012, 49 (2): 180 - 188.

[234] HEVIA M A, CANESSAP, LARRONDOL F. Circadian clocks and the regulation of viru-

lence in fungi: Getting up to speed [J]. Semin Cell Dev Biol, 2016, 57: 147 - 155.

[235] ONO D, HONMA K, HONMA S. Circadian and ultradian rhythms of clock gene expression in the suprachiasmatic nucleus of freely moving mice [J]. Scientific reports, 2015, 5 (1): 12310.

[236] ELLENBERGER S, BURMESTERA, SCHUSTER S, et al. Post - translational regulation by structural changes of 4 - dihydromethyltrisporate dehydrogenase, a key enzyme in sexual and parasitic communication mediated by the trisporic acid pheromone system, of the fungal fusion parasite Parasitella parasitica [J]. JTBio, 2017, 413: 50 - 57.

[237] AZAM M, KESARWANIM, NATARAJANK, et al. A Secretion Signal Is Present in the Collybia velutipes Oxalate Decarboxylase Gene [J]. BBRC, 2001, 289 (4): 807 - 812.

[238] GHOSHS, NARULAK, SINHAA, et al. Proteometabolomic analysis of transgenic tomato overexpressing oxalate decarboxylase uncovers novel proteins potentially involved in defense mechanism against Sclerotinia [J]. J Proteomics, 2016, 143: 242 - 253.

[239] SMITSG J, SCHENKMAN L R, BRUL S, et al. Role of cell cycle - regulated expression in the localized incorporation of cell wall proteins in yeast [J]. Mol Biol Cell, 2006, 17 (7): 3267 - 3280.

[240] GUO J, CHENG P, LIU Y. Functional significance of FRH in regulating the phosphorylation and stability of Neurospora circadian clock protein FRQ [J]. Journal of Biological Chemistry, 2010, 285 (15): 11508 - 11515.

[241] DIERNFELLNER A C R, SCHAFMEIER T. Phosphorylations: Making the Neurospora crassa circadian clock tick [J]. FEBS letters, 2011, 585 (10): 1461 - 1466.

[242] LIU X, LI H, LIU Q, et al. Role for protein kinase A in the Neurospora circadian clock by regulating white collar - independent frequency transcription through phosphorylation of RCM - 1 [J]. Molecular and cellular biology, 2015, 35 (12): 2088 - 2102.

[243] YOSHIDA K, INOUE I. Conditional expression of MCM7 increases tumor growth without altering DNA replication activity [J]. FEBS Lett, 2003, 553 (1/2): 213 - 217.

[244] WEI Q, LI J, LIU T, et al. Phosphorylation of minichromosome maintenance protein 7 (MCM7) by cyclin/cyclin - dependent kinase affects its function in cell cycle regulation [J]. Journal of Biological Chemistry, 2013, 288 (27): 19715 - 19725.

[245] HIRAGA S, ALVINO G M, CHANG F J, et al. Rif1 controls DNA replication by directing Protein Phosphatase 1 to reverse Cdc7 - mediated phosphorylation of the MCM complex [J]. Genes & development, 2014, 28 (4): 372 - 383.

[246] MATTAROCCI S, HAFNER L, LEZAJAA, et al. Rif1: A Conserved Regulator of DNA Replication and Repair Hijacked by Telomeres in Yeasts [J]. Frontiers in Genetics, 2016, 7: 45.

[247] MOSTAFAY A, TAYLOR S D. Steroid derivatives as inhibitors of steroid sulfatase [J]. The Journal of Steroid Biochemistry and Molecular Biology, 2013, 137: 183 - 198.

[248] DIAS N J, SELCER K W. Steroid sulfatase mediated growth Sof human MG - 63 pre - osteoblastic cells [J]. Steroids, 2014, 88: 77 - 82.

[249] KIENINGER M R, IVERS N A, RÖDELSPERGER C, et al. The nuclear hormone receptor NHR - 40 acts downstream of the sulfatase EUD - 1 as part of a developmental plasticity switch in Pristionchus [J]. Current Biology, 2016, 26 (16): 2174 - 2179.

[250] CHAUDHURI M. Cloning and characterization of a novel serine/threonine protein phosphatase type 5 from Trypanosoma brucei [J]. Gene, 2001, 266 (1/2): 1 - 13.

[251] MA G X, RONG Q Z, SHI J H, et al. Molecular characterization and functional analysis of serine/threonine protein phosphatase of Toxocara canis [J]. Exp Parasitol, 2014, 141 (3): 55 - 61.

[252] ANDERSON J G, SMITH J E. The production of conidiophores and conidia by newly germinated conidia of Aspergillus niger (microcycleconidiation) [J]. J Gen Microbiol, 1971, 69 (69): 185 - 197.

[253] RANGEL D E N, ALSTON D G, ROBERTS D W. Effects of physical and nutritional stress conditions during mycelial growth on conidial germination speed, adhesion to host cuticle, and virulence of Metarhizium anisopliae, an entomopathogenic fungus [J]. Mycological Research, 2008, 112 (11): 1355 - 1361.

[254] VAN GESTELJF E. MicrocycleconidiationinPenicilliumitalicum [J]. Exp Mycol, 1983, 7 (3): 287 - 291.

[255] BOSCH A, YANTORNOO. Microcycleconidiation in the entomopathogenic fungus Beauveria bassiana bals. (vuill.) [J]. Process Biochem, 1999, 34 (6/7): 707 - 716.

[256] JUNC B, KIM S, LEE JK. Microcyleconidiation in filamentous fungi [J]. Mycobiology, 2014, 42 (1): 1 - 5.

[257] CONDE R, XAVIER J, MCLOUGHLIN C, et al. Protein phosphatase 5 is a negative modulator of heat shock factor 1 [J]. J Biol Chem, 2005, 280 (32): 28989 - 28996.

[258] LAPAIRE C L, DUNKLE L D. Microcycleconidiation in Cercospora zeae - maydis [J]. Phytopathology, 2003, 93 (2): 193 - 199.

[259] ZHANG S Z, XIA Y X. Identification of genes preferentially expressed during microcycleconidiation of Metarhiziumanisopliae using suppression subtractive hybridization [J]. FEMS Microbiol Lett, 2008, 286 (1): 71 - 77.

[260] MAHESHWARI R. Microcycleconidiation and its genetic basis in Neurospora crassa [J]. J Gen Microbiol, 1991, 137 (9): 2103 - 2115.

[261] LIU J, CAO Y Q, XIA Y X. Mmc, a gene involved in microcycleconidiation of the ento-

mopathogenic fungus Metarhiziumanisopliae [J]. J Invertebr Pathol, 2010, 105 (2): 132 – 138.

[262] SINHA R P, HÄDER D P. UV – induced DNA damage and repair: a review [J]. Photochemical & Photobiological Sciences, 2002, 1 (4): 225 – 236.

[263] RANGEL D E N, BRAGA G U L, FLINT S D, et al. Variations in UV – B tolerance and germination speed of Metarhizium anisopliae conidia produced on insects and artificial substrates [J]. Journal of Invertebrate Pathology, 2004, 87 (2/3): 77 – 83.

[264] HEDIMBI M, KAAYA G P, SINGH S, et al. Protection of Metarhizium anisopliae conidia from ultra – violet radiation and their pathogenicity to Rhipicephalus evertsi evertsi ticks [J]. Diseases of mites and ticks, 2009: 149 – 156.

[265] BRAGA G U L, FLINT S D, MESSIAS C L, et al. Effects of UVB Irradiance on Conidia and Germinants of the Entomopathogenic Hyphomycete Metarhizium anisopliae: A Study of Reciprocity and Recovery [J]. Photochemistry and Photobiology, 2001, 73 (2): 140 – 146.

[266] YONG W D, BAO S D, CHEN H Y, et al. Mice lacking protein phosphatase 5 are defective in ataxia telangiectasia mutated (ATM) – mediated cell cycle arrest [J]. J Biol Chem, 2007, 282 (20): 14690 – 14694.

[267] 张杰，张二豪. 发酵与酿造综合实验 [M]. 北京：中国农业出版社，2021.

[268] CHEN C, CHEN H, ZHANG Y, et al. TBtools: an integrative toolkit developed for interactive analyses of big biological data [J]. Molecular plant, 2020, 13 (8): 1194 – 1202.

致 谢

本书探讨了昆虫病原真菌基因机理研究的问题。

本研究最大的特点在于结合了基因研究实例，以单基因研究为切入点研究昆虫病原真菌对农业害虫侵染的机制，通过基因敲除实验研究分析，进一步明确了基因功能的内涵，并由此将改造昆虫病原真菌基因视为预防和治理农业害虫的主要措施，并提出了绿色农业害虫防治的对策建议。

本书对诸多理论与实践问题进行了阐释与探讨，但因资料与能力所限，部分观点和见解可能尚未成熟。用基因改造和功能研究的方法以防治农业害虫是本人研究的重点领域，随着实践不断探索，政策不断完善，以及自己理论素养的提升，本人对有些观点又有了新的认识，书中的某些观点是本人思考后的新认识，便于有兴趣的同人共同探讨。

本书的完成凝聚了很多人的心血和期望。感谢参与实验的老师和学生，他们的付出成就了我十几年的学术生涯，他们给予了我很多帮助。谨以此书作为献给你们的最好礼物！